Gravitation

U. E. Schröder

Gravitation

Einführung in die Allgemeine Relativitätstheorie

Verlag Harri Deutsch

Dr. phil. nat. Ulrich E. Schröder
Privatdozent am Institut für Theoretische Physik der
Johann Wolfgang Goethe-Universität Frankfurt am Main

Anregungen zu Veränderungen und Ergänzungen richten Sie bitte an:
Verlag Harri Deutsch
Gräfstraße 47
60486 Frankfurt am Main
E-Mail: verlag@harri-deutsch.de
http://www.harri-deutsch.de/

Bibliografische Information der Deutschen Nationalbibliothek

Die Deutsche Nationalbibliothek verzeichnet diese Publikation in der Deutschen Nationalbibliografie; detaillierte bibliografische Daten sind im Internet über `http://dnb.d-nb.de` abrufbar.

ISBN 978-3-8171-1798-7

4., aktualisierte Auflage 2007

Druck: betz-druck GmbH, Darmstadt
Printed in Germany

Vorwort

Da das Buch eine äußerst positive Aufnahme gefunden hat, wurden bereits nach kurzer Zeit Neuauflagen notwendig. Bei diesen Gelegenheiten konnten die festgestellten Druckfehler berichtigt werden. Außerdem habe ich den Text an einigen Stellen zum besseren Verständnis geändert bzw. durch zusätzliche Fußnoten und aktuelle Literaturhinweise ergänzt. Für die vierte Auflage wurden insbesondere die sich auf laufende Experimente zur Überprüfung der Theorie im Sonnensystem beziehenden Angaben aktualisiert und deren Internetadressen ergänzt.
Allen Lesern, die mich auf Druckfehler aufmerksam gemacht oder andere Verbesserungen vorgeschlagen haben, möchte ich für ihr Interesse herzlich danken. Besonders danken möchte ich Herrn Professor Herbert Pfister sowie Herrn Professor Ernst Schmutzer für ihre ausführlichen Stellungnahmen und Verbesserungsvorschläge, die sehr nützlich waren.
Eine besonders gründliche Durchsicht der ersten Auflage verdanke ich Herrn Professor Paul Roman, dessen kritische Anmerkungen und Änderungsvorschläge bei der Korrektur sehr hilfreich waren.
Für die sorgfältige Einarbeitung der Änderungen in die für den Druck fertige Vorlage sowie einige Literaturhinweise möchte ich Herrn Dipl.-Phys. Stefan Scherer danken. Schließlich danke ich dem Verlag Harri Deutsch, besonders Herrn Dipl.-Phys Klaus Horn, für die stets angenehme Zusammenarbeit.
Die Physik der Allgemeinen Relativitätstheorie steht vor bedeutenden Entwicklungen: Die Gravitationswellendetektoren der neuen Generation sind bereit zur Messung von Signalen aus unserer Galaxie und aus weiter entfernten Quellen. Weiterhin werden satellitengestützte Experimente die Grundlagen der Theorie mit bisher unerreichter Präzision überprüfen.
Wenn dieses Buch dazu beitragen kann, dem Leser die physikalischen Grundlagen zu vermitteln, diese Entwicklungen in ihrer weitreichenden Bedeutung zu verstehen, hat es seinen Zweck erfüllt. Möge das Buch weiterhin viele Freunde gewinnen.

Oldendorf, im Oktober 2006 Ulrich E. Schröder

Vorwort zur ersten Auflage

Das vorliegende Buch ist aus Vorlesungen entstanden, die ich wiederholt an der Universität Frankfurt am Main gehalten habe. Diese richteten sich als Ergänzung zu den Kursvorlesungen in Theoretischer Physik an Studierende der Physik, Astrophysik und Mathematik nach dem Vorexamen. Vorkenntnisse in Spezieller Relativitätstheorie werden also vorausgesetzt.

Das Buch enthält den Stoff, der in einer zweistündigen Vorlesung während eines Semesters behandelt wurde. Die Darstellung ist jedoch ausführlicher als in der Vorlesung. Das Buch kann daher auch zum Selbststudium benutzt werden und soll an die speziellere und ausführlichere Fachliteratur heranführen. Dem begrenzten Stoffumfang entsprechend, sind die Ausführungen auf die wesentlichen Aspekte der relativistischen Gravitationstheorie beschränkt, so daß man das Buch, im Unterschied zu den umfangreicheren Monographien, in relativ kurzer Zeit lesen kann. Dabei wird aber auch wiederholt die aktive Beteiligung des Lesers mit Papier und Bleistift gefordert. Anreiz hierzu sollen die auf den Text bezogenen Übungsaufgaben im Anhang A bieten.

In der Einleitung werden vorbereitend die Grenzen der Speziellen Relativitätstheorie aufgezeigt und die grundlegenden Eigenschaften einer relativistischen Gravitationstheorie in knapper Form dargelegt. Zur Einstimmung auf die Theorie gehören auch die Ausführungen über die ebenso interessante wie lehrreiche historische Entwicklung der Allgemeinen Relativitätstheorie in Kapitel 2. Im Anschluß an die nun folgende Diskussion der physikalischen Grundlagen der Gravitationstheorie wird der Bezug zur nichteuklidischen Geometrie des Raum-Zeit-Kontinuums anschaulich erläutert. Nach dieser verbalen Darlegung des Zusammenhangs von Gravitation und Geometrie im Riemannschen Raum werden in Kapitel 4 die zur mathematischen Formulierung der Theorie erforderlichen differentialgeometrischen Begriffe eingeführt. Hierbei diente als Vorbild das in dem vorzüglichen Buch „Space-Time Structure“ von Erwin Schrödinger verfolgte Konzept, die Riemannsche Maßbestimmung erst spät einzuführen. Ausgehend von möglichst schwachen Annahmen über die Raum-Zeit-Struktur werden also zunächst die allgemeinen Eigenschaften differenzierbarer Mannigfaltigkeiten diskutiert und der in der Physik wichtige Begriff des Vektorfeldes (bzw. Tensorfeldes) erklärt. Führt man nun den affinen Zusammenhang als zusätzliche Struktur ein, dann rücken die folgenden Begriffe in den Vordergrund des Interesses: die Vektorübertragung, die kovariante Ableitung, autoparallele Kurven sowie der Torsions- und Krümmungstensor. Da sie unabhängig von der metrischen Struktur sind, werden sie hier vor Einführung einer Metrik behandelt. In diesem allgemeiner gefaßten Rahmen tritt der Unterschied zwischen rein differentialgeometrischen Begriffen und den später eingeführten physikalisch bedeutsamen Größen klarer hervor. Die Einführung der Metrik als weitere Struktur in Kapitel 5 leitet dann den Übergang von der Differentialgeometrie zur Gravitationstheorie ein, der in Kapitel 6 mit der Diskussion der physikalischen Grundgesetze in der Riemannschen Raum-Zeit vollzogen wird. Die Einsteinschen Feldgleichungen folgen

dann in Kapitel 7 nahezu zwangsläufig aus wenigen plausiblen Annahmen und werden, ihrer grundlegenden Bedeutung entsprechend, auch als Euler-Lagrange-Gleichungen aus einem Variationsprinzip hergeleitet. Es folgt in Kapitel 8 die Diskussion der für die Anwendungen besonders wichtigen kugelsymmetrischen Lösung der Feldgleichungen, die dann im Kapitel 9 bei der Überprüfung der Theorie im Sonnensystem Verwendung findet. In dem abschließenden Kapitel über Gravitationswellen wird ein besonders interessantes und aktuelles Problem behandelt, denn es besteht die berechtigte Hoffnung, daß die derzeitigen weltweiten Bemühungen in naher Zukunft zu einem direkten Nachweis von Gravitationswellen führen werden.
Die Berücksichtigung weiterer interessanter Themen wären über den gestellten Rahmen dieser Einführung zu weit hinausgegangen. So mußte es bei der hier subjektiv getroffenen Auswahl bleiben. Hinsichtlich weiterer Einzelheiten über den Inhalt des Buches sei auf das Inhaltsverzeichnis hingewiesen.
Für die Durchsicht der ersten beiden Kapitel und die nützlichen Bemerkungen hierzu möchte ich Herrn Professor Friedrich W. Hehl (Köln) herzlich danken. Ebenso danke ich Herrn Dr. Helmut Rechenberg (München) für seine ausführliche Stellungnahme zur Entwicklung der Allgemeinen Relativitätstheorie, insbesondere hinsichtlich der Verbindung zwischen Einstein und Hilbert und ihrer unterschiedlichen Beiträge im entscheidenden Jahr 1915. Außerdem gilt mein besonderer Dank Herrn Dr. Rudolf Staudt (Augsburg) für die geduldige und sachkundige Herstellung der für den Druck fertigen Vorlage des Manuskripts.
Von der Allgemeinen Relativitätstheorie geht wegen der engen Verknüpfung von Physik und Geometrie ein besonderer ästhetischer Reiz aus. Sie fasziniert durch ihre logische Geschlossenheit und Schönheit. Neben grundlegenden Einsichten eröffnet sie einen weiten Bereich interessanter Anwendungen. Wenn es gelingt, hiervon einen ersten Eindruck zu vermitteln und das Interesse an diesem weiterhin wichtigen Forschungsgebiet der Physik zu fördern, dann ist ein wesentliches Ziel des Buches erreicht. Möge es viele Freunde gewinnen.

Oldendorf, im Oktober 2000 Ulrich E. Schröder

Inhaltsverzeichnis

1 Einleitung

In dieser Einführung in die Allgemeine Relativitätstheorie gehen wir davon aus, daß die Grundtatsachen der Speziellen Relativitätstheorie bekannt sind; einschließlich der entsprechenden mathematischen Methode, der Tensoranalysis im Minkowski-Raum.

Beim Studium der Speziellen Relativitätstheorie sollte deutlich geworden sein, daß der Name Relativitätstheorie keine glückliche Bezeichnung darstellt, sondern den wesentlichen Inhalt der Theorie in eher negativer Weise umschreibt. In ihrer historischen Entwicklung wurde mit dem Relativitätsprinzip der Begriff des absolut ruhenden Äthers zurückgewiesen.

Die entscheidende Aussage der Speziellen Relativitätstheorie ist die Invarianz (Kovarianz) der Naturgesetze gegenüber dem Wechsel von Inertialsystemen gemäß den Transformationen der Poincaré-Gruppe. Damit wird geklärt, in welchem Sinn absolute, d. h. vom inertialen Bezugssystem unabhängige, physikalische Aussagen überhaupt möglich sind. Die mathematische Struktur der physikalischen Gesetze ist dadurch in der Form von Tensorgleichungen festgelegt.

Der Grund für das Attribut „spezielle" und die damit verbundene Einschränkung ist häufig mißverstanden worden. Diese Einschränkung besagt, daß die Spezielle Relativitätstheorie nur in solchen Fällen gilt, in denen keine Gravitationseffekte auftreten. Die gelegentlich anzutreffende Behauptung, daß die Spezielle Relativitätstheorie nur bei Bewegungen ohne Beschleunigungen (sogenannte Trägheitsbewegungen) anzuwenden sei, ist unzutreffend. Man führt den Vierervektor des Impulses ein und kann die beschleunigte Bewegung eines Teilchens unter der Wirkung einer äußeren Kraft (Minkowski-Kraft) beschreiben. Es sei z. B. an die von der Elektrodynamik her bekannte Bewegungsgleichung einer Ladung e im äußeren elektromagnetischen Feld $F_{\mu\nu}$ erinnert,

$$\frac{\mathrm{d}p_\mu}{\mathrm{d}\tau} = \frac{e}{c} F_{\mu\nu} u^\nu \quad . \tag{1.1}$$

Hier bezeichnen p_μ und u^ν die Vierervektoren des Impulses bzw. der Geschwindigkeit, τ die Eigenzeit und c die Lichtgeschwindigkeit.

Andererseits zeigt sich der Konflikt des Newtonschen Gravitationsgesetzes

$$\vec{F} = -G\frac{mM}{r^3}\vec{r} \quad , G = 6.67 \times 10^{-8} \mathrm{cm}^3 \mathrm{g}^{-1} \mathrm{s}^{-2} \tag{1.2}$$

mit der Speziellen Relativitätstheorie in verschiedener Weise. Diese Relation ist kovariant gegenüber der Gruppe der räumlichen Drehungen, die den Abstand $r = (x^2 + y^2 + z^2)^{1/2}$ invariant läßt, und gegenüber der Galilei-Transformation $t = t'$, $\vec{r}' = \vec{r} - \vec{v}t$.

Dies trifft auch für die entsprechende Potentialgleichung zu

$$\vec{\nabla}^2 \phi(\vec{r}) = 4\pi G \varrho(\vec{r}) \quad , \tag{1.3}$$

wobei ϕ das Gravitationspotential einer Materieverteilung der Dichte ϱ ist. Ausgehend von der Masse M als der im Ursprung ($\vec{r} = 0$) gelegenen Quelle des Gravitationsfeldes, führt die Lösung der Potentialgleichung $\phi = -GM/r$ gemäß der Definition $\vec{F} = -m\vec{\nabla}\phi$ auf das Gravitationsgesetz (1.2).
In der Speziellen Relativitätstheorie wird die grundlegende Symmetrie durch die Lorentz-Gruppe beschrieben, die $s^2 = ct^2 - x^2 - y^2 - z^2$ invariant läßt. Die Relationen (1.2) und (1.3) sind jedoch nicht kovariant gegenüber der Lorentz-Gruppe.
Physikalisch bedeutet dies, daß in der Newtonschen Theorie die Lichtgeschwindigkeit keine invariante Größe ist und ihr auch nicht die Bedeutung einer Grenzgeschwindigkeit zukommt. Die Gravitation wirkt hier instantan, d. h. ihre Wirkung breitet sich mit unendlicher Geschwindigkeit aus (Fernwirkungstheorie). Hat man zur Vermeidung dieses Konflikts das Newtonsche Gravitationsgesetz aufzugeben oder möglicherweise so zu modifizieren, daß es mit der Speziellen Relativitätstheorie verträglich wird?

Grenzen der Speziellen Relativitätstheorie

Die einfachste speziell-relativistische Verallgemeinerung der Poisson-Gleichung (1.3) führt auf die Wellengleichung

$$\Box\phi = \left(\frac{1}{c^2}\frac{\partial^2}{\partial t^2} - \vec{\nabla}^2\right)\phi = -4\pi G\varrho \tag{1.4}$$

und würde somit die Ausbreitung entsprechender Störungen der Gravitation mit Lichtgeschwindigkeit enthalten. Durch einen solchen Ansatz entstehen aber andere Schwierigkeiten. Mit ϕ als skalarem Feld muß auch ϱ ein Skalar sein. Andererseits erwartet man wegen der Äquivalenz von Masse und Energie ($E = mc^2$), daß jede Energiedichte ebenso wie die Massendichte Quelle des Gravitationspotentials sein sollte. Die Energiedichte ist aber keine skalare Größe, sondern die Komponente T^{00} des Energie-Impuls-Tensors. Wollte man nun die zur Energiedichte des elektromagnetischen Strahlungsfeldes äquivalente Masse in der Gleichung (1.4) berücksichtigen, hätte man auf der rechten Seite die skalare Größe $\eta_{\mu\nu}T^{\mu\nu}/c^2$ für die Massendichte einzusetzen[1]. Man überzeugt sich aber leicht, daß dieser Ausdruck, d. h. die Spur des Energie-Impuls-Tensors, im Falle des elektromagnetischen Strahlungsfeldes Null ergibt. Da die Photonen keine Ruhmasse besitzen, ist eine andere Kopplung des Gravitationsfeldes (hier ϕ) an das Strahlungsfeld nicht möglich. Das heißt, in dieser skalaren Theorie kann ein Lichtstrahl durch das Gravitationsfeld nicht abgelenkt werden. Dies widerspricht jedoch den Beobachtungen. Aus diesen Überlegungen folgt, daß in einer relativistischen Theorie die Gravitationserscheinungen nicht durch ein skalares Feld beschrieben werden können.
Somit liegt es nahe, bei einem weiteren Versuch statt eines skalaren Feldes ein symmetrisches Tensorfeld $\phi_{\mu\nu} = \phi_{\nu\mu}$ einzuführen. An die Stelle der Gleichung (1.4) tritt dann (bei Wahl der Eichung $\partial_\mu\phi^{\mu\nu} = 0$)

$$\Box\phi_{\mu\nu} = -4\pi G T_{\mu\nu} \quad , \tag{1.5}$$

[1] Hier bezeichnet die Größe $\eta_{\mu\nu}$ den metrischen Tensor im Minkowski-Raum (s. Gl. (3.17)).

wobei $T_{\mu\nu}$ den Energie-Impuls-Tensor bezeichnet. In dieser tensoriellen Theorie kann zwar die Lichtablenkung korrekt beschrieben werden, doch für die Perihelverschiebung wird ein Wert vorhergesagt, der mit den Beobachtungen am Planeten Merkur nicht übereinstimmt. Außerdem stellt sich heraus, daß dieser Ansatz nicht selbstkonsistent ist, denn einerseits wird $\partial_\mu T^{\mu\nu} = 0$ gefordert, andererseits wäre dies aber auszuschließen.[2]

Abgesehen von diesen Schwierigkeiten ist festzustellen, daß die Gleichung (1.5) auf der linken Seite den linearen Differentialoperator der Wellengleichung enthält, die das Newtonschen Gesetz verallgemeinernde relativistische Gravitationstheorie aber nichtlinear sein muß. Um dies zu sehen, sei an die Äquivalenz von Masse und Energie erinnert. Das von einer Massenverteilung erzeugte Gravitationsfeld besitzt demnach eine bestimmte Energiedichte, die einer Massendichte äquivalent ist. Diese Massendichte stellt ihrerseits eine Quelle von Gravitation dar und trägt zum Gravitationsfeld bei. Daher ist die relativistische Gravitationstheorie eine nichtlineare Theorie und die entsprechenden Feldgleichungen müssen komplexer sein als der einfache lineare Ansatz (1.5).

Bei dem Versuch, das Newtonsche Gravitationsgesetz relativistisch zu verallgemeinern, erweist sich also der Rahmen der Speziellen Relativitätstheorie als zu eng. Dies erkennt man auch daran, daß die Gravitationserscheinungen mit dem in der Speziellen Relativitätstheorie grundlegenden Begriff des globalen Inertialsystems unverträglich sind. Bei der Formulierung der relativistischen Mechanik wird das Newtonsche Trägheitsgesetz benutzt und somit der Begriff des inertialen Bezugssystems eingeführt. In einem Inertialsystem bewegt sich ein kräftefreier Körper mit konstanter Geschwindigkeit auf einer Geraden, oder er ruht. Zu einer Prüfung des Trägheitsgesetzes ist demnach ein Probekörper erforderlich, auf den keine Kräfte einwirken. Nun ist es zwar möglich, Materie gegenüber der elektromagnetischen Wechselwirkung abzuschirmen, doch die Wirkung der Gravitation kann prinzipiell global (oder auch nur in größeren Bereichen) nicht kompensiert werden. Wenn ein Körper frei fällt, wird die Gravitationswirkung lokal an diesem Ort aufgehoben.[3] Was jedoch nicht kompensiert werden kann, ist die Inhomogenität des Gravitationsfeldes, die zu einer relativen Beschleunigung benachbarter Körper führt. So ist z. B. von einem Labor aus gesehen, das am Nullmeridian in Greenwich frei fällt und dort ein Inertialsystem darstellt, ein über Hamburg fallendes Labor nicht beschleunigungsfrei. Da Hamburg bei etwa 10° östlicher Länge liegt, bildet die Richtung der Erdbeschleunigung g in Hamburg einen Winkel von 10° mit derjenigen am Nullmeridian. Dies entspricht einer relativen Beschleunigung, die zur Annäherung der beiden frei fallenden Systeme führt.

Als weiteres Beispiel für die Wirkung der nicht zu kompensierenden Inhomogenität des Gravitationsfeldes kann die Entstehung der Gezeiten dienen. Bei ihrem Umlauf um die Sonne befindet sich die Erde im Zustand einer permanenten freien Fallbewegung. Das Gravitationsfeld der Sonne ist auf den gegenüberlie-

[2] Näheres dazu findet man in Ch. W. Misner, K. S. Thorne, J. A. Wheeler: Gravitation, W. H. Freeman & Co., San Francisco 1973, S. 186.

[3] Hierauf beruht das Phänomen der Schwerelosigkeit in Raumschiffen.

genden Seiten der Erde (der Tag- und Nachtseite) nicht gleich stark, wodurch die Sonnengezeiten auf der Erde verursacht werden. Entsprechendes gilt für die Mondgezeiten.
Wollte man die Wirkung der Gravitation vermeiden, müßten die Experimente dort stattfinden, wo es kein Gravitationsfeld, keine gravitierende Materie gibt. Dies wäre aber aus praktischen Gründen kaum zu realisieren und außerdem auch problematisch. Schließlich enthält das Universum Materie in vielfältigen Formen, so daß ihr Einfluß prinzipiell nicht zu vermeiden sein dürfte. So gesehen ist das globale Inertialsystem der Speziellen Relativitätstheorie ein sehr idealisierter Begriff. Die Experimente werden auf der Erde, d. h. in der Nähe gravitierender Materie durchgeführt, und auch die astrophysikalischen Beobachtungen resultieren aus Vorgängen, die sich zwar in großen Entfernungen von uns, aber doch am Entstehungsort in unmittelbarer Nähe großer Massen (Sterne, Sternsysteme, usw.) ereignen.

Lokale Inertialsysteme

In der Umgebung von Massen kann, wie wir gesehen haben, wegen der stets vorhandenen Inhomogenität des Gravitationsfeldes nur lokal ein Inertialsystem realisiert werden. So stellt ein Satellit, der im freien Fall die Erde umkreist, nicht rotiert, dessen Triebwerke abgeschaltet sind, in guter Näherung ein lokales Inertialsystem dar. In diesem frei fallenden Labor kann festgestellt werden, ob das Trägheitsgesetz dort gilt.
Zur Veranschaulichung der Situation betrachten wir zwei verschieden große Satelliten (ohne Eigenrotation und ohne zusätzliche Schubkraft), die in unterschiedlicher Entfernung die Erde umkreisen. In dieser Situation ist im Schwerpunkt der Satelliten die Gravitationsanziehung entgegengesetzt gleich der Zentrifugalkraft. Auf der zur Erde näher gelegenen Seite des Satelliten ist die Gravitationsanziehung jedoch stärker und die Zentrifugalkraft schwächer. Auf der weiter entfernten Seite ist es gerade umgekehrt. Im Fall des großen Satelliten bedeutet dies, daß die unterhalb des Schwerpunktes befindlichen Körper auf die Erde zu, diejenigen oberhalb des Schwerpunktes in entgegengesetzter Richtung beschleunigt werden. Der von dem großen Satelliten eingenommene Raum stellt somit insgesamt kein Inertialsystem dar. Im Unterschied dazu kann die Ausdehnung des kleinen Satelliten so bemessen sein, daß innerhalb der erreichbaren Meßgenauigkeit das Gravitationsfeld als homogen und damit der Satellit als ein Inertialsystem in dem begrenzten Bereich angenommen werden kann. Da jede Inhomogenität im Prinzip feststellbar ist, kann ein Bezugssystem genau genommen nur in einem verschwindend kleinen Bereich, mathematisch ausgedrückt in einem Punkt, als inertial angesehen werden.

Verallgemeinerte Trägheitsbewegung

Bei Einbeziehung der Gravitation kommt offenbar dem Begriff des Inertialsystems nicht mehr die ausgezeichnete Stellung zu wie in der Speziellen Relativitätstheorie. Nach den vorigen Ausführungen wird aber auch deutlich, daß in jeder Theorie der Gravitation lokale Inertialsysteme als Grenzfall zugelassen sein sollten. Bei der Formulierung einer relativistischen Gravitationstheorie, der Allgemeinen Relativitätstheorie, liegt nun folgender Gedanke als nützlicher Ausgangspunkt nahe, der auf Albert Einstein zurückgeht. Da die Gravitationswirkungen nicht abgeschirmt und somit die gemäß dem Trägheitsgesetz definierten Inertialsysteme nur lokal eingeführt werden können, gehe man davon aus, daß Gravitation und Trägheit nicht getrennt zu betrachten sind, sondern im Grunde zusammengehören. Die Wirkungen, die beide Phänomene auf einen Körper ausüben, sind schließlich gleich: die auftretenden Kräfte sind in jedem Falle (Gravitationskräfte, Inertialkräfte) proportional zur Masse des Körpers. Dementsprechend ist es sinnvoll, von dem Trägheitsgesetz in einer allgemeinen Formulierung auszugehen. Hiernach gibt es eine allgemeine Standardbewegung, und wenn ein Körper dieser Standardbewegung folgt, wirken keine Kräfte auf ihn. In dem speziellen Fall eines Inertialsystems ist diese Standardbewegung dann die Bewegung auf einer Geraden mit konstanter Geschwindigkeit. Die Standardbewegung[4] (verallgemeinerte Trägheitsbewegung) ist hiernach jede Bewegung, die nur durch Trägheit und Gravitation, die beide allen Körpern eigen sind, hervorgerufen wird, wie z. B. bei der Bewegung im freien Fall und bei der Bewegung der Erde (im freien Fall) um die Sonne. Zusätzliche Kräfte sind dann als diejenigen Kräfte definiert, die den Körper von seiner Standardbewegung abbringen. Gravitation und Trägheit bilden sozusagen den Hintergrund, vor dem sich alle übrigen Bewegungen unter dem Einfluß anderer Kräfte abspielen.

Eigenschaften der relativistischen Gravitationstheorie

Als unaufhebbarer Bestandteil des Gravitationsfeldes bewirken seine Inhomogenitäten eine relative Beschleunigung benachbarter Körper. Diesen wesentlichen Effekt muß die zu formulierende relativistische Gravitationstheorie beschreiben. Bei Vernachlässigung der relativen Beschleunigung (d. h. der Inhomogenitäten des Feldes) sollte sie in die Spezielle Relativitätstheorie übergehen. Sowohl diese Forderungen als auch die Konzeption der verallgemeinerten kräftefreien Bewegung sind in der von Albert Einstein entwickelten Allgemeinen Relativitätstheorie realisiert. Diese Theorie hat folgende Eigenschaften:

1. Sie ist relativistisch, d. h. sie ergibt lokal, bei möglicher Vernachlässigung der Inhomogenitäten auch in kleinen Bereichen, die Spezielle Relativitätstheorie, deren Gültigkeit experimentell sehr genau überprüft ist.
2. Sie ergibt in großen Bereichen, dort wo schwache Gravitationsfelder vorhanden sind, in guter Näherung die Newtonsche Gravitationstheorie, die sich bei der Beschreibung der Bewegungen im Sonnensystem bewährt hat. Die geringen Abweichungen von den Voraussagen der Newtonschen Theorie, die innerhalb des Sonnensystems festzustellen sind, bestätigen die Allgemeine Relativitätstheorie.
3. Sie bezieht als relativistische Theorie jede Form von Energie in die Gravitati-

[4] Die Standardbewegungen sind durchaus komplizierter als die Bewegungen auf einer Geraden mit konstanter Geschwindigkeit. Sie werden mathematisch durch die Geodäten in einer gekrümmten Raum-Zeit-Mannigfaltigkeit (einem Riemannschen Raum) beschrieben. Wir werden später darauf zurückkommen.

on ein, insbesondere enthält sie die Wechselwirkung zwischen Gravitationsfeld und elektromagnetischen Feldern (Licht). Die Newtonsche Theorie erlaubt hingegen ohne Zusatzannahmen keine Aussagen über das Verhalten von Licht im Gravitationsfeld.

Bei der Formulierung dieser Theorie ist eine allgemeinere (und kompliziertere) mathematische Methode einzuführen als die in der Mechanik und Elektrodynamik verwendete Vektoranalysis im Minkowski-Raum. Dies wird am Beispiel der beiden Erdsatelliten deutlich. Wenn sie in ungleichen Abständen die Erde umkreisen, haben sie verschiedene Umlaufperioden und sind gegenseitig beschleunigt. Das bedeutet, auch wenn sie zeitweilig nahe genug beieinander sind, können wir die beiden Satelliten nicht zu einem einzigen zusammenfügen und somit auch nicht erwarten, daß es eine Lorentz-Transformation gibt, die ihre lokalen Inertialsysteme ineinander überführt. Da die Lorentz-Transformation, die ja linear ist, hier nicht in Betracht kommt, wird die Relation zwischen den Inertialsystemen, die bezüglich verschiedener Raum-Zeit-Punkte definiert sind, allgemeiner als ein linearer Zusammenhang, d. h. nichtlinear sein, wie es auch aufgrund der relativen Beschleunigung der Systeme zu erwarten ist. Diese Relation wird durch die einzige hier in Frage kommende Ursache bestimmt, durch die Massenverteilung, in deren Gravitationsfeld die Inertialsysteme sich bewegen. In unserem Beispiel stellt die Erde die Massenverteilung dar und die sie umkreisenden Satelliten die Inertialsysteme. Beim Versuch einer globalen Beschreibung des Gravitationsfeldes muß man demnach bereit sein, nichtlineare Koordinatentransformationen zuzulassen, d. h. auch allgemeine krummlinige Koordinaten einzuführen, die nicht global in die geradlinigen Koordinaten des Minkowski-Raumes übergeführt werden können.

Gravitation und Geometrie

Man erkennt hier die Verhältnisse wieder, wie sie in gekrümmten Räumen anzutreffen sind. Denn auch hier ist es nicht möglich, global ein starres euklidisches Koordinatensystem einzuführen. So würden z. B. im Fall der Oberfläche einer Kugel die Koordinatenlinien aus den Räumen (d. h. der Kugeloberfläche) herausragen. Zum besseren Verständnis ist es nützlich, den Vergleich mit einer gekrümmten Fläche weiter zu verfolgen. In kleinen Bereichen, die durch Flächenelemente dargestellt werden, gilt auf einer gekrümmten Fläche in guter Näherung die Geometrie der Ebene, d. h. des flachen Raumes. Die Flächenelemente lassen sich aber nicht zu einer großen Ebene vereinen, sondern stehen in komplizierter Relation zueinander, die durch die Krümmung der Fläche bestimmt wird. Die Krümmung der Fläche entspricht also gerade dem Einfluß der Masse in der Allgemeinen Relativitätstheorie und die Flächenelemente repräsentieren die Inertialsysteme.

Dieser Vergleich ist durchaus von größerer Bedeutung als es zunächst erscheinen mag. In der Allgemeinen Relativitätstheorie wird die Wirkung der Gravitation eine Eigenschaft des gekrümmten Raum-Zeit-Kontinuums und damit geometrisiert. Man bezeichnet die Einsteinsche Gravitationstheorie daher zutreffend auch als Geometrodynamik. Die geometrische Struktur der Raum-Zeit entspricht der eines Riemannschen Raumes. Seine Metrik $g_{\mu\nu}(x)$, die das Gravitationsfeld repräsentiert, wird durch die Massen- und Energieverteilung bestimmt. Die kräftefreie Bewegung der Massen im Gravitationsfeld erfolgt dann auf Geodäten in der gemäß der Materie gekrümmten Raum-Zeit (Standardbewegung). Aus mathematischer Sicht stellen die vorher erwähnten lokalen Inertialsysteme die ebenen Tangentialräume des Riemannschen Raumes in den jeweiligen Punkten dar. Die Anwendung der Lorentz-Transformation ist auf diese Räume beschränkt, während im allgemeinen Fall nichtlineare Transformationen erforderlich sind. In der Allgemeinen Relativitätstheorie sind Trägheit, Metrik und Gravitation vereinigt. Raum und Zeit haben keine unabhängige und damit absolute Existenz, sondern sind aufs engste verknüpft mit den materiellen Objekten, die den Raum erfüllen.

Stellung innerhalb der Physik

Hiernach ist es verständlich, daß die Formulierung der Allgemeinen Relativitätstheorie von einer entwickelten Mathematik gekrümmter, d. h. nichteuklidischer Räume abhängig war. Die hier anzuwendenden Methoden sind durchaus verschieden von der Tensoranalysis im Minkowski-Raum, die in der Speziellen Relativitätstheorie, bei der Formulierung der Elektrodynamik und anderer Feldtheorien benutzt wird. So konnte es dazu kommen, daß die Allgemeine Relativitätstheorie nach ihrer Entstehung zunächst für mehrere Jahrzehnte von den anderen Gebieten der Physik etwas separiert war. Ein weiterer Grund hierfür liegt sicher auch in dem zeitweilig fehlenden Fortschritt bei ihrer Anwendung und experimentellen Prüfung.

In neuerer Zeit hat sich diese Situation jedoch völlig verändert, so daß die Gravitationstheorie mit ihren Anwendungen heute ein besonders interessantes und aktuelles Forschungsgebiet innerhalb der Physik darstellt. Zu dieser Entwicklung haben die verfeinerten Techniken bei Präzisionsexperimenten (Mößbauer-Effekt, Radar-Technik, etc.), der Einsatz von Raumsonden (Satelliten), sowie neue astrophysikalische Entdeckungen (Neutronensterne, Pulsare, Quasare) beigetragen. Außerdem bildet die Einsteinsche Gravitationstheorie den Rahmen für die Formulierung relativistischer kosmologischer Modelle. Auf diesem Gebiet haben sich in neuerer Zeit interessante Zusammenhänge mit den Erkenntnissen in der Physik der Elementarteilchen ergeben. Diese symbiotische Beziehung zweier scheinbar getrennter Gebiete eröffnet unerwartete Einsichten und dürfte auch für die weitere Entwicklung unserer Vorstellung über die Entstehung der „Welt im Großen" und ihre Beschaffenheit „im Kleinen" von großer Bedeutung sein.

Die fundamentalen Wechselwirkungen der Elementarteilchen werden durch Eichfeldtheorien beschrieben, die in ihrer Struktur große formale Ähnlichkeiten mit der Allgemeinen Relativitätstheorie haben, d. h. letztere kann auch als Eichfeldtheorie formuliert werden. Von besonderem Interesse in der aktuellen Forschung sind derzeit die Bestrebungen, alle fundamentalen Wechselwirkungen unter Einbeziehung der Gravitation in einer vereinheitlichten Theorie zusammenzufassen. Die dabei auftretende Frage nach der Quantisierung des Gravitationsfeldes, mit Gravitonen als dem entsprechenden Feldquant (Spin 2), führt auf Probleme, die noch zu lösen sind.

2 Zur historischen Entwicklung der Allgemeinen Relativitätstheorie

Die Zeit um 1905 war reif für die Aufstellung der Speziellen Relativitätstheorie. So konnte Albert Einstein (1879–1955) die damit zusammenhängenden Probleme in seiner berühmten Arbeit „Zur Elektrodynamik bewegter Körper" (Ann. d. Physik **17**, 891 (1905)) lösen. Man darf zur Situation um das Jahr 1905 zusammenfassend feststellen: Den Anfang der Speziellen Relativitätstheorie machte H. A. Lorentz (1853–1928), die physikalische Grundlage und den physikalischen Gehalt zeigte A. Einstein, die mathematische Struktur ist bei H. Poincaré (1854–1912) am klarsten. Dagegen ist die Allgemeine Relativitätstheorie, wie wohl keine andere große physikalische Theorie, das Werk eines einzelnen Menschen.

Einsteins Weg zur Allgemeinen Relativitätstheorie

Der Weg zur Allgemeinen Relativitätstheorie war schwierig und bedurfte der Anstrengungen vieler Jahre. Den Arbeiten Albert Einsteins aus jenen Jahren ist zu entnehmen, wie mühsam die Allgemeine Relativitätstheorie, für die es nur ganz wenige Indizien gab, herausgearbeitet werden mußte. Einstein war sich der Grenzen der von ihm formulierten Speziellen Relativitätstheorie durchaus bewußt. Die folgenden Mängel dieser Theorie waren zu überwinden: Die Beschränkung auf Inertialsysteme und auf die damit verbundenen Galilei-Koordinaten, sowie die Nichteinbeziehung der Gravitation.

Warum sollte irgendein Bezugssystem, das Inertialsystem der Speziellen Relativitätstheorie, vor anderen (beliebigen) Bezugssystemen ausgezeichnet sein? Die Naturgesetze sollen sich so formulieren lassen, daß sie in allen Bezugssystemen gelten, unabhängig vom Bewegungszustand der Bezugssysteme. Es müßte möglich sein, die Gruppe der gleichmäßig gegeneinander bewegten Bezugssysteme auf die Gruppe aller möglichen Bezugssysteme zu erweitern. Dieses Ziel, das Einstein sich selbst stellte, nannte er das „allgemeine Relativitätsprinzip". Er wußte zunächst nicht, wie dieses Problem zu lösen war und wie die Lösung ausfallen würde. Der Durchbruch zur Lösung gelang erst 1915. An dieses Prinzip knüpft die historische Bezeichnung „Allgemeine Relativitätstheorie" an. Dem Inhalt nach ist die Einsteinsche Theorie eine relativistische Theorie der Gravitation, in der die Gravitationsquellen die Geometrie des Raum-Zeit-Kontinuums bestimmen. Daher wäre die Bezeichnung „Geometrodynamik" durchaus zutreffender.

Das Konzept allgemeiner (d. h. beschleunigter) Bezugssysteme ist im Ansatz bereits im letzten Teil einer längeren Arbeit aus dem Jahre 1907 enthalten, in der Einstein einen systematischen Überblick über die Spezielle Relativitätstheorie gibt.[1] In dieser Arbeit führt er auch das sogenannte „Äquivalenzprinzip"

---

[1] A. Einstein: Über das Relativitätsprinzip und die aus demselben gezogenen Folgerungen, Jahrb. d. Radioaktivität u. Elektronik **4**, 411 (1907).

ein. Hiernach kann man physikalisch nicht unterscheiden zwischen Bezugssystemen, die sich in einem homogenen und stationären Gravitationsfeld befinden und solchen ohne Gravitation, aber mit entsprechender (d. h. hinsichtlich Stärke und Richtung) konstanter Beschleunigung. Durch diese Hypothese wird klar, warum träge und schwere Masse unter allen Umständen zueinander proportional sein müssen. Entsprechend ist die Äquivalenz von Energie und träger Masse ($E = mc^2$) auf die schwere Masse zu verallgemeinern.

Einstein nannte das Äquivalenzprinzip „den glücklichsten Gedanken meines Lebens". Dies äußerte er in einer Arbeit 1920[2], die für die Zeitschrift *Nature* bestimmt war, wegen Überlänge jedoch durch eine kürzere Version ersetzt werden mußte.[3] Das Manuskript in der ursprünglichen Fassung blieb jedoch erhalten und ist eine interessantes Dokument, in dem der Autor nicht nur seine Gedanken darlegt, sondern auch seine Empfindungen mitteilt.[4]

Die Gleichheit von träger und schwerer Masse, auf der das Äquivalenzprinzip beruht, war im Rahmen der Newtonschen Mechanik eine empirische Tatsache, die im Hintergrund blieb und als zufällig angesehen wurde. Aber Einstein erkannte darin ein grundlegendes Prinizip der Natur und forderte für das von ihm formulierte Äquivalenzprinzip universelle Gültigkeit.

Mit Hilfe des Äquivalenzprinzips konnte Einstein den Einfluß der Gravitation auf physikalische Phänomene ermitteln, denn hiernach brauchte man nur das betreffende Phänomen von einem beschleunigten Bezugssystem aus zu betrachten. Er erhielt so bereits in der Arbeit von 1907 das Ergebnis, daß Uhren in starken Gravitationsfeldern langsamer gehen als in der Umgebung von schwächeren Gravitationsfeldern. Dies muß zu einer Rotverschiebung des im Gravitationsfeld der Sonne aufsteigenden Sonnenlichts führen. Auch werden Lichtstrahlen, die nahe an der Sonne vorbeigehen, durch das Gravitationsfeld der Sonne abgelenkt.[5]

In den folgenden dreieinhalb Jahren schweigt Einstein zum Thema der Gravitation, obwohl er Arbeiten über Themen der Speziellen Relativitätstheorie und vor allem über quantenmechanische Probleme der Strahlung publiziert. Offenbar stand für Einstein in dieser Zeit (1908–1911) nicht die Gravitation, sondern die Quantentheorie im Vordergrund des Interesses. Dies ist insbesondere aus seinen Briefen zu entnehmen, die er damals an seine Freunde und andere Physiker geschrieben hat.[6]

Das Thema der Gravitation wird von Einstein 1911 wieder aufgenommen durch

---

[2] A. Einstein: Grundgedanken und Methoden der Relativitätstheorie in ihrer Entwicklung dargestellt, 1920. Es ist zu erwarten, daß dieses bisher unveröffentlichte Manuskript noch publiziert wird in „The Collected Papers of Albert Einstein", Princeton 1987 ff.

[3] A. Einstein: A brief outline of the development of the theory of relativity, Nature **106**, 782 (1921).

[4] Weitere sehr aufschlußreiche Äußerungen Einsteins über seine Ideen bei der Entwicklung der Relativitätstheorie findet man in seinem in der Universität von Kyoto, Japan, 1922 gehaltenen Vortrag, dessen Mitschrift von Y. A. Ono ins Englische übertragen wurde: How I created the Theory of Relativity, Physics Today, August 1982, S. 45.

[5] Hinsichtlich näherer Einzelheiten hierzu siehe Abschnitt 9.3.

[6] Nähere Einzelheiten dazu findet man in dem hervorragenden Buch von A. Pais: „Raffiniert ist der Herrgott ... ": Albert Einstein – Eine wissenschaftliche Biographie, Friedr. Vieweg & Sohn, Braunschweig 1986.

die Arbeit „Über den Einfluß der Schwerkraft auf die Ausbreitung des Lichtes" (Ann. d. Physik **35**, 898–908 (1911)). Diese Frage hatte er schon 1907 behandelt und kehrt nun dazu unter allgemeinerem Gesichtspunkt zurück. Nach dem Äquivalenzprinzip sind die beiden folgenden Situationen äquivalent:

- homogenes Gravitationsfeld, Beobachter in Ruhe;
- kein Gravitationsfeld, Beobachter in Bewegung mit konstanter Beschleunigung.

Wenn das Äquivalenzprinzip universelle Gültigkeit hat, dann sind träge und schwere Masse notwendigerweise gleich und somit gemäß $E = mc^2$ auch die träge und schwere Energie. In dieser Arbeit wird die Rotverschiebung und die Ablenkung von Licht im Gravitationsfeld diskutiert. Die Lichtablenkung kam hier, wie sich später zeigte, zunächst mit einem um den Faktor zwei zu kleinen Wert heraus.

In den folgenden Jahren erscheint eine Reihe von Arbeiten Einsteins zur Gravitation. Sie sind ein beredtes Zeugnis seiner intensiven Bemühungen über auftretende Schwierigkeiten und Irrtümer hinweg endlich Klarheit zu gewinnen. Den logischen Abschluß seiner Theorie konnte Einstein schließlich am 25. November 1915 in einer Sitzung der Preußischen Akademie der Wissenschaften, deren Mitglied er seit 1913 war, in Berlin präsentieren. Die nur drei Seiten umfassende Arbeit enthält die richtige Form der Einsteinschen Gravitationstheorie.[7] In seiner späteren Publikation „Die Grundlage der allgemeinen Relativitätstheorie" (Ann. d. Physik **49**, 769–822 (1916))[8], wird das Gesamtgebäude der Allgemeinen Relativitätstheorie in zusammenfassender Weise dargestellt. Man kann sie als den Höhepunkt des Einsteinschen Werkes ansehen. Wie Einstein bekannt hat, ist er „nach langen Irrwegen" zur endgültigen Formulierung seiner Gravitationstheorie gelangt.

Jahre später erinnerte Einstein in einem Vortrag über die Entstehung der Allgemeinen Relativitätstheorie an die vorangegangene Zeit mühevoller Arbeit: „Im Lichte bereits erlangter Erkenntnis erscheint das glücklich Erreichte fast wie selbstverständlich, und jeder intelligente Student erfaßt es ohne zu große Mühe. Aber das ahnungsvolle Jahre währende Suchen im Dunkeln mit seiner gespannten Sehnsucht, seiner Abwechslung von Zuversicht und Ermattung und seinem endlichen Durchbrechen zur Wahrheit, das kennt nur, wer es selber erlebt hat."[9]

Entwicklung der Differentialgeometrie

Eine große Hilfe bei der Bewältigung mathematischer Probleme war für Einstein sein Freund Marcel Großmann (1878–1936), der ihn auf die Methode der Differentialgeometrie aufmerksam machte und ihn darin einführte. Die Anfänge der Differentialgeometrie gehen auf Carl Friedrich Gauß (1777–1855) zurück, der auch die Gültigkeit der euklidischen Geometrie für den realen physikalischen

[7] A. Einstein, Sitzungsber. Preuss. Akad. Wiss. II, 1915, S. 844.

[8] Abgedruckt in dem Sammelband: Das Relativitätsprinzip, 1913, Neudruck Wissenschaftliche Buchgesellschaft, Darmstadt 1958.

[9] Zitat aus: A. Einstein, Mein Weltbild (Hrsg. C. Seelig), Frankfurt M. (Ullstein Buch Nr. 65), S. 138.

Raum anzweifelte. Er entwickelte die Theorie gekrümmter zweidimensionaler Flächen, wobei das Krümmungsmaß durch die inneren Eigenschaften der Fläche ausgedrückt wird. Gauß war auch der erste, der erkannt hatte, daß es eine nichteuklidische Geometrie gibt, bei der das Parallelenaxiom von Euklid nicht mehr gilt. Aber unabhängig voneinander hatten auch Janos Bólyai (1802–1860) und Nicolai Lobatschewski (1792–1856) die nichteuklidische (hyperbolische) Geometrie entwickelt. Die Entdeckung der nichteuklidischen Geometrie stellt einen bedeutenden Wendepunkt in der Wissenschaftsgeschichte dar, denn damit wurde klar, daß seitens der Logik und Mathematik allein nicht zu entscheiden war, von welcher Art die Geometrie des realen physikalischen Raumes ist. Das Problem der wahren Geometrie konnte offenbar nur durch experimentelle Erfahrung gelöst werden.

Ausgehend von der Gaußschen Flächentheorie hat Bernhard Riemann (1826–1866) diese Lehre für Räume mit variabler Krümmung und beliebiger Dimensionszahl verallgemeinert und damit auch die Grundlage für die Geometrie der vierdimensionalen Raum-Zeit geschaffen. Er untersuchte Mannigfaltigkeiten, in denen die Abstände durch die Maßbestimmung $\mathrm{d}s^2 = g_{\mu\nu}(x)\mathrm{d}x^\mu \mathrm{d}x^\nu$ definiert sind. In seinem berühmten Habilitationsvortrag „Über die Hypothesen, welche der Geometrie zugrunde liegen" äußerte Riemann bereits 1854[10] die Vermutung, daß das metrische Feld nicht ein für allemal starr gegeben ist, sondern von der Verteilung der Materie abhängt und mit ihr sich ändert. Damit hatte Riemann einen zentralen Gedanken in Einsteins Gravitationstheorie vorweg geäußert.

Mit einem projektiven Modell für die nichteuklidische Geometrie konnte Felix Klein (1849–1925) die Widerspruchsfreiheit dieser Geometrie auf die Widerspruchsfreiheit der projektiven Geometrie zurückführen. Damit war die Existenzberechtigung der neuen Geometrie erwiesen, und das neue Denken über die Geometrie wurde schließlich Allgemeingut der Forschung. In seinem berühmt gewordenen „Erlanger Programm" formulierte Klein 1872 einen einheitlichen Standpunkt für den Aufbau verschiedener geometrischer Systeme. Beim weiteren technischen Ausbau der Riemannschen Geometrie führte E. Christoffel (1829–1900) Ausdrücke der „kovarianten Differentiation" ein. Die systematische Formulierung des „absoluten Differentialkalküls" wurde schließlich von den italienischen Mathematikern Gregorio Ricci (1853–1925) und Tullio Levi-Civita (1873–1941) ausgearbeitet.[11]

Der bedeutende Physiker und Physiologe Hermann von Helmholtz (1821–1894) hat in seiner Schrift „Über die Tatsachen, die der Geometrie zum Grunde liegen" physikalische Aspekte in den Vordergrund gestellt. Geht man von der anschaulich wahrnehmbaren freien Beweglichkeit ausgedehnter starrer Körper aus, dann sind, wie Helmholtz gezeigt hat, nur Räume mit konstanter Krümmung K zugelassen, wobei der Wert von K experimentell zu bestimmen ist. Dadurch wird die herausgehobene Bedeutung der Theorie der euklidischen Geometrie ($K = 0$) verständlich. Für die weitere Entwicklung hat sich jedoch die Annahme ausge-

[10] Postum veröffentlicht in Nachr. Ges. Wiss. Göttingen **13**, 133 (1868), s. auch B. Riemann, Gesammelte Werke, Teubner, Leipzig 1892, S. 272.

[11] Eine zusammenfassende Darstellung ihrer Ergebnisse wurde 1901 veröffentlicht: Math. Ann. **54**, 125 (1901).

dehnter starrer Körper als zu einschränkend erwiesen. Riemann dagegen geht bei seiner Verallgemeinerung der Geometrie davon aus, daß Abstände nur für infinitesimal benachbarte Punkte erklärt sind. Zu Riemanns Vorstellungen bekannte sich der Geometer W.K. Clifford (1845–1879), der ebenfalls in Riemanns Begriff des Raumes die Möglichkeit einer Verbindung von Geometrie und Physik sah. Nach seinen Spekulationen können leichte zeitliche Variationen der Krümmung Wirkungen hervorrufen, die sich wie eine Kräuselung auf dem Raum in der Art einer Welle fortpflanzen und als Bewegung der Materie deuten lassen.

Wichtige Beiträge von Minkowski und Hilbert

Diese und andere (spekulative) Ideen, so brillant und originell sie auch gewesen sein mögen, waren offensichtlich verfrüht. Es fehlte zu der Zeit die Vorstellung einer Raum-Zeit-Mannigfaltigkeit, die für die mathematische Formulierung der Allgemeinen Relativitätstheorie wesentlich ist. Erst nach dem Verständnis der Elektrodynamik im Rahmen der Speziellen Relativitätstheorie wurde die grundlegende Idee der vierdimensionalen Raum-Zeit den Physikern nach und nach vertraut. Die vierdimensionale Formulierung der Speziellen Relativitätstheorie durch Hermann Minkowski (1864–1909) ist auch von Einstein selbst zunächst als rein formal („zu viel Mathematik") angesehen worden. Später hat er wiederholt betont wie hilfreich, ja unentbehrlich, dieser wichtige Beitrag Minkowskis für die Entwicklung der Allgemeinen Relativitätstheorie gewesen ist.
Albert Einstein mußte die mathematische Methode der Differentialgeometrie erst lernen, dem in Göttingen lehrenden Mathematiker David Hilbert (1862–1943) war sie geläufig. So wird verständlich, daß Hilbert, der an physikalischen Fragestellungen sehr interessiert war, einen wichtigen Beitrag zur Gravitationstheorie in der letzten Phase ihrer Entwicklung leisten konnte. In seinem Vortrag (vom 20. Nov. 1915) in der Göttinger Akademie über die „Grundlagen der Physik" teilte er das Ergebnis seiner Bemühungen mit, eine von Gustav Mie (1867–1957) vorgeschlagene elektrodynamische Feldtheorie der Materie und die sich entwickelnde Einsteinsche Gravitationstheorie zu einer einheitlichen Feldtheorie der Materie zu verbinden. Er ging dabei von einigen Axiomen aus. Hierzu gehörte die Formulierung eines Hamiltonschen Variationsprinzips, das die allgemeine Kovarianz berücksichtigte und aus dem die beiden Grundgleichungssysteme der einheitlichen Theorie in einfacher Weise folgen. Dieser Weg zur Herleitung der Feldgleichungen war für den Mathematiker Hilbert evident. In seiner ersten Mitteilung hat Hilbert die Feldgleichungen der Gravitation noch nicht explizit angegeben, sondern in einer späteren korrigierten Fassung. Obwohl Hilbert die Mitteilung am 20. November fünf Tage früher vorgetragen hatte als Einstein seine Arbeit über die Feldgleichungen der Gravitation, hat es neben einer vorübergehenden Verstimmung keinen Prioritätenstreit zwischen den Autoren gegeben. Hilbert war zu seiner Einbeziehung der Ansätze Einsteins zur Gravitationstheorie in den eigenen systematischen Entwurf über die Grundlagen der Physik durch Veröffentlichungen Einsteins sowie dessen Vorträge in Göttingen im Sommer 1915 angeregt worden und hat die Priorität Einsteins nicht in Frage gestellt.[12] Seine Formulie-

[12] Hilbert sagte einmal „Jeder Straßenjunge in unserem mathematischen Göttingen versteht mehr

rung des Hamiltonschen Variationsprinzips zur Herleitung der Feldgleichungen bleibt ein wichtiger Beitrag zur Allgemeinen Relativitätstheorie.

Weitere Entwicklung bis 1930

Nach dem Stand der Theorie Ende 1915 werden drei relativistische Effekte vorhergesagt, die über den Rahmen der Newtonschen Theorie hinausgehen:

1. Die Rotverschiebung der Spektrallinien im Gravitationsfeld.
2. Die Lichtablenkung am Sonnenrand, die nun doppelt so groß herauskommt als in den früheren Rechnungen.
3. Das Vorrücken des Perihels des Planeten Merkur um 43 Bogensekunden pro Jahrhundert, der Wert, der später durch Beobachtungen bestätigt werden konnte.

Die historische Entwicklung der Allgemeinen Relativitätstheorie soll hier nicht weiter in ihren Einzelheiten verfolgt werden. Wir deuten nur einige herausragende Ergebnisse bis zum Jahr 1930 an. Der Astronom Karl Schwarzschild (1873–1916) fand 1916 die später nach ihm benannte erste exakte Lösung der Feldgleichungen, die das Gravitationsfeld im Außenraum einer kugelsymmetrischen Massenverteilung beschreibt. Die Schwarzschild-Lösung stellt damit, 250 Jahre nach Newton, die Verallgemeinerung des Newtonschen Gravitationsgesetzes (1666) für die Planetenbewegung im Sonnensystem dar.

Bald nach Abschluß seiner Theorie arbeitete Einstein zwei Anwendungen der Feldgleichungen aus und eröffnete damit neue Forschungsgebiete, die noch heute von aktueller Bedeutung sind und auch in Zukunft von Interesse sein werden. Bereits 1916 konnte er mit Hilfe der Feldgleichungen die Existenz und die wichtigsten Eigenschaften von Gravitationswellen, die sich mit Lichtgeschwindigkeit ausbreiten, vorhersagen. Zwei Jahre später gelang ihm die Herleitung der berühmten Quadrupolformel für die Energieabstrahlung durch Gravitationswellen, die von relativ zueinander beschleunigten Massen ausgehen.

Einsteins Arbeit aus dem Jahr 1917 „Kosmologische Betrachtungen zur Allgemeinen Relativitätstheorie“[13] öffnete den Weg zu der sich danach entwickelnden relativistischen Kosmologie. Dem damaligen Stand der Kenntnisse und Vorstellungen entsprechend, ist das von Einstein entworfene kosmologische Modell statisch. Es hat jedoch eine endliche Ausdehnung und ist unbegrenzt, analog z. B. der Kugeloberfläche, die keine Grenzen, aber dennoch einen endlichen Flächeninhalt hat. Um eine statische Lösung der Feldgleichungen bei gleichmäßiger Verteilung der Materie zu erhalten, hat Einstein in die Feldgleichungen die

---

von vierdimensionaler Geometrie als Einstein. Aber trotzdem hat Einstein die Sache gemacht und nicht die großen Mathematiker.“ „Und wissen Sie“, fragte Hilbert in einer Gesellschaft von Mathematikern, „warum Einstein das Originellste und Tiefste über Raum und Zeit gesagt hat, das in dieser Zeit gesagt wurde? Weil er weder die Philosophie noch die Mathematik von Zeit und Raum gelernt hat.“ Zitiert nach Philipp Frank: Albert Einstein. Sein Leben und seine Zeit.,Friedr. Vieweg & Sohn, Braunschweig 1979, S. 335. Eine objektive Darstellung der damaligen Situation und der Beziehung zwischen Einstein und Hilbert findet man in A. Pais, l.c., S. 261 ff.

[13] A. Einstein, Sitzungsber. Preuss. Akad. Wiss. 1917, S. 142; Abdruck in „Das Relativitätsprinzip“, l.c.

kosmologische Konstante eingeführt. Dieser Term entspricht bei positivem Vorzeichen der Konstanten einer allgemeinen Abstoßung. Die durch die Gravitation bedingte Kontraktion der Materie wird so kompensiert, und die Lösung wird statisch.
Den entscheidenden Fortschritt in der weiteren Entwicklung der relativistischen Kosmologie erzielte dann 1922 Alexander Friedmann (1888–1925). Unter der Annahme einer isotropen, homogenen Materieverteilung fand er, daß die ursprünglichen Feldgleichungen ohne das kosmologische Glied zeitabhängige Lösungen zulassen, die einem expandierenden (bzw. sich zusammenziehenden) Weltall entsprechen.[14] Dieses Modell eines zeitlich sich entwickelnden Weltalls fand erst einige Jahre später Anerkennung, nachdem Edwin P. Hubble (1889–1953) im Jahr 1929 seine bahnbrechenden Ergebnisse über die Fluchtbewegungen der Galaxien veröffentlicht hatte. Diese und weitere Erkenntnisse haben zu neuen kosmlogischen Modellen geführt und schließlich zu dem heute favorisierten Standardmodell des nach dem Urknall (d. h. nach der quantengravitativen Ära) expandierenden Universums.
Die entscheidende Prüfung erfuhr die Allgemeine Relativitätstheorie bei den anläßlich einer Sonnnenfinsternis 1919 von der Royal Astronomical Society unternommenen Expeditionen nach Sobral (Brasilien) und zu der vor Afrika im Golf von Guinea gelegenen Insel Principe. Die vorhergesagte Ablenkung des von Fixsternen ausgesandten, dicht am Rand der verdunkelten Sonne vorbeigehenden Lichts, konnte in richtiger Größenordnung gemessen werden. Nach diesem spektakulären Test wurde die Allgemeine Relativitätstheorie anerkannt und Albert Einstein wurde weltweit berühmt.

[14] A. Friedmann, Z. Phys. **10**, 377 (1922); **21**, 326 (1924).

3 Die physikalischen Grundlagen der Allgemeinen Relativitätstheorie

3.1 Das Äquivalenzprinzip

Für die Entwicklung der Allgemeinen Relativitätstheorie ist nach Einstein, wie in den vorigen Abschnitten bereits erläutert wurde, die Äquivalenz von träger und schwerer Masse, bzw. Einsteins Äquivalenzprinzip, von grundlegender Bedeutung. Daher wollen wir im folgenden auf die empirische Bestätigung dieser Erfahrungstatsache näher eingehen und das Äquivalenzprinzip ausführlicher diskutieren.
Zunächst sei daran erinnert, daß man strenggenommen in der Newtonschen Mechanik drei verschiedene Arten von Masse eines Körpers zu unterscheiden hat: die träge (inerte) Masse, die passive und die aktive Gravitationsmasse. Die träge Masse m_I ist gemäß Newtons zweitem Bewegungsgesetz ein Maß für den Trägheitswiderstand, den ein Körper seiner Beschleunigung entgegensetzt, wenn äußere Kräfte auf ihn wirken. Die passive Gravitationsmasse (passive schwere Masse) m_G eines Körpers ist als der Faktor definiert, dessen Multiplikation mit dem negativen Gradienten des Potentials eines äußeren Gravitationsfeldes ϕ die Kraft ergibt, die von diesem Feld auf den Körper ausgeübt wird

$$m_I \ddot{\vec{x}} = \vec{F} \quad , \vec{F} = -m_G \vec{\nabla}\phi \quad . \tag{3.1}$$

Andererseits charakterisiert die aktive Gravitationsmasse M_G die Quellstärke des von der Materie erzeugten Gravitationsfeldes

$$\phi = -\frac{GM_G}{r} \quad . \tag{3.2}$$

Die entsprechende Massendichte ϱ_G der Gravitationsquelle wird durch die Poisson-Gleichung (1.3) definiert.
Bemerkenswert ist nun die Tatsache, daß diese drei unterschiedlich definierten Massen zueinander proportional sind. Zunächst können aktive und passive Gravitationsmasse auf Grund des dritten Newtonschen Gesetzes (Wirkung = Gegenwirkung) identifiziert werden (s. Aufgabe 1). Man spricht daher im allgemeinen nur von der passiven Gravitationsmasse, die wir im folgenden kurz schwere Masse (m_G) nennen wollen. In Analogie zur elektrischen Ladung kann sie als gravitative Ladung gedeutet werden, die jedoch im Unterschied zur elektrischen Ladung nur eine Art von Polarität besitzt ($m > 0$).
Subtiler ist die Frage nach dem Grund für die Gleichheit von träger und schwerer Masse. Man könnte sich im Prinzip durchaus vorstellen, daß diese verschieden definierten Größen auch unterschiedliche Werte annehmen. Dabei würde man der oben erwähnten Analogie weiter folgen, denn in der Elektrostatik kennt man die klare Unterscheidung zwischen der elektrischen Ladung eines Teilchens und

seiner trägen Masse. Im Unterschied dazu ist es daher bemerkenswert, daß die im Newtonschen Gravitationsgesetz vorkommende „gravitative Ladung" gleich der trägen Masse ist. Im Rahmen der Newtonschen Mechanik bleibt dies eine unverstandene Tatsache.
Wir wissen aber, daß die Äquivalenz von träger und schwerer Masse zu den experimentell am besten gesicherten Fakten gehört. Gehen wir einmal von der Annahme $m_I \neq m_G$ aus, dann würden wir für die Beschleunigung a des betreffenden Körpers im freien Fall, z. B. im Gravitationsfeld der Erde, nach dem Gravitationsgesetz (Beschleunigung $g = GM_{\mathrm{Erde}}/r^2$) erhalten

$$a = \frac{m_G}{m_I} g \quad . \tag{3.3}$$

Hiernach würden Körper mit verschiedenen Werten für das Verhältnis m_G/m_I bei festem g unterschiedliche Beschleunigungen a erfahren. Experimentell findet man jedoch für alle Körper den gleichen Wert für die Beschleunigung. Daher muß m_G/m_I eine universelle Konstante sein. Bei geeigneter Wahl der Maßeinheiten folgt $m_I = m_G$ und damit $a = g$. Bereits Galileo Galilei (1564–1642) war zu der Erkenntnis gekommen, daß die Beschleunigung eines fallenden Körpers unabhängig von seiner Masse ist, d. h. alle Körper gleich schnell fallen, wenn man vom Luftwiderstand absieht.
Für Isaac Newton (1643–1727) war die Gleichheit von träger und schwerer Masse ein so wichtiger Bestandteil der Mechanik, daß er sie in dem einleitenden Paragraphen seiner „Prinzipien" (1687) ausführlich diskutierte. Zur experimentellen Überprüfung hat Newton Versuche mit Pendeln gleicher Pendellänge aber mit verschiedener Beschaffenheit der Pendelmasse durchgeführt. Die Schwingungsdauer eines Pendels

$$T = 2\pi \sqrt{\frac{l}{g}} \tag{3.4}$$

hängt (für kleine Ausschläge) nur von der Pendellänge l und der Erdbeschleunigung g ab. Im Fall $m_I \neq m_G$ wäre jedoch (ersetze g durch a nach Gl.(3.3))

$$T = 2\pi \sqrt{\frac{m_I l}{m_G g}} \quad . \tag{3.5}$$

Newton konnte keine Abhängigkeit der Schwingungsdauer von der Masse des Pendelkörpers und dessen materiellen Beschaffenheit feststellen. Die hierbei erzielte Genauigkeit war mit

$$\frac{\delta m}{m} = \frac{m_I - m_G}{m_I} < 10^{-3} \tag{3.6}$$

nicht sehr hoch. Dieses Ergebnis wurde später von Friedrich Wilhelm Bessel (1784–1846) mit der verbesserten Genauigkeit $\delta m/m < 2 \times 10^{-5}$ bestätigt.
Mit Hilfe der von Roland Eötvös (1848–1919) konstruierten Drehwaage konnte dann eine noch wesentlich höhere Genauigkeit erreicht werden. Wir wollen das

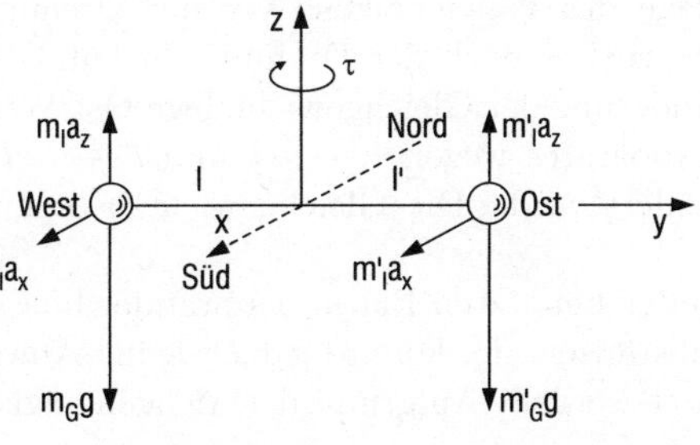

Figur 1: Die an der Drehwaage beim Eötvös-Experiment wirkenden Kräfte

Prinzip dieses berühmten Experiments, das später in verschiedenen Varianten wiederholt wurde, etwas näher erläutern.[1] An den Enden des Drehwaagebalkens, der an einem Torsionsfaden drehbar aufgehängt ist, sind zwei kleine, nahezu gleich schwere Massen befestigt. Auf diese wirken zweierlei Kräfte, die Gravitationskraft $m_G g$ und die Zentrifugalkraft $m_I a$. Dabei ist g die Erdbeschleunigung (der Wert ohne Zentrifugaleffekte) und a bedeutet die Zentrifugalbeschleunigung infolge der Erdrotation am Ort des Experiments.

Die Zentrifugalkraft hat bei dieser Anordnung (s. Fig. 1) eine vertikale, der Erdbeschleunigung entgegengerichtete, Komponente $m_I a_z$ und eine horizontale Komponente $m_I a_x$. Das Drehmoment um die Vertikale (z-Achse) ist offensichtlich

$$\tau = m_I a_x l - m'_I a_x l' \quad , \tag{3.7}$$

wobei l und l' die Längen der beiden Lastarme bedeuten. Mit Hilfe der Gleichgewichtsbedingung für die Waage (hier Drehung um die x-Achse)

$$(m_G g - m_I a_z) l = (m'_G g - m'_I a_z) l' \tag{3.8}$$

kann l' eliminiert werden. Man erhält für das Drehmoment um die Vertikale

$$\tau = m_I a_x l \frac{g\left[\frac{m'_G}{m'_I} - \frac{m_G}{m_I}\right]}{g\frac{m'_G}{m'_I} - a_z} \tag{3.9}$$

und bei $a_z \ll g$ in dieser Näherung

$$\tau \approx m_G a_x l \left[\frac{m_I}{m_G} - \frac{m'_I}{m'_G}\right] \quad . \tag{3.10}$$

Das vertikale Drehmoment τ tritt also nur dann auf, wenn $m_G/m_I \neq m'_G/m'_I$ ist. Ein solches möglicherweise vorhandenes Drehmoment läßt sich dadurch feststellen, daß man den ganzen Apparat um 180° um die Vertikale dreht. Wenn

[1] Es ist interessant die Geschichte des Eötvös-Experiments näher zu verfolgen. Siehe dazu S. M. Nieto, R. J. Hughes and T. Goldman, Am. J. Phys. **57**, 397 (1989).

die Gleichgewichtslage des Waagebalkens vor der Drehung genau in der Ost-West-Richtung war, wird er nach der Drehung im Fall $\tau \neq 0$ ein wenig davon abweichen. Diese Änderung der Gleichgewichtslage Ost-West tritt auf, weil beim Herumdrehen des Apparates wegen $l \to -l$ und $l' \to -l'$ das Vorzeichen des Drehmomentes geändert wird. Die Gleichgewichtsbedingung (3.8) ändert sich dabei nicht.

Eötvös und Mitarbeiter benutzten Platin als Standardmasse und verglichen damit viele andere Substanzen. Es konnte jedoch keine Abweichung von der Ost-West-Lage beobachtet werden. Aufgrund der Meßgenauigkeit ergab sich daraus

$$\frac{\delta m}{m} < 3 \times 10^{-9} \quad . \tag{3.11}$$

In einem 1964 von Dicke[2] durchgeführten Experiment sollte der Apparat das Drehmoment feststellen, das im Fall $m_I \neq m_G$ durch die Gravitationskraft der Sonne erzeugt wird. Das Ergebnis war (für Massen aus Aluminium und Gold) $\delta m/m < 3 \times 10^{-11}$. Diese obere Schranke konnte in einem späteren Experiment von Braginsky und Panov[3] für Massen aus Aluminium und Platin nochmals verringert werden

$$\frac{\delta m}{m} < 3 \times 10^{-12} \quad . \tag{3.12}$$

Aus diesem Experiment folgt mit der angegebenen Genauigkeit, daß alle makroskopischen Körper, unabhängig von ihrer inneren Struktur und der stofflichen Zusammensetzung in einem äußeren Gravitationsfeld (bei gleichen Anfangsbedingungen) gleich schnell fallen (s. auch Gl.(3.3)).

Wir zeigen nun, daß wegen $m_I = m_G \equiv m$ homogene Gravitationsfelder durch Übergang zu einem entsprechend beschleunigten Bezugssystem (Einsteins frei fallender Fahrstuhl) eliminiert werden können. Mit anderen Worten, wegen der Gleichheit von träger und schwerer Masse sind Gravitationskräfte äquivalent zu Beschleunigungskräften. Für ein System aus N Massenpunkten (Massen m_k) im konstanten Schwerefeld der Erde (Beschleunigung $\vec{g}$) lauten die Newtonschen Bewegungsgleichungen

$$m_k \frac{\mathrm{d}^2 \vec{x}_k}{\mathrm{d}t^2} = m_k \vec{g} + \sum_{l \neq k} \vec{F}_{kl}(\vec{x}_k - \vec{x}_l), \qquad k = 1, \ldots, \mathrm{N} \quad . \tag{3.13}$$

Dabei bedeutet $\vec{F}_{kl}$ die Kraft zwischen den durch die Indizes bezeichneten Teilchen. Die Wirkung der Gravitation kann nun durch Übergang zu einem beschleunigten (frei fallenden) Koordinatensystem aufgehoben werden mit Hilfe der Transformation

$$\vec{x}'_i = \vec{x}_i - \frac{1}{2} \vec{g} t^2, \quad t' = t \quad . \tag{3.14}$$

[2] P. G. Roll, R. Krotkov and R. H. Dicke, Ann. Phys (N.Y.) **26**, 442 (1964).
[3] V. B. Braginsky and V. I. Panov, Sov. Phys. JETP **34**, 463 (1972).

Setzt man dies in die Bewegungsgleichungen ein, dann folgt

$$m_k \frac{\mathrm{d}^2 x'^2}{\mathrm{d}t'^2} = \sum_{l \neq k} \vec{F}_{kl}(\vec{x}'_k - \vec{x}'_l) \quad , \tag{3.15}$$

denn die Trägheitskraft, die wie die Gravitation zur Masse proportional ist, kompensiert den Einfluß des äußeren Gravitationsfeldes. In dem frei fallenden (nicht rotierenden) Bezugssystem laufen dann die Vorgänge gemäß den Newtonschen Bewegungsgleichungen wie in einem Inertialsystem ab. In diesem Sinn sind homogene Gravitationsfelder und entsprechend gleichmäßig beschleunigte Bezugssysteme, in denen kein Gravitationsfeld wirkt, äquivalent.
Hinsichtlich des Verhaltens im Unendlichen unterscheiden sich Felder, die Nichtinertialsystemen entsprechen, von den (wahren) Gravitationsfeldern, die durch Massen erzeugt werden. Letztere streben in unendlicher Entfernung von den Quellen gegen Null. Im Gegensatz dazu erfüllen Trägheitsfelder, die in einem gleichförmig beschleunigten Bezugssystem auftreten, diese Randbedingung nicht. Im Falle z. B. der Rotationsbewegung nehmen die Fliehkräfte mit der Entfernung von der Drehachse ständig zu. Infolge dieses unterschiedlichen Verhaltens im Unendlichen können nichthomogene Gravitationsfelder, die generell in der Natur vorkommen, nicht überall (global) durch Übergang zu einem beschleunigten Bezugssystem kompensiert werden. Doch kann die Aussage der Äquivalenz von Gravitation und Beschleunigung im folgenden eingeschränkten Sinn als zutreffend angenommen werden. Die Kompensation eines Gravitationsfeldes ist nur lokal, d. h. in solchen Bereichen des Raum-Zeit-Kontinuums möglich, die hinreichend klein sind, so daß darin das Gravitationsfeld als homogen angenommen werden kann. Die vorigen Überlegungen können nun zu folgender Formulierung des auf der Gleichheit von träger und schwerer Masse beruhenden sogenannten schwachen Äquivalenzprinzips zusammengefaßt werden.

Schwaches Äquivalenzprinzip:

> Im Falle eines beliebigen Gravitationsfeldes kann in jedem Weltpunkt ein lokales Inertialsystem gewählt werden, so daß in einer hinreichend kleinen Umgebung des Weltpunktes die Gravitation keinen Einfluß auf die Bewegung makroskopischer Teilchen in diesem Bezugssystem ausübt. Dies gilt unabhängig von der Struktur und stofflichen Zusammensetzung der Teilchen.

Wie wir bereits in Kapitel 2 erwähnt haben, erkannte Einstein darin ein grundlegendes Prinzip, das nicht nur wie oben auf die Mechanik beschränkt ist, sondern alle physikalischen Gesetze einbezieht. Dies führte Einstein zur Verallgemeinerung des schwachen Äquivalenzprinzips indem er die Gültigkeit des Prinzips für alle physikalischen Gesetze postulierte. Das universell gültige Einsteinsche Äquivalenzprinzip (auch starkes Äquivalenzprinzip genannt) kann in einer für die Darstellung in diesem Buch zweckmäßigeren Form kurz so formuliert werden.[4]

[4] Man findet in der Literatur unterschiedliche, nicht immer gleichbedeutende Formulierungen des

Starkes Äquivalenzprinzip:

> In einem Gravitationsfeld kann an jedem Weltpunkt ein lokales Inertialsystem gewählt werden, in dem die physikalischen Gesetze der Speziellen Relativitätstheorie gelten.

Genauer gesagt gibt es in jedem Weltpunkt eine Klasse von unendlich vielen Inertialsystemen, die gemäß der Speziellen Relativitätstheorie gleichberechtigt sind und durch Lorentz-Transformation ineinander übergeführt werden. In dieser Formulierung erkennt man eine enge Analogie zu der früher erwähnten von Gauß entwickelten Theorie gekrümmter Flächen und deren Verallgemeinerung durch Riemann. Wie wir bereits im einleitenden Kapitel 1 dargelegt haben, entsprechen die ebenen tangentialen Flächenelemente in der Theorie von Gauß den lokalen Inertialsystemen in einem Gravitationsfeld, während die Krümmung der Fläche gerade dem Vorhandensein eines Gravitationsfeldes entspricht, das durch die Massenverteilung erzeugt wird.
Lokale Inertialsysteme, die an verschiedenen Weltpunkten eingeführt werden, sind relativ zueinander beschleunigt. Eine sie verbindende Transformation ist daher notwendig nichtlinear. Diese Relation wird durch die Massenverteilung bestimmt, den Quellen des Gravitationsfeldes, in dem die Inertialsysteme definiert sind. Bei der Formulierung einer relativistischen Gravitationstheorie sind daher nichtlineare Koordinatentransformationen und dementsprechend auch allgemeine krummlinige Koordinaten einzuführen. Welche Folgerungen ergeben sich daraus für den grundlegenden Begriff der Raum-Zeit-Metrik?
In der Speziellen Relativitätstheorie hat das gegenüber Lorentz-Transformationen invariante Linienelement in kartesischen Koordinaten die einfache Form

$$\mathrm{d}s^2 = c^2\mathrm{d}t^2 - \mathrm{d}x^2 - \mathrm{d}y^2 - \mathrm{d}z^2 \equiv \eta_{\mu\nu}\mathrm{d}x^\mu\mathrm{d}x^\nu \ , \quad \mu,\nu = 0,1,2,3 \quad , \tag{3.16}$$

d. h. die pseudoeuklidische Metrik der Raum-Zeit wird durch den metrischen Tensor

$$\eta_{\mu\nu} = \begin{pmatrix} 1 & 0 & 0 & 0 \\ 0 & -1 & 0 & 0 \\ 0 & 0 & -1 & 0 \\ 0 & 0 & 0 & -1 \end{pmatrix} \tag{3.17}$$

beschrieben. Bei Abwesenheit von Gravitationsfeldern gilt dies für den ganzen Raum.
Wenn ein Gravitationsfeld vorhanden ist, kann man, wie wir gesehen haben, nur lokal ein Inertialsystem einführen. Seien im Weltpunkt $P\{x\}$ x^μ die Koordinaten des Minkowski-Raums in dem dort gewählten lokalen Inertialsystem, in dem für das Bogenelement der Ausdruck (3.16) gilt. Das Inertialsystem in einem anderen (benachbarten) Punkt $P'\{x'\}$ ist relativ dazu beschleunigt. Daher wird das

Äquivalenzprinzips. Eingehender und kritisch betrachtet werden bestimmte Formulierungen z. B. von H. C. Ohanian, Am. J. Phys. **45**, 903 (1977), sowie in H. Friedman, Foundations of Space-Time Theories, Princeton Univ. Press, Princeton N. J. 1983, S. 191 ff. Hinsichtlich der Einbeziehung von Elementarteilchen in die Diskussion des Äquivalenzprinzips siehe z. B. R. J. Hughes, Contemporary Physics **34**, 177 (1993).

Linienelement in P' eine allgemeinere Gestalt annehmen, die aus dem nichtlinearen Zusammenhang zwischen den Inertialsystemen in P und P' gemäß der allgemeinen Transformation

$$x^\mu = f^\mu\left(x'^0, x'^1, x'^2, x'^3\right) \equiv x^\mu(x') \tag{3.18}$$

hervorgeht. Setzt man diese nichtlineare Transformation in (3.16) ein, so folgt

$$ds^2 = \eta_{\mu\nu} \frac{\partial x^\mu}{\partial x^{\alpha'}} \frac{\partial x^\nu}{\partial x^{\beta'}} dx^{\alpha'} dx^{\beta'}$$

oder auch

$$ds^2 = g_{\alpha'\beta'}(x') dx^{\alpha'} dx^{\beta'} \tag{3.19}$$

mit dem metrischen Tensor $g_{\alpha'\beta'}$, der in P' die Form annimmt

$$g_{\alpha'\beta'}(x') = \eta_{\mu\nu} \frac{\partial x^\mu}{\partial x^{\alpha'}} \frac{\partial x^\nu}{\partial x^{\beta'}} \quad . \tag{3.20}$$

Er enthält die ersten Ableitungen der Transformationsfunktionen (3.18) und hängt somit von den Koordinaten des Weltpunktes P' ab. Wegen der Vertauschbarkeit der vorkommenden Faktoren ist er symmetrisch. Dadurch ist die Anzahl seiner unabhängigen Komponenten auf 10 reduziert. Sie sind durch das Gravitationsfeld bestimmt, allerdings nicht eindeutig, denn es sind weitere nichtlineare Transformationen möglich die keinen Einfluß auf das Gravitationsfeld haben. Die 10 Größen $g_{\mu\nu}$ sind durch eine Transformation von nur 4 Koordinaten i. allg. nicht eindeutig festgelegt. So kann man z. B. immer noch von kartesischen zu Kugelkoordinaten übergehen. Die in der Realität vorkommenden Gravitationsfelder sind inhomogen und rufen somit bei den an verschiedenen Punkten gewählten lokalen Inertialsystemen unterschiedliche Beschleunigungen hervor. Daher kann der metrische Tensor $g_{\mu\nu}$ durch keine Transformation der Koordinaten (3.18) global in der ganzen Raum-Zeit auf die im Minkowski-Raum gültige Form (3.17) gebracht werden. Im Unterschied dazu ist eine solche Transformation in einer ebenen Welt möglich. Daraus ist zu schließen, daß der metrische Tensor (3.20) die Maßbestimmung in einer nicht ebenen, d. h. gekrümmten, Raum-Zeit beschreibt. In der Umgebung von Gravitationsquellen wird die Geometrie der Raum-Zeit durch den allgemeinen Ausdruck für das Linienelement (3.19) bestimmt. Ausgehend von dem Äquivalenzprinzip gelangt man so zu einer geometrischen Beschreibung des Gravitationsfeldes durch den metrischen Tensor $g_{\mu\nu}$. Die zunächst noch offenen Fragen nach den Bewegungsgleichungen für Körper im Gravitationsfeld und nach der Bestimmung des metrischen Feldes $g_{\mu\nu}$ aus der Massen- und Energieverteilung mit Hilfe entsprechender Feldgleichungen werden wir in den Kapiteln 6 und 7 behandeln.

3.2 Das Machsche Prinzip und allgemeine Kovarianz

Bei Zugrundelegung des Äquivalenzprinzips und entsprechender mathematischer Vorbereitung kann daraus die Einsteinsche Gravitationstheorie bereits entwickelt werden. Bevor wir jedoch darauf eingehen, soll in der hier gebotenen Kürze eine weitere grundlegende Idee erläutert werden, die Einstein als wichtiger Leitgedanke bei der Formulierung seiner Theorie gedient hat, das „Machsche Prinzip". Dieser Begriff wurde von Einstein geprägt. Die damit verbundene Idee geht auf Ernst Mach (1838–1916) zurück und ist aus dessen Kritik an der Newtonschen Mechanik und dem damit verbundenen „absoluten Raum" hervorgegangen, der auch dann existieren soll, wenn man von darin befindlichen physikalischen Körpern völlig absieht.[5]

Nach der Auffassung von Newton werden die Trägheitskräfte durch Beschleunigungen gegenüber dem von ihm als Hypothese eingeführten absoluten Raum hervorgerufen. Er meinte dies an dem berühmten Eimerversuch demonstriert zu haben. Wird ein mit Wasser gefüllter Eimer in Drehung versetzt, dann dreht sich anfangs das Gefäß, während das Wasser zunächst ruht und seine Oberfläche eben ist. Durch die Wirkung der Reibungskräfte wird die Drehbewegung allmählich auf das Wasser übertragen und die Oberfläche des Wassers beginnt eine konkave Form anzunehmen. Kommt schließlich der Eimer zum Stillstand, dann bleibt die Rotationsbewegung des Wassers und die damit verbundene konkave Oberfläche (in Form eines Rotationsparaboloids) noch eine Weile erhalten. Die Verformung der Wasseroberfläche hängt also nicht von der relativen Bewegung des Wassers und des Eimers ab. Nach der Vorstellung von Newton zeigt dies, daß die auftretenden Fliehkräfte auf die Drehung relativ zum absoluten Raum zurückzuführen sind. Der absolute Raum legt also fest, was es bedeutet, daß eine Bewegung ohne Beschleunigung abläuft.

Diese Auffassung Newtons ist bereits von Zeitgenossen kritisiert worden. So hat der irische Philosoph und Theologe George Berkeley (1685–1753) darauf hingewiesen, daß eine Drehung nur bezogen auf andere Körper, etwa das System der Fixsterne, vorstellbar ist, denn nur die relative Bewegung beider hat einen Sinn. Ähnliche Kritik äußerte Wilhelm Leibniz (1646–1716), der mehrfach betont hat, daß er den Raum ebenso wie die Zeit für relative Begriffsbildungen hält.

Später hat dann E. Mach den von Newton angeführten Eimerversuch mit folgenden Worten kritisiert: „Der Versuch Newtons mit dem rotierenden Wassergefäß lehrt nur, daß die Relativdrehung des Wassers gegen die Gefäßwände keine merklichen Zentrifugalkräfte weckt, daß dieselben aber durch die Relativbewegung gegenüber der Masse der Erde und die übrigen Himmelskörper geweckt werden. Niemand kann sagen, wie der Versuch quantitativ und qualitativ verlaufen würde, wenn die Gefäßwände immer dicker und massiger, zuletzt mehrere Meilen dick würden. Es liegt nur der eine Versuch vor, und wir haben denselben mit den übrigen uns bekannten Tatsachen, nicht aber mit unseren willkürlichen Dichtungen in Einklang zu bringen."[6]

Hiernach sind nur relative Beschleunigungen sinnvoll, und die Ursache für die Trägheitskräfte (Fliehkräfte) ist beim Eimerversuch in der Rotation des Wassers

---

[5] In Newtons Worten: „Der absolute Raum bleibt vermöge seiner Natur und ohne Beziehung auf einen äußeren Gegenstand stets gleich und unbeweglich". Zitiert nach S. Sambursky, Der Weg der Physik, Deutscher Taschenbuch Verlag, München 1978, S. 390.

[6] E. Mach: Die Mechanik in ihrer Entwicklung, F.A. Brockhaus, Leipzig 1901; Nachdruck der 9. Aufl. von 1933, Wissenschaftliche Buchgesellschaft, Darmstadt 1991.

relativ zu den fernen Massen des ganzen Universums zu sehen. Nach dieser These muß derselbe Effekt auf die Wasseroberfläche zu erwarten sein, wenn man sich das Wasser ruhend und die fernen Massen darum rotierend vorstellt.
Zur Verdeutlichung sollen die unterschiedlichen Auffassungen von Newton und Mach in folgendem Beispiel gegenübergestellt werden. Man stelle sich zwei mit Wasser gefüllte Eimer in genügendem Abstand übereinander auf der gemeinsamen Symmetrieachse angeordnet vor. Einer möge relativ zu dem anderen rotieren. Wäre nun nichts außer den beiden Eimern im Universum vorhanden, wie könnte man dann entscheiden, welcher von beiden ruht bzw. rotiert?
Nach der Auffassung von Newton könnte man die absolute Rotation gegen den absoluten Raum durch Überprüfung der Wasseroberflächen feststellen.
Im Gegensatz dazu wäre nach der These von Mach eine solche Entscheidung nicht möglich, denn die Situation ist völlig symmetrisch und beide Körper sind physikalisch gleichberechtigt. Wie kann das Wasser wissen, in welchem Eimer seine Oberfläche eben bleibt oder sich verformen muß?
Man kann die Machsche Idee weiter ausführen und, indem man immer mehr Körper zuläßt, kosmischen Verhältnissen annähern, so daß schließlich die Massen des Universums insgesamt festlegen, was es bedeutet, wenn ein Körper rotiert, bzw. nicht rotiert. Damit wird die Hypothese des absoluten Raumes überflüssig. Wie Einstein betont hat, widerspricht es dem wissenschaftlichen Verstande, ein Ding zu setzen (nämlich das raumzeitliche Kontinuum), das zwar wirkt, auf welches aber nicht gewirkt werden kann. Als Ursachen und Wirkungen dürfen letzten Endes nur beobachtbare Tatsachen auftreten. So sollte es nach dem Machschen Prinzip in einer konsequenten Relativitätstheorie keine Trägheit der Materie gegenüber dem Raum geben, sondern nur eine Trägheit von Materie gegenüber Materie.
Doch ließ sich die Machsche Idee mit diesem weitreichenden Anspruch nicht in die Gravitationstheorie einbeziehen. Raum und Zeit haben zwar keine unabhängige und damit absolute Existenz, gewinnen aber in der Allgemeinen Relativitätstheorie eine eigene physikalische Realität, die in den Feldgleichungen zum Ausdruck kommt. Danach ist der metrische Tensor $g_{\mu\nu}$ (die Gravitationspotentiale) durch die vorhandene Massenverteilung, d. h. allgemeiner durch die Energie-Impulsverteilung $T_{\mu\nu}$ bestimmt. So schreibt die Materie die Krümmung der Raum-Zeit, d. h. die in ihr geltende Geometrie vor. Umgekehrt ist die Bewegung von Körpern im Gravitationsfeld durch die Geometrie bestimmt, denn sie folgen bei ihrer verallgemeinerten Trägheitsbewegung den Geodäten in der gekrümmten Raum-Zeit. In dieser Weise wird das Machsche Prinzip in der Theorie von Einstein berücksichtigt, jedoch nicht hinsichtlich seines totalen Anspruchs erfüllt. Obwohl die Idee von Mach in ihrer ungenauen Formulierung auf den ersten Blick sehr plausibel erscheint, ist es bisher nicht gelungen, sie uneingeschränkt in einem theoretischen Rahmen zu präzisieren. Hierüber ist viel, auch unter philosophischen Aspekten, geschrieben worden, und die Diskussion hält an.[7]

---

[7] In neuerer Zeit ist dieses Thema diskutiert worden in J. B. Barbour and H. Pfister (Hrsg.): Mach's Principle: From Newton's Bucket to Quantum Gravity, Birkhäuser, Boston 1995, siehe auch die dort angegebene Literatur.

Nachdem sich herausgestellt hatte, daß die Idee von Mach in der Allgemeinen Relativitätstheorie doch nicht so verwirklicht werden konnte wie anfänglich gedacht war, hat Einstein in seinen späteren Jahren immer weniger Interesse an dieser Hypothese gezeigt. Immerhin konnten H. Thirring und J. Lense[8] erstmals aufgrund der Einsteinschen Theorie beweisen, daß ein lokales Inertialsystem in der Umgebung einer schweren rotierenden Masse mitgezogen wird. Die berechenbaren Korrekturen zur Metrik, auf denen dieser Effekt beruht, sind jedoch klein. Dennoch konnte die entsprechende Wirkung auf zwei die Erde in verschiedenen Umlaufbahnen umkreisenden Satelliten mit einer Ungenauigkeit von 10 % nachgewiesen werden.[9] Bei diesen Messungen war es möglich, den störenden Effekt, der vom Quadrupolmoment der Erde herrührt, zu eliminieren. Bei einem Kreisel, der sich in einem um die Erde fliegenden Satelliten befindet, gibt es außerdem den größeren Effekt der „geodätischen Präzession“. Hierbei präzediert die Kreiselachse infolge der Bewegung des Kreisels im Gravitationsfeld der Erde. Im Unterschied zum Lense-Thirring-Effekt ist er von der Erdrotation unabhängig. Die geodätische Präzession wurde bereits zuvor mit einer Genauigkeit besser als 1 % bestätigt. Ein seit längerem vorbereitetes Satellitenexperiment (Gravity Probe B), bei dem sowohl der Lense-Thirring-Effekt als auch die geodätische Präzession gemessen wird, konnte 2004 starten.[10]

Wie die vorausgegangenen Betrachtungen gezeigt haben, stellen die Inertialsysteme der Speziellen Relativitätstheorie eine viel zu eingeschränkte Klasse von Bezugssystemen dar. Das heißt, bei der Formulierung einer relativistischen Gravitationstheorie sollte das Relativitätsprinzip offenbar so verallgemeinert werden, daß auch relativ zueinander beschleunigte Bezugssysteme zugelassen sind. Nach dieser von Einstein aufgestellten Forderung müssen demnach die Gesetze der Physik so beschaffen sein, daß sie in Bezug auf beliebig bewegte Bezugssysteme gelten.

Dieses „allgemeine Relativitätsprinzip“ soll nun in mathematischer Form präziser gefaßt werden. Wir können dabei analog zu den Relationen zwischen den Inertialsystemen in der Speziellen Relativitätstheorie vorgehen. Dort sind die physikalischen Gesetze invariant gegenüber Lorentz-Transformationen, d. h. gleichlautend in allen Inertialsystemen. Formal bedeutet dies, daß die physikalischen Gesetze in kovarianter Form, d. h. als Gleichungen zwischen Vierervektoren bzw. Vierertensoren, zu schreiben sind.

In der Allgemeinen Relativitätstheorie sind beliebige (nichtlineare) Transformationen der Koordinaten zugelassen. Die besondere Rolle global definierter Inertialsysteme wird dadurch aufgehoben. Inertialsysteme können nunmehr nur lokal eingeführt werden. Demnach kann das allgemeine Relativitätsprinzip da-

---

[8] H. Thirring, Phys. Zeitschr. **19**, 33 (1918); J. Lense und H. Thirring, Phys. Zeitschr. **19**, 156 (1918).

[9] I. Ciufolini, E. Pavlis, Nature, **431**, 958 (2004)

[10] Man findet eine ausführliche Darstellung des Experiments bei C. W. F. Everitt, in J. D. Fairbank et al. (Eds.), „Near Zero“, W. H. Freeman, New York 1988, S. 587. Siehe auch den Bericht von C. W. F. Everitt et al. in C. Lämmerzahl et al. (Eds.): Gyros, Clocks, and Interferometers: Testing Relativistic Gravity in Space, Springer-Verlag, Berlin 2000. Nachdem die Aufzeichnung der Daten inzwischen abgeschlossen ist, wird nach deren Auswertung eine erste Veröffentlichung der Resultate im April 2007 erwartet. Siehe dazu im Internet `http://einstein.stanford.edu`.

durch erfüllt werden, daß man die physikalischen Gesetze nun in kovarianter Form (d. h. als Tensorgleichungen) bezüglich allgemeiner Koordinatentransformationen schreibt.
Durch die Erfüllung dieses „Kovarianzprinzips“ wird gleichzeitig auch die zu stellende Forderung berücksichtigt, wonach die physikalischen Gesetze in einem lokal wählbaren Inertialsystem, dem ebenen Tangentialraum an die gekrümmte Raum-Zeit, die bekannte speziell-relativistische Form annehmen.
Bei der Einführung beliebiger Koordinatentransformationen verzichtet man auf die Existenz ausgedehnter starrer Bezugssysteme. Die Koordinaten x^μ bedeuten dann nicht mehr einen Standard für physikalische Längen- und Zeitmaßstäbe wie in der Speziellen Relativitätstheorie, sondern stellen nur noch Markierungen der Weltpunkte in der Raum-Zeit dar.[11] Die kovariante Formulierung physikalischer Gesetze in beliebigen Koordinaten mag damit als trivial erscheinen. In diesem Sinne ist an dem allgemeinen Relativitätsprinzip bereits frühzeitig Kritik geübt worden.[12] Auch müssen die allein aus Gründen der Kovarianz möglichen Gleichungen nicht notwendig physikalisch richtig sein.
Dem ist jedoch entgegenzuhalten, daß die Transformationseigenschaften der relevanten physikalischen Größen (etwa als Vektor, Tensor oder Spinor) bei Lorentz-Transformationen gemäß dem speziellen Relativitätsprinzip erst bekannt sein müssen, damit sie und die Relationen zwischen ihnen als physikalischen Gesetze (d. h. Tensorgleichungen) mit Hilfe des metrischen Feldes $g^{\mu\nu}(x)$ in die kovariante Form bezüglich allgemeiner Transformationen übertragen werden können. Die aus den allgemeinen Transformationen nach (3.19) resultierenden Funktionen der Maßbestimmung $g^{\mu\nu}(x)$ sind zwar nicht eindeutig, aber auch nicht beliebig, sondern über die Feldgleichungen durch die Massenverteilung bestimmt. Entsprechend dieser Übertragungsvorschrift, auf die wir in Kapitel 6 näher eingehen werden, kommt dem allgemeinen Relativitätsprinzip ein physikalischer Gehalt zu, der über das spezielle Relativitätsprinzip hinausgeht, wobei letzteres im speziellen Fall eines lokalen Inertialsystems darin enthalten ist. Insofern bleibt die hervorgehobene Rolle der Inertialsysteme in lokalen Bereichen bestehen. Die im Minkowski-Raum geltende Symmetrie wird nur global aufgehoben und auf die lokalen Tangentialräume des Riemannschen Raumes eingeschränkt.

3.3 Gravitation und Krümmung der Raum-Zeit

Wie wir in den vorigen Abschnitten gesehen haben, werden Gravitationsfelder durch den koordinatenabhängigen metrischen Tensor $g_{\mu\nu}(x)$ beschrieben. Geometrisch bedeutet dies eine Krümmung der Raum-Zeit, zu deren mathematischer Formulierung differentialgeometrische Begriffe im Riemannschen Raum erforder-

[11] Es sei an dieser Stelle darauf hingewiesen, daß es in der Allgemeinen Relativitätstheorie notwendig ist, zwischen Koordinatensystem und Bezugssystem (Beobachtersystem) zu unterscheiden. Während die Koordinaten nur Markierungen der Weltpunkte sind, ist dagegen in jedem Weltpunkt ein tangentialer Vektorraum definiert (s. Abschnitt 4.2), dessen Basis das Bezugssystem in diesem Punkt darstellt. Siehe E. Schmutzer, Relativistische Physik, B. G. Teubner Verlag, Leipzig 1968.

[12] E. K. Kretschmann, Ann. Physik **53**, 575 (1917).

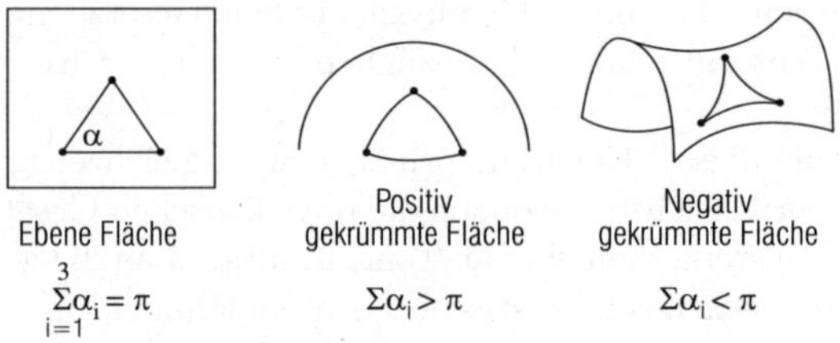

Figur 2: Bilder in zwei Dimensionen illustrieren den Begriff des gekrümmten Raumes.

lich sind. Bevor wir im Kapitel 4 auf die differentialgeometrische Methode näher eingehen, soll zuvor der Zusammenhang von Gravitation und Krümmung der Raum-Zeit in einfacher Weise veranschaulicht werden. In den dreidimensionalen Anschauungsraum, den wir wahrnehmen können, lassen sich maximal zweidimensionale gekrümmte Flächen einbetten. Man wird daher notgedrungen zur Veranschaulichung auf Analogien in zwei Dimensionen zurückgreifen. So können z. B. Lebewesen, die auf einer zweidimensionalen gekrümmten Fläche existieren, durch Messungen nur Länge und Breite, aber keine Höhe feststellen. In einem hinreichend kleinen Bereich würde ein „Flachländer“ die zweidimensionale euklidische Geometrie bestätigen. Nach den bekannten Aussagen ist die kürzeste Verbindungslinie zweier Punkte die Gerade, zwei Geraden schneiden sich höchstens in einem Punkt und die Winkelsumme im Dreieck beträgt 180 Grad.
Für die gesamte Oberfläche trifft dies jedoch nicht mehr zu. Geraden lassen sich nur in hinreichend kleinen Bereichen tangential an die Fläche legen und führen bei Verlängerung aus der Fläche in den Raum hinaus. Das der Geraden entsprechende Element der gekrümmten Fläche ist die geodätische Linie, kurz Geodäte. Sie stellt die kürzeste Verbindungslinie zwischen zwei Punkten dar (Großkreis auf der Kugel). Zwei Geodäten können sich in mehr als nur einem Punkt schneiden. Die Winkelsumme im Dreieck ist bei positiver (negativer) Krümmung größer (kleiner) als 180 Grad (s. Fig. 2 und Aufgabe 3).
Zwei Flachländer, die sich auf der Oberfläche einer Kugel auf anfangs parallelen Großkreisen mit konstanten Geschwindigkeiten bewegen, nähern sich einander. Ihr Abstand bleibt nicht konstant, d. h. bei vorhandener Krümmung ist ihre relative Beschleunigung von Null verschieden. Diese „geodätische Abweichung“ ist also ein anschaulicher Ausdruck für die vorhandene Krümmung.
Ursache für die Krümmung sind nach der Einsteinschen Theorie die Quellen der Gravitation, die durch den Energie-Impuls-Tensor beschrieben werden. Andererseits folgt jedes Objekt, auf das nur die Gravitation wirkt, der Standardbewegung, bewegt sich also längs einer zeitartigen geodätischen Linie.
Anschaulich läßt sich dies in folgendem oft benutzten zweidimensionalen Bild beschreiben. Man lege auf eine Folie aus elastischem Material (etwa ein gespanntes Gummituch) eine schwere Kugel. Die Folie erfährt an dieser Stelle eine Verformung, sie ist in der Umgebung der Kugel gekrümmt. Lichtstrahlen, die außer der Gravitation keiner anderen Wechselwirkung unterliegen, folgen den geodätischen Linien. Letztere sind nun aber keine Geraden mehr, sondern sind entsprechend

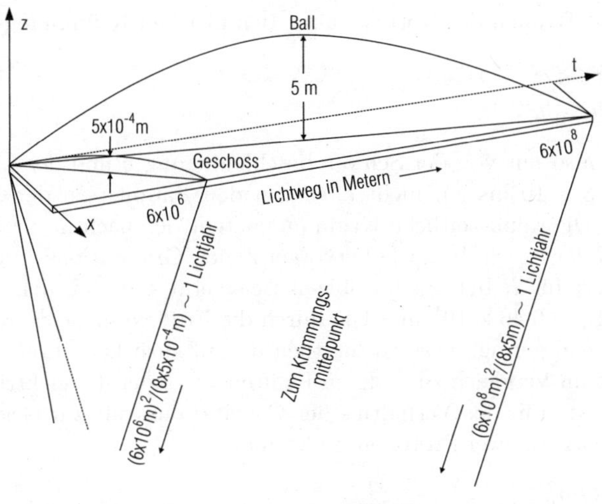

Figur 3: Die Wurfbahnen unter Berücksichtigung der entsprechenden Lichtwege

der Verformung der Folie gekrümmte Linien. Daher müssen Lichtstrahlen im Gravitationsfeld z. B. der Sonne, hier durch die Kugel auf der Folie dargestellt, eine Ablenkung erfahren. In der Realität findet dieser Vorgang jedoch in der Raum-Zeit statt, und die tatsächliche Ablenkung ist doppelt so groß als die nach dem obigen einfachen Bild, in dem nur räumliche Koordinaten berücksichtigt werden. Auf die Lichtablenkung im Schwerefeld werden wir in Kapitel 9 ausführlicher zurückkommen.

Bei allen modellhaften Veranschaulichungen sollte demnach nicht übersehen werden, daß man die Krümmung in Raum und Zeit zu betrachten hat. Wir wollen dies am Beispiel der Wurfbewegung auf der Erdoberfläche verdeutlichen.[13] Dazu betrachten wir zwei Körper mit sehr unterschiedlichen Horizontalgeschwindigkeiten, etwa $v = 5$ ms^{-1} (Ball), bzw. 500 ms^{-1} (Geschoß). Beide sollen die gleiche horizontale Entfernung von z. B. $l = 10$ m zurücklegen. Die Wurfzeiten t und die Wurfhöhen h nehmen dann ebenfalls ganz unterschiedliche Werte an. Für die Wurfhöhe $h = \frac{1}{2}g\left(\frac{t}{2}\right)^2$, erhält man mit der Erdbeschleunigung $g \approx 10$ ms^{-2} die Werte 5 m (Ball) und 5×10^{-4}m (Geschoß). Dementsprechend sind die Wurfbahnen in der x-z-Ebene unterschiedlich gekrümmt.

Betrachtet man jedoch die Bewegungen in einem Raum-Zeit-Diagramm, wie es der Relativitätstheorie entspricht, dann ist die Situation qualitativ und quantitativ anders. Man nehme die Zeitkoordinate hinzu und trage ct (aus Dimensionsgründen) senkrecht zur x-z-Ebene auf. Längs der t-Achse ist also der „Lichtweg" $a = ct = cl/v$ abzutragen (s. Fig. 3).

Er ist für das Geschoß (6×10^6m) wesentlich kleiner als für den Ball (6×10^8m). Dadurch wird der große Unterschied in der Wurfhöhe h gerade kompensiert, und

[13] Dieses Beispiel findet man in der umfangreichen Monographie von C. W. Misner, K. S. Thorne, J. A. Wheeler: Gravitation, W. H. Freeman, San Francisco 1973, S.33.

die Raum-Zeit-Bahnen der Körper haben den gleichen Krümmungsradius

$$R = \frac{a^2}{8h} = \frac{c^2}{g} \quad . \tag{3.21}$$

Dieser hängt also nur von der Schwerebeschleunigung g und der Lichtgeschwindigkeit c ($\approx 3 \times 10^8 \mathrm{ms}^{-1}$), nicht aber von den Parametern der Wurfbahn ab (Aufgabe 4). Die raum-zeitliche Krümmung steht demnach in direktem Zusammenhang mit der durch die Erde hervorgerufenen Gravitationswirkung.
Der Zahlenwert für R beträgt im obigen Beispiel 9×10^{15}m, d. h. ungefähr ein Lichtjahr (1 Lj $= 9.46 \times 10^{15}$m). Die durch die Erde verursachte Krümmung ist dementsprechend gering. Dies ist letztlich darauf zurückzuführen, daß die Gravitationskraft im Vergleich zu anderen Kräften, etwa der des elektrischen Feldes, sehr schwach ist. Für das Verhältnis der Gravitationskraft zur elektrostatischen Kraft zwischen z. B. zwei Protonen findet man

$$\frac{F_G}{F_E} = \frac{Gm_p^2}{e^2} = 0.81 \times 10^{-36} \quad . \tag{3.22}$$

3.4 Krümmung im Riemannschen Raum

In der Umgebung schwerer Massen nimmt die Maßbestimmung der Raum-Zeit die Form an (siehe (3.19) und die nachfolgende Diskussion auf S. 23)

$$\mathrm{d}s^2 = g_{\mu\nu}(x)\mathrm{d}x^\mu \mathrm{d}x^\nu \quad . \tag{3.23}$$

Das von den Massen erzeugte Gravitationsfeld wird durch die zehn Komponenten des von den Koordinaten abhängigen metrischen Tensors $g_{\mu\nu}(x)$ bestimmt. Geometrisch betrachtet, stellt das Raum-Zeit-Kontinuum also einen Riemannschen Raum dar.[14]
Warum ist dieser Raum gekrümmt? Wie hat man sich das Entstehen der Krümmung im Riemannschen Raum vorzustellen? Diese Fragen sollen durch die Konstruktion einer Fläche bei vorgegebener Metrik beantwortet werden. Um die Konstruktion eines Raumes mit der Maßbestimmung (3.23) zu veranschaulichen, gehen wir von dem Beispiel in zwei Dimensionen aus ($x^1 = x, x^2 = y$)

$$\mathrm{d}s^2 = g_{11}\mathrm{d}x^2 + 2g_{12}\mathrm{d}x\mathrm{d}y + g_{22}\mathrm{d}y^2 \quad . \tag{3.24}$$

Zur Konstruktion des entsprechenden zweidimensionalen Raumes, den wir uns als eine Fläche in den dreidimensionalen Raum eingebettet denken, legen wir eine Anzahl von Drähten kreuzweise verlaufend übereinander und identifizieren sie mit den x- bzw. y- Koordinatenlinien. Einen beliebigen Punkt, etwa A, wählen wir als Ursprung und heften zwei Drähte dort zusammen. Die Fläche kann nun in kleinen Schritten $\Delta x, \Delta y$ konstruiert werden (s. Fig. 4).

[14] Da diese Metrik bei fehlendem Gravitationsfeld in die pseudoeuklidische Metrik des Minkowski-Raumes übergeht, wäre hier die genauere Bezeichnung pseudo-Riemannscher Raum angebracht. Darauf soll aber im folgenden verzichtet werden.

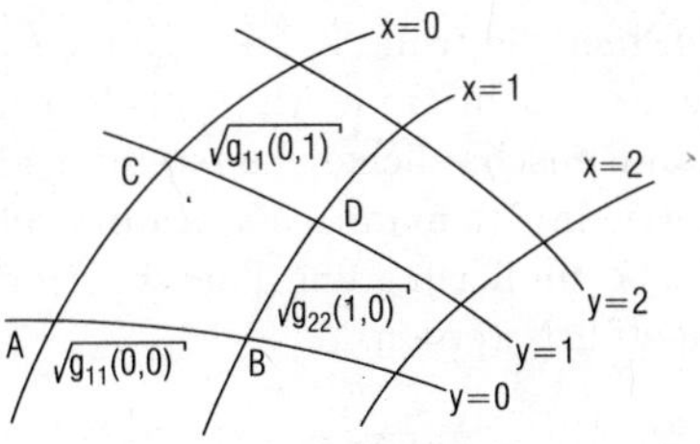

Figur 4: Zur Konstruktion einer gekrümmten Fläche.

Zunächst heften wir auf der Linie $y = 0$ (x-Achse) im Abstand

$$\Delta s_{AB} = \sqrt{g_{11}(0,0)}\Delta x = \sqrt{g_{11}(0,0)} \tag{3.25}$$

einen Draht $x = 1$ an (Punkt B). Dabei wurde willkürlich $\Delta x = 1$ gesetzt. Dann geht man weiter um $\sqrt{g_{11}(1,0)}$ und befestigt dort $x = 2$, usw. Das entsprechende Verfahren wird entlang der Linie $x = 0$ (der y-Achse) wiederholt. Die beiden anderen Seiten des Vierecks $ABCD$ erhält man aus $\Delta s_{CD} = \sqrt{g_{11}(0,1)}$, bzw. $\Delta s_{BD} = \sqrt{g_{22}(1,0)}$.
Der Abstand AD, die Länge der Diagonale, beträgt dann

$$\Delta s_{AD} = \sqrt{g_{11} + 2g_{12} + g_{22}} \quad , \tag{3.26}$$

wobei die $g_{\mu\nu}$ im Punkt $(x,y) = (0,0)$ zu nehmen sind. Damit ist das ebene Flächenstück $ABCD$ bestimmt. Die angrenzenden und weitere Vierecke können analog bestimmt werden. Die so erhaltenen Vierecke lassen sich aber im allgemeinen nur dann zu einer kontinuierlichen Fläche zusammensetzen, wenn sie zu den Ebenen der jeweils benachbarten Vierecke in bestimmter Weise geneigt sind. Mit anderen Worten, sie lassen sich nicht in einer Ebene aneinanderfügen. Gemäß dieser Konstruktion entsteht schließlich eine gekrümmte Fläche, deren innere Krümmung[15] durch den ortsabhängigen metrischen Tensor $g_{\mu\nu}(x)$ bestimmt wird. Man kann die hier beschriebene Konstruktion am Beispiel der Oberfläche einer Kugel noch deutlicher veranschaulichen.
Auf den Fall der vierdimensionalen Raum-Zeit übertragen bedeutet das vorige Ergebnis, daß der physikalische Ereignisraum einen Riemannschen Raum darstellt, dessen Krümmung auf den metrischen Tensor und damit auf die vorhandenen Gravitationsfelder zurückzuführen ist.
Für eine gegebene gekrümmte Fläche kann man umgekehrt das Linienelement bestimmen, indem man die Fläche mit einem engmaschigen Gitter von Linien überzieht und dann direkt aus den Abständen die metrischen Koeffizienten ermittelt. Die Koordinatenlinien können auf sehr verschiedene Arten über die Fläche gelegt werden. Man erhält dann jeweils andere Werte für die metrischen Koeffizienten, die aber die gleiche Fläche beschreiben und durch Transformationen der Koordinaten auseinander hervorgehen. Das Linienelement bleibt dabei

[15] Im Unterschied dazu spricht man von „äußerer Krümmung", wenn z. B. ein ebenes Flächenstück zu einem Zylinder oder einem Kegel deformiert wird. Hierbei ändert sich die innere Geometrie, die Metrik in der Fläche, nicht.

invariant. Wir erkennen hier die frühere Aussage (s. Abschnitt 3.1) wieder, daß die metrischen Koeffizienten nicht eindeutig festgelegt sind.
Nach dieser verbalen und anschaulichen Darstellung des Zusammenhangs von Gravitation und Geometrie im Riemannschen Raum, sollen im folgenden Kapitel die zur mathematischen Formulierung der Theorie erforderlichen differentialgeometrischen Begriffe eingeführt werden.

4 Der affin zusammenhängende Raum

4.1 Differenzierbare Mannigfaltigkeiten

Zur Charakterisierung von Ereignissen in der Raum-Zeit sind vier Zahlenangaben erforderlich. Im Rahmen sowohl der vorrelativistischen Physik als auch der Speziellen Relativitätstheorie können alle Ereignisse in der Raum-Zeit in eindeutig stetige Beziehung zu den Punkten des vierdimensionalen reellen Raumes $\mathbb{R}^4$ gesetzt werden.

In der Allgemeinen Relativitätstheorie hat man jedoch die durch die Quellen der Gravitation bedingte Geometrie der Raum-Zeit erst zu bestimmen. Dies ist mit Hilfe des aus der Lösung der Feldgleichungen folgenden metrischen Tensors möglich. Aus diesem Grund sollten keine globalen Eigenschaften der Raum-Zeit-Struktur vorausgesetzt werden. Insbesondere darf man nicht als selbstverständlich annehmen, daß die Raum-Zeit als Ganzes auf den $\mathbb{R}^4$ abgebildet werden kann. Das Raum-Zeit-Kontinuum könnte im Großen endlich oder unendlich sein, geschlossen wie z. B. eine Kugelfläche oder offen wie eine Ebene. Es ist daher zweckmäßig, von möglichst schwachen Annahmen auszugehen und alle Aussagen auf lokale Bereiche zu beschränken. Man wird so auf den grundlegenden Begriff der differenzierbaren Mannigfaltigkeit geführt, den man als Verallgemeinerung des Begriffs einer Fläche, allgemeiner eines Raumes, auffassen kann. Eine differenzierbare Mannigfaltigkeit M ist eine Menge von Elementen, auch „Punktmenge" genannt, die einen topologischen Raum[1] bildet mit zusätzlichen Eigenschaften. Jede hinreichend kleine offene Umgebung eines beliebigen Punktes aus M kann eineindeutig auf eine entsprechende Untermenge des $\mathbb{R}^n$ abgebildet werden. Diese Abbildung liefert damit ein Koordinatensystem für die Umgebung, und M hat die Dimension n. Die bei Koordinatentransformationen vorkommenden Funktionen sind differenzierbar. Damit erhält die Mannigfaltigkeit M eine differenzierbare Struktur. Als weiteres Strukturelement soll später der „lineare Zusammenhang" (mit Paralleltransport und Krümmung) hinzugefügt werden. Die so strukturierte Mannigfaltigkeit wird affiner Raum genannt. Führt man zusätzlich eine Metrik ein, dann wird aus der affinen Mannigfaltigkeit ein Riemannscher Raum.

Bei der formalen Definition geht man von einer Menge M von Elementen (hier Punktmenge genannt) aus und definiert auf ihr differenzierbare Funktionen. Sei M eine solche Punktmenge und sei Ψ eine homöomorphe Abbildung (d. h. bijektiv und in beide Richtungen stetig) einer offenen Untermenge U von M ($U \subset M$) auf eine offene Menge des $\mathbb{R}^n$. U wird Koordinatenumgebung genannt, die Abbil-

[1] Außer den üblichen Annahmen, die einen topologischen Raum definieren, soll auch das Hausdorffsche Trennungsaxiom gelten, wonach es für je zwei verschiedene Punkte aus M disjunkte Umgebungen gibt. Jeder metrisierbare Raum hat diese Eigenschaft.

dung Ψ Koordinatenfunktion, und zusammen bildet das Paar (U, Ψ) eine Karte der Umgebung U. Mit Hilfe von Ψ werden den Punkten P in U Koordinaten zugeordnet. Dies sind gerade die Koordinaten der Bildpunkte im $\mathbb{R}^n$. Die Mannigfaltigkeit M hat damit lokal (für Punkte $P \in U$) die Topologie des $\mathbb{R}^n$.
Sei nun $\{(U_\alpha, \Psi_\alpha)\}$ ein Satz verschiedener Karten mit folgenden Eigenschaften:

1. $\{U_\alpha\}$ überdeckt M, d. h. jeder Punkt aus M gehört zu mindestens einer Umgebung U_α. Bei allen Abbildungen Ψ_α ist die Dimension n des Bildraumes $\mathbb{R}^n$ gleich, d. h. M hat die Dimension des $\mathbb{R}^n$.
2. Für alle α, β sind die Abbildungen $\Psi_\alpha \circ \Psi_\beta^{-1}$ und $\Psi_\beta \circ \Psi_\alpha^{-1}$ in ihrem ganzen Definitionsbereich $U_\alpha \cap U_\beta \neq 0$ differenzierbare Funktionen. Diese Funktionen sind also in dem Überlappungsgebiet der Umgebungen U_α und U_β definiert und stellen somit dort eine differenzierbare Abbildung $\mathbb{R}^n \to \mathbb{R}^n$ (d. h. Koordinatentransformation) dar.
3. Der Satz $\{(U_\alpha, \Psi_\alpha)\}$ ist im folgenden Sinn maximal: Wenn $\{(U, \Psi)\}$ eine Karte ist mit den für alle α existierenden differenzierbaren Abbildungen $\Psi \circ \Psi_\alpha^{-1}$ und $\Psi_\alpha \circ \Psi^{-1}$, dann gehört $\{(U, \Psi)\}$ bereits zu dem Kartensatz $\{(U_\alpha, \Psi_\alpha)\}$.

Ein Satz von Karten mit diesen Eigenschaften wird Atlas genannt, und die Menge M zusammen mit ihrem Atlas stellt eine n-dimensionale differenzierbare reelle Mannigfaltigkeit dar. Man darf nicht erwarten, daß eine Mannigfaltigkeit von einer einzigen Koordinatenumgebung überdeckt wird, sondern man braucht im allgemeinen hierzu eine Kollektion von Karten. Aus der Annahme 2 ist ersichtlich, wie die Karten in dem Gebiet zweier überlappender Koordinatenumgebungen zu verbinden sind. In Figur 1 ist die Situation bildlich dargestellt.
Die oben eingeführten Begriffe sollen nun durch ein Beispiel veranschaulicht werden. Dazu betrachten wir zunächst zwei Karten $\{(U, \Psi)\}$ und $\{(U', \Psi')\}$ mit überlappenden Umgebungen $U \cap U' \neq 0$. Den gemeinsamen Punkten aus $U \cap U'$ ordnet dann die Abbildung Ψ die Koordinaten $x^1, \ldots, x^n$, die Abbildung Ψ' die gestrichenen Koordinaten $x^{1'}, \ldots, x^{n'}$ zu. Der Übergang von den einen zu den anderen Koordinaten $\{x\} \to \{x'\}$ erfolgt durch die Abbildung $f = \Psi' \circ \Psi^{-1}$

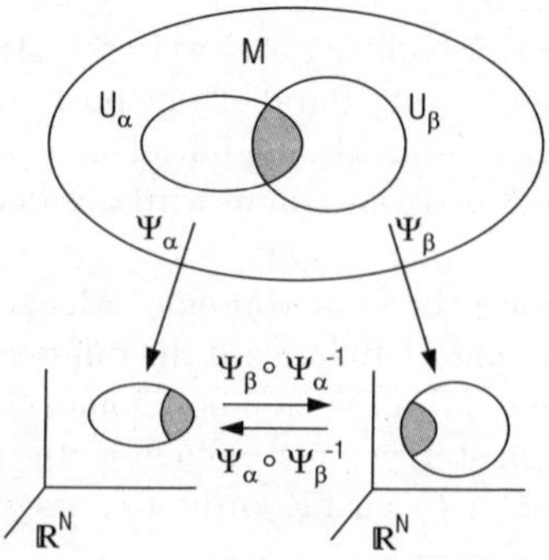

Figur 1: Die auf einer Mannigfaltigkeit M definierten Funktionen $\Psi_\beta \circ \Psi_\alpha^{-1}$ und $\Psi_\alpha \circ \Psi_\beta^{-1}$ bilden die schraffierten Gebiete des $\mathbb{R}^n$ in der angedeuteten Weise eineindeutig aufeinander ab.

vermöge der Transformationsgleichungen

$$x^{a'} = f^a(x^1, \ldots, x^n) \quad . \tag{4.1}$$

Entsprechend gilt für den Übergang in umgekehrter Richtung $\{x'\} \to \{x\}$ mit der Abbildung $g = \Psi \circ (\Psi')^{-1}$

$$x^a = g^a(x^{1'}, \ldots, x^{n'}) \quad . \tag{4.2}$$

Da wir die Abbildungen als eineindeutig und differenzierbar angenommen haben, sind die Jacobischen Determinanten $|\partial x^{a'}/\partial x^b|$ und $|\partial x^a/\partial x^{b'}|$ von Null verschieden.
Als Beispiel betrachten wir die Oberfläche der Einheitskugel im dreidimensionalen Raum: $x^2 + y^2 + z^2 = 1$.

- Karte (U, Ψ):
  Die Winkel θ (Breite) und φ (Länge) können als Koordinaten der Punkte auf der Kugeloberfläche dienen. Man setze $\theta = x^1, \varphi = x^2$ und beschränke x^1, x^2 auf $0 < x^1 < \pi,\ 0 < x^2 < \pi$. Die Koordinatenumgebung U ist dann die (östliche) Hemisphäre mit $y > 0$, und Ψ bildet U auf das durch die Ungleichungen definierte offene Rechteck im $\mathbb{R}^2$ ab (s. Fig. 2).
- Karte (U', Ψ'):
  Hierbei nehme man für U' die obere (nördliche) Hemisphäre, gegeben durch $z > 0$, und ordne den Punkten von U' die Koordinaten x, y zu, die man durch Projektion auf die Ebene $z = 0$ erhält. Die Koordinaten x, y sind hier passend mit $x^{1'}, x^{2'}$ zu identifizieren. Die Koordinatenfunktion Ψ' bildet demnach U' auf die offene Kreisscheibe im $\mathbb{R}^2$ ab, die durch $(x^{1'})^2 + (x^{2'})^2 < 1$ definiert ist.

Das Überlappungsgebiet $U \cap U'$ ist dann das durch $y > 0,\ z > 0$ gekennzeichnete Viertel der Kugeloberfläche. In diesem Gebiet besteht zwischen den Koordinaten $\{x\}$ und $\{x'\}$ folgender Zusammenhang (s. Fig. 2 und beachte die Identifizierung der Koordinaten)

$$x^{1'} = \sin x^1 \cos x^2 \quad , \quad x^{2'} = \sin x^1 \sin x^2 \quad .$$

Mit diesen Gleichungen ist die Funktion $\Psi' \circ \Psi^{-1}$ gefunden, welche die Hälfte des Rechtecks im $\mathbb{R}^2$ auf die entsprechende Hälfte der Kreisscheibe im $\mathbb{R}^2$ abbildet und dadurch die verschiedenen Koordinaten im Überlappungsgebiet miteinander verknüpft. Für die Jacobische Determinante erhält man daraus

$$\left| \frac{\partial x^{a'}}{\partial x^b} \right| = \frac{1}{2} \sin 2x^1 \quad .$$

Da im Überlappungsgebiet $0 < x^1 < \frac{\pi}{2}$ gilt, ist die Jacobische Determinante von Null verschieden.
Im folgenden werden wir annehmen, daß die auf der Mannigfaltigkeit M^n definierten Funktionen f, g, usw. zur Klasse der C^r-Funktionen gehören, d. h. stetige partielle Ableitungen bis zu einschließlich der von r-ter Ordnung besitzen. Bei

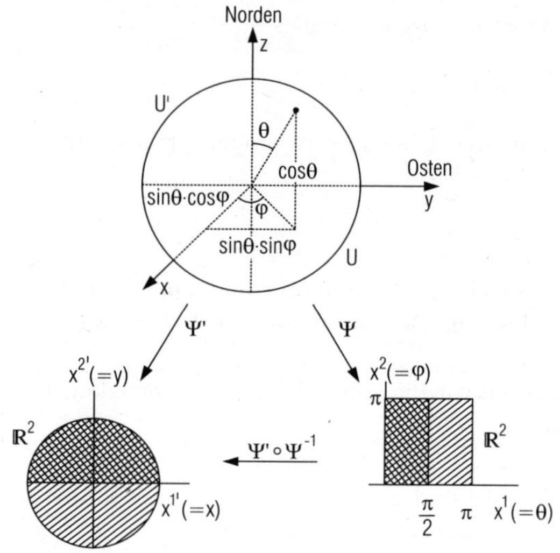

Figur 2: Die Relation zweier Karten auf einer Kugeloberfläche als Beispiel. Die überlappenden Koordinatenumgebungen sind doppelt schraffiert.

den in der Physik vorkommenden Funktionen kommt man mit endlicher Ordnung r aus, wenn diese Zahl nur hinreichend groß gewählt wird.
Auch bleiben wir in diesem Kapitel zunächst bei dem allgemeinen Fall einer n-dimensionalen Mannigfaltigkeit M^n und indizieren die entsprechenden Koordinaten wie bisher durch lateinische Buchstaben a, b, usw., die von 1 bis n laufen. Erst bei der Formulierung der Gravitationstheorie in Kapitel 6 werden wir die physikalisch relevante vierdimensionale Raum-Zeit-Mannigfaltigkeit einführen. Im Unterschied zum allgemeinen Fall sollen dann griechische Buchstaben $(\mu, \nu, \ldots = 0, 1, 2, 3)$ als Indizes der Koordinaten verwendet werden.

4.2 Tangentialräume und Vektorfelder

Die physikalischen Objekte, die uns interessieren, werden mathematisch als skalare Größen, Vektoren, allgemein als Tensoren dargestellt. Ein Tensor (Skalar und Vektor eingeschlossen) am Punkt P ist nur auf diesen Punkt bezogen. Ein Tensorfeld schreibt jedem Punkt der Mannigfaltigkeit die betreffende physikalische Größe zu, und die meisten physikalischen Größen werden durch Tensorfelder beschrieben.
In der Speziellen Relativitätstheorie hat das Raum-Zeit-Kontinuum die natürliche Struktur eines vierdimensionalen Vektorraumes, und das Rechnen mit Vektoren, Tensoren, erfolgt nach den bekannten Regeln, wobei die pseudoeuklidische Metrik zu beachten ist. Diese globale Struktur des Vektorraumes geht jedoch beim Übergang zu einer nichteuklidischen Geometrie verloren. So müssen Regeln wie z. B. die Parallelverschiebung von Vektoren, oder Eigenschaften wie die Konstanz eines Tensors, neu definiert werden. Der Begriff des Vektors, Tensors,

ist also auf den Fall einer nichteuklidischen Mannigfaltigkeit zu verallgemeinern. Wenn auch das Konzept des Vektorraumes global nicht auf allgemeine Mannigfaltigkeiten übertragbar ist, so kann immerhin in der infinitesimalen Umgebung eines Punktes die bekannte Struktur des Vektorraumes festgestellt werden. Die dort definierten Tangentenvektoren sind der Ausgangspunkt für die Einführung von Tensorfeldern auf Mannigfaltigkeiten. Im Fall einer in den $\mathbb{R}^3$ eingebetteten Fläche (z. B. der Kugeloberfläche) ist der Tangentialvektor in einem Punkt ein Vektor, der in der Tangentialebene liegt. In Verallgemeinerung der Tangentialebene an eine zweidimensionale, gekrümmte Fläche werden wir für den Fall einer Mannigfaltigkeit M^n den „Tangentialraum“ in einem beliebigen Punkt $P \in M^n$ einführen. Die Definition einer differenzierbaren Mannigfaltigkeit M^n garantiert jedoch nicht von vornherein, daß sich M^n in einen umgebenden Raum einbetten läßt. Es ist daher wichtig, den Tangentialraum ohne Rückgriff auf eine mögliche Einbettung nur unter Ausnutzung der inneren Struktur der Mannigfaltigkeit zu definieren. Das ist in der modernen Differentialgeometrie ohne explizite Einführung von Koordinaten möglich. Dieser mehr abstrakte Zugang zur Tensoranalysis betont die geometrische Natur der Tensoren und nicht die Transformationseigenschaften seiner Komponenten.[2]
Bei der später folgenden Behandlung der relativistischen Gravitationstheorie werden wir die kompakte Formulierung mit Hilfe der koordinatenfreien Differentialformen nicht brauchen, sondern der leichter zugänglichen und bei vielen Anwendungen geeigneteren Charakterisierung der Tensoren durch ihre Komponenten, d. h. Bezeichnung durch Indizes, den Vorzug geben. Hierbei lassen wir dennoch die Wahl ganz bestimmter Koordinaten zunächst offen, so daß die angegebenen Gleichungen echte Tensorgleichungen sind, die unabhängig von einer Koordinatenbasis allgemeine Gültigkeit haben. Bei gelegentlichen Abweichungen von dieser Auffassung, die bei der Wahl bestimmter, einer zugrundeliegenden Symmetrie angepaßter Koordinaten eintreten können, soll dies ausdrücklich hervorgehoben werden.
Ausgangspunkt ist der Begriff der Parameterdarstellung einer Kurve $X = X(\lambda)$ der Mannigfaltigkeit M. Die Kurve $X(\lambda)$ ist als (differenzierbare) Abbildung definiert, die jedem reellen Parameter λ in der Umgebung eines bestimmten Wertes λ_0 einen Punkt $X(\lambda)$ der Mannigfaltigkeit zuordnet. Wir wählen hier $\lambda_0 = 0$. Für diesen Parameterwert möge die Kurve durch den beliebig gewählten Punkt P gehen, $X(0) = X_P$. Seien nun $x_\varphi(\lambda)$ die lokalen Koordinaten (in kompakter Schreibweise) von $X(\lambda)$ bezüglich der Karte (U, φ), dann ist $x_\varphi(\lambda)$ das Kartenbild der Kurve $X(\lambda)$ mit $x_\varphi(0) = x_P$.
Als Tangentenvektor an die Kartenkurve von $X(\lambda)$ im Kartenpunkt x_P können wir nun die Ableitung

$$\mathbf{v}_\varphi = \frac{\mathrm{d}}{\mathrm{d}\lambda} x_\varphi(\lambda)|_{\lambda=0} =: \dot{\mathbf{x}}_\varphi(0) \tag{4.3}$$

definieren. Diese Größe ist der Repräsentant des Tangentenvektors $\mathbf{v}$ bezüglich

[2] Eine für Physiker gut lesbare Einführung in die modernen differentialgeometrischen Methoden findet man z. B. in B. F. Schutz, Geometrical Methods of Mathematical Physics, Cambridge University Press, Cambridge 1980.

der Karte (U, φ). Die Definition des Tangentenvektors $\mathbf{v}$ ist unabhängig von der gewählten Karte, und man kann formal schreiben

$$\mathbf{v} = \dot{\mathbf{X}}(0) \quad . \tag{4.4}$$

Identifiziert man den Parameter λ mit der Zeit, dann beschreibt die Kurve $X = X(\lambda)$, physikalisch gesehen, die Bewegung eines Punktes auf der Mannigfaltigkeit M, der sich zur Zeit $\lambda = 0$ im Punkt P befindet. Die Größe $\mathbf{v}_\varphi$ stellt dann den Geschwindigkeitsvektor zur Zeit $\lambda = 0$ dar, der in der Karte (U, φ) festgestellt wird.

Wenn man in der Umgebung von $P \in M^n$ Koordinaten einführt, die wir mit den entsprechenden kleinen Buchstaben kennzeichnen, dann wird die Kurve $X(\lambda)$ explizit durch die n differenzierbaren Funktionen dargestellt $(a = 1, \ldots, n)$

$$x^a = x^a(\lambda) \tag{4.5}$$

mit $x^a(0) = (x^a)_P$ für die Koordinaten von P. Dementsprechend wird der Tangentenvektor $\mathbf{v}$ an die Kurve $X(\lambda)$ in P bei Verwendung von Koordinaten durch das n-Tupel seiner Koordinaten

$$\mathbf{v} \equiv \left(\dot{x}^1(0), \dot{x}^2(0), \ldots, \dot{x}^n(0)\right) \tag{4.6}$$

beschrieben. Jede Kurve mit gegebener Parametrisierung führt auf einen Tangentenvektor (4.6) und umgekehrt ist jedes n-Tupel (n=Dimension von M) $\mathbf{v} \equiv (v^1, v^2, \ldots, v^n)$ der Tangentenvektor an eine Kurve durch P. Eine solche Kurve ist z. B. durch die Gleichung

$$x^a(\lambda) = v^a \lambda + x^a(0) \tag{4.7}$$

gegeben. Man beachte auch, daß jeder der so eingeführten Vektoren die Tangente an eine unendliche Zahl verschiedener Kurven durch P ist. Das liegt erstens daran, daß es eine ganze Klasse von Kurven gibt, die in P tangential zueinander sind; außerdem kann eine Kurve so reparametrisiert werden, daß die gleiche Tangente in P resultiert. So charakterisiert jeder Tangentenvektor eine Äquivalenzklasse von Kurven durch den betroffenen Punkt. Diese Eigenschaft kann auch als Definition des Vektors benutzt werden.

Eine weitere nützliche Definition ist diejenige als Richtungsableitung einer Funktion, auf die wir kurz eingehen wollen. Außer der Kurve $X(\lambda)$ betrachten wir eine differenzierbare Funktion F auf M, d. h. die Abbildung $F : M \to \mathbb{R}$. Der koordinatenmäßige Ausdruck für F vermittelt dann als Funktion $f(x^a)$ die Abbildung $\mathbb{R}^n \to \mathbb{R}$. Entlang der Kurve $x^a(\lambda)$ sind die Werte von f durch

$$g(\lambda) = f\left(x^a(\lambda)\right)$$

gegeben. Die Ableitung nach λ führt nach der Kettenregel auf

$$\frac{\mathrm{d}g}{\mathrm{d}\lambda} = \frac{\mathrm{d}x^a}{\mathrm{d}\lambda} \frac{\partial f}{\partial x^a} \quad , \tag{4.8}$$

wobei gemäß der Summenkonvention über doppelt auftretende Indizes (in diesem Fall $a = (1, \ldots, n)$) summiert wird. Da dies für eine beliebige Funktion g gilt, können wir auch schreiben

$$\frac{\mathrm{d}}{\mathrm{d}\lambda} = \frac{\mathrm{d}x^a}{\mathrm{d}\lambda}\frac{\partial}{\partial x^a} \quad . \tag{4.9}$$

Seien nun $x^a = x^a(\mu)$ eine andere Kurve durch P und α und β reelle Zahlen. Dann gilt in P

$$\frac{\mathrm{d}}{\mathrm{d}\mu} = \frac{\mathrm{d}x^a}{\mathrm{d}\mu}\frac{\partial}{\partial x^a}$$

und

$$\alpha\frac{\mathrm{d}}{\mathrm{d}\lambda} + \beta\frac{\mathrm{d}}{\mathrm{d}\mu} = \left(\alpha\frac{\mathrm{d}x^a}{\mathrm{d}\lambda} + \beta\frac{\mathrm{d}x^a}{\mathrm{d}\mu}\right)\frac{\partial}{\partial x^a} \quad .$$

In der Klammer des letzten Ausdrucks stehen offenbar die Komponenten einer neuen Richtungsableitung $\mathrm{d}/\mathrm{d}\nu$ an eine Kurve durch P. Es muß also eine Kurve mit dem neuen Parameter ν geben, deren Richtungsableitung in P sich als die Linearkombination ergibt

$$\frac{\mathrm{d}}{\mathrm{d}\nu} = \alpha\frac{\mathrm{d}}{\mathrm{d}\lambda} + \beta\frac{\mathrm{d}}{\mathrm{d}\mu} \quad . \tag{4.10}$$

Wir entnehmen daraus, daß die Richtungsableitungen entlang von Kurven, wie $\mathrm{d}/\mathrm{d}\lambda$, einen Vektorraum über den reellen Zahlen im Punkt P bilden. Man überzeugt sich leicht davon, daß die anderen für einen Vektorraum geltenden Axiome ebenfalls erfüllt sind.
Die Ableitungen entlang ganz spezieller Kurven, nämlich entlang der Koordinaten eines Koordinatensystems, sind natürlich $\partial/\partial x^a$. Nach Gleichung (4.9) wird die Richtungsableitung $\mathrm{d}/\mathrm{d}\lambda$ als Linearkombination dieser speziellen Ableitungen dargestellt. Daraus ist zu entnehmen, daß die $\{\partial/\partial x^a\}$ eine Basis in diesem Vektorraum bilden und $\{\mathrm{d}x^a/\mathrm{d}\lambda\}$ die Komponenten von $\mathrm{d}/\mathrm{d}\lambda$ bezüglich dieser Basisvektoren sind. Die Ableitungen $\{\dot{x}^a\}$ stellen aber nach Gleichung (4.6) die bereits bekannten Komponenten v^a des Tangentenvektors $\mathbf{v}$ in P dar. Mit der formalen Bezeichnung $\boldsymbol{\partial}_a := \partial/\partial x^a$ gilt also in P

$$\mathbf{v} = v^a \boldsymbol{\partial}_a \quad , \tag{4.11}$$

oder bei Anwendung auf die Koordinatendarstellung $f(x^a)$ der Funktion $F : M \to \mathbb{R}$

$$\mathbf{v}(f) = v^a \boldsymbol{\partial}_a f \quad . \tag{4.12}$$

Diese Ableitung der reellen Funktion f im Punkt P in Richtung des Tangentenvektors $\mathbf{v}$ ist von der Kartenwahl unabhängig. Tangentenvektoren bzw. Richtungsableitungen hängen also nicht von einem gewählten Koordinatensystem ab, d. h. sie sind geometrische Objekte.

Wie wir gesehen haben, bildet die Gesamtheit aller Tangentenvektoren der Mannigfaltigkeit M^n im Punkt P einen n-dimensionalen linearen Vektorraum, den Tangentialraum $T_P(M)$ von M in P. Man beachte, daß die Vektoren nicht in M, sondern im Tangentialraum an M in P liegen und auch nur dort die bekannte Vektoraddition gilt. Vektoren an zwei verschiedenen Punkten stehen nicht miteinander in Beziehung. Zur Veranschaulichung stelle man sich die in einem Punkt auf der Kugeloberfläche angelegte Tangentialebene vor. Da die Vektoren (allgemeiner Tensoren) jeweils in Bezug auf einen bestimmten Punkt $P \in M$ definiert sind, werden wir dies im folgenden nicht immer betonen und eine entsprechende Indizierung in den Gleichungen weglassen.
Jeder Vektor kann als Linearkombination von n linear unabhängigen Basisvektoren in $T_P(M)$ dargestellt werden. Die in einer Umgebung U von $P \in M$ eingeführten Koordinaten selbst liefern mit den Tangentenvektoren $\boldsymbol{\partial}_a \equiv \mathbf{e}_a$ an die Koordinatenkurven eine spezielle Basis von $T_P(M)$. Sie wird als die zu dem Koordinatensystem gehörende natürliche (holonome) Basis bezeichnet. Die Komponenten der Basisvektoren $\mathbf{e}_a$ findet man durch Anwendung von $\boldsymbol{\partial}_a$ auf die Koordinaten $\boldsymbol{\partial}_a(x^b) = \delta^b_a$, oder explizit

$$\mathbf{e}_1 = (1, 0, \ldots, 0), \mathbf{e}_2 = (0, 1, \ldots, 0), \text{usw.} \quad . \tag{4.13}$$

Die Komponenten des Basisvektors $\mathbf{e}_a$ sind demnach in der natürlichen Basis durch n-Tupel mit 1en an a-ter Stelle und Null sonst gegeben. Ein Vektor $\mathbf{v}$ wird dann dargestellt als

$$\mathbf{v} = v^a \mathbf{e}_a \quad , \tag{4.14}$$

wobei v^a seine Komponenten bezüglich der natürlichen Basis bedeuten.[3]
Hat man ein anderes Koordinatensystem in der Umgebung U von P mit den Koordinaten $x^{a'}$ eingeführt, dann gehört dazu eine andere natürliche Basis von $T_P(M)$. Wir fragen nun nach dem Transformationsverhalten der Vektorkomponenten beim Übergang zu den gestrichenen Koordinaten, der durch die Transformationsgleichungen (4.1) beschrieben wird. Seien $x^{a'}(\lambda)$ die neuen Koordinaten der durch P gehenden Kurve. Dann erhält man für die Komponenten des Tangentenvektors in P relativ zur neuen Basis, bei Anwendung der Kettenregel in Gl.(4.1),

$$\dot{x}^{a'} = \frac{\partial f^a}{\partial x^b} \dot{x}^b \quad .$$

Dieses Ergebnis kann nach Ersetzung der Funktionssymbole f^a durch die gestrichenen Koordinaten $x^{a'}$ in der zweckmäßigeren Form geschrieben werden

$$\dot{x}^{a'} = \frac{\partial x^{a'}}{\partial x^b} \dot{x}^b \quad . \tag{4.15}$$

Da jeder Vektor $\mathbf{v} \in T_P(M)$ Tangentenvektor an eine Kurve ist, gilt allgemein für die Transformation von Vektorkomponenten

$$v^{a'} = \Lambda^{a'}_b v^b \quad , \quad \Lambda^{a'}_b := \frac{\partial x^{a'}}{\partial x^b} \quad . \tag{4.16}$$

[3] Man beachte, daß die Komponenten eines Vektors durch obere Indizes, die Basisvektoren in $T_P(M)$ dagegen durch untere Indizes gekennzeichnet sind.

Die Größen v^a (Index oben), die bei dem Wechsel der Koordinaten gemäß (4.16) transformiert werden, sind die kontravarianten Komponenten des Vektors $\mathbf{v}$, der in der Tensorrechnung auch als Tensor vom Typ (1,0) bezeichnet wird.
Dagegen werden die Basisvektoren selbst kontragradient (gegenläufig) dazu transformiert

$$\mathbf{e}_{a'} = \Lambda^b_{a'}\mathbf{e}_b \quad , \quad \Lambda^b_{a'} := \frac{\partial x^b}{\partial x^{a'}} \quad . \tag{4.17}$$

Diese Transformation ist invers zu $\Lambda^{a'}_b$, wie aus

$$\frac{\partial x^b}{\partial x^{a'}}\frac{\partial x^{a'}}{\partial x^c} = \frac{\partial x^b}{\partial x^c} = \delta^b_c \tag{4.18}$$

zu erkennen ist. Das gegenläufige Transformationsverhalten der Basisvektoren folgt unmittelbar aus den möglichen Darstellungen eines Vektors in den verschiedenen Koordinatensystemen

$$\mathbf{v} = v^{a'}\mathbf{e}_{a'} = v^a\mathbf{e}_a \quad . \tag{4.19}$$

Dem oben definierten Tangentialraum kann stets eine anderer n-dimensionaler Vektorraum zugeordnet werden, nämlich der dazu duale Vektorraum $T^*_P(M)$, auch Kotangentialraum genannt. Wir erklären zunächst seine Elemente, die Kovektoren. Unter einem Kotangentenvektor (kürzer Kovektor oder Einsform) $\boldsymbol{\omega}$ im Punkt $P \in M$ versteht man ein lineares Funktional (auch Linearform genannt) auf dem Tangentialraum $T_P(M)$, d. h. jedem Tangentenvektor $\mathbf{v}$ wird eine reelle Zahl $\boldsymbol{\omega}(\mathbf{v})$ zugeordnet, wobei

$$\boldsymbol{\omega}(\alpha\mathbf{v} + \beta\mathbf{w}) = \alpha\boldsymbol{\omega}(\mathbf{v}) + \beta\boldsymbol{\omega}(\mathbf{w}) \quad . \tag{4.20}$$

für alle $\alpha, \beta \in \mathbb{R}$ und alle $\mathbf{v}, \mathbf{w} \in T_P(M)$ gilt. Eine Linearform ist also eine reellwertige lineare Abbildung von Vektoren aus $T_P(M)$ in die reellen Zahlen.
Ein spezielles Beispiel hierfür ist das im Anschauungsraum $\mathbb{R}^3$ definierte skalare Produkt, in dem zwei Vektoren so kombiniert werden, daß sie eine reelle Zahl ergeben. Hierbei wird jedoch die Metrik des euklidischen Raumes benutzt. Abgesehen davon kann das Skalarprodukt als Linearform aufgefaßt werden. Die von uns bisher betrachteten Mannigfaltigkeiten besitzen diese metrische Eigenschaft noch nicht. Die Definition der Linearform ist also unabhängig von einer Metrik und somit allgemeiner als die des Skalarproduktes.
Entsprechend den Basisvektoren $\{\mathbf{e}_a\}$ in $T_P(M)$ kann in $T^*_P(M)$ die duale Basis mit den Basislinearformen $\{\mathbf{e}^a\}$ (Index oben) eingeführt werden. Wendet man $\boldsymbol{\omega} \in T^*_P(M)$ auf $\mathbf{v} \in T_P(M)$ in der Komponentenzerlegung (4.14) an, dann folgt mit (4.20) zunächst

$$\boldsymbol{\omega}(\mathbf{v}) = v^a\boldsymbol{\omega}(\mathbf{e}_a) \tag{4.21}$$

Nun sind die Komponenten v^a reelle Zahlen, die linear von $\mathbf{v}$ abhängen, so daß die Zuordnungen $\mathbf{v} \to v^a$ selbst als Linearform von $\mathbf{v}$ aufgefaßt werden können. Bezeichnet man diese mit $\mathbf{e}^a$ (Index oben), also

$$\mathbf{e}^a(\mathbf{v}) = v^a \quad , \tag{4.22}$$

dann wird

$$\boldsymbol{\omega}(\mathbf{v}) = \boldsymbol{\omega}(\mathbf{e}_a)\mathbf{e}^a(\mathbf{v}) \quad . \tag{4.23}$$

Da dies für einen beliebigen Vektor $\mathbf{v} \in T_P(M)$ gilt, erhält man als Komponentenzerlegung von $\boldsymbol{\omega}$

$$\boldsymbol{\omega} = \boldsymbol{\omega}(\mathbf{e}_a)\mathbf{e}^a =: \omega_a \mathbf{e}^a \quad , \tag{4.24}$$

wobei die Komponenten der Linearform $\boldsymbol{\omega}$ (bezüglich der Basis $\{\mathbf{e}^a\}$) durch

$$\boldsymbol{\omega}(\mathbf{e}_a) =: \omega_a \tag{4.25}$$

definiert sind.[4]
Führt man in (4.22) die Komponentenzerlegung von $\mathbf{v}$ ein, dann folgt mit (4.20) die Bedingung

$$\mathbf{e}^a(v^b\mathbf{e}_b) = v^b\mathbf{e}^a(\mathbf{e}_b) = v^a \quad ,$$

die durch

$$\mathbf{e}^a(\mathbf{e}_b) = \delta^a_b \tag{4.26}$$

erfüllt wird. In dieser Relation kommt die Dualität der Basen zum Ausdruck. Das Ergebnis von $\boldsymbol{\omega}(\mathbf{v})$ können wir auch in einer Komponentenzerlegung angeben, denn mit der Definition der Komponenten ω_a in (4.25) folgt aus (4.21)

$$\boldsymbol{\omega}(\mathbf{v}) = \omega_a v^a \quad . \tag{4.27}$$

Dieser Ausdruck ist offensichtlich das Analogon zur Regel für die Bildung des skalaren Produktes zweier euklidischer Vektoren. Es sollte aber aufgrund der Definitionen deutlich geworden sein, daß Vektoren und Linearformen durchaus verschiedene geometrische Objekte sind. Erst bei vorhandener Metrik, wie z. B. im Anschauungsraum, kann jeder Linearform eine entsprechender Vektor eindeutig zugeordnet werden, und umgekehrt jedem Vektor eine korrespondierende Linearform. Dann ist es möglich, das skalare Produkt zweier Vektoren gemäß der Vorschrift (4.27) mit Hilfe der Komponenten des einen Vektors und des der Linearform zugeordneten anderen Vektors zu bilden.
Ein wichtiges Beispiel für eine Linearform ist der Gradient eines skalaren Feldes $f(x)$, dessen Komponenten bekanntlich durch $\partial_a f = \partial f/\partial x^a$ gegeben sind. Man definiert den Gradienten $\mathbf{d}f$ einer Funktion f als lineares Funktional auf dem Tangentialraum $T_P(M)$

$$\mathbf{d}f(\mathbf{v}) := \frac{\partial f}{\partial x^a} v^a \quad . \tag{4.28}$$

[4] Im Unterschied zu den Vektoren werden die Komponenten einer Linearform durch untere, die Basislinearformen im $T^*_P(M)$ durch obere Indizes gekennzeichnet.

Die Anwendung von $\mathbf{d}f$ auf $\mathbf{v}$ ergibt also die Änderungsrate von f entlang der parametrisierten Kurve $x^a(\lambda)$ in Richtung des Tangentenvektors $\mathbf{v}$ (vergl. (4.12))

$$\mathbf{d}f(\mathbf{v}) = \frac{\partial f}{\partial x^a}\frac{\mathrm{d}x^a}{\mathrm{d}\lambda} = \frac{\mathrm{d}f}{\mathrm{d}\lambda} \quad . \tag{4.29}$$

Diese Definition unterscheidet sich von dem geläufigen Begriff des Differentials einer Funktion, das als infinitesimale Änderung $\mathrm{d}f$ aufgefaßt wird. Die auf den infinitesimalen Änderungen der Argumente von f beruhende Änderung $\mathrm{d}f$ erfolgt in keiner bestimmten Richtung. Erst durch die Definition (4.28) des Gradienten als Linearform wird die Richtung festgelegt, in der f sich ändert, wobei nach Anwendung der Linearform $\mathbf{d}f$ auf einen Vektor ein endlicher (d. h. nicht infinitesimaler Wert) resultiert.
Die in physikalischen Lehrbüchern oft in unscharfer Form als „unendlich kleine Größen" charakterisierten Differentiale haben in der Theorie der Mannigfaltigkeiten eine präzisierte Bedeutung. Sie sind als Linearformen durch (4.28) definiert und damit wohlbestimmte mathematische Objekte. Eine Verwechslung mit dem elementaren Begriff des Differentials wird durch den hier für die Elemente aus $T_P(M)$ bzw. $T_P^*(M)$ verwendeten fetten Druck der Buchstaben vermieden.
Um zu sehen, wie in diesem Zusammenhang die Koordinatendifferentiale einzuordnen sind, setze man für f in (4.28) die Koordinaten x^a ein. Man erhält so bei Berücksichtigung von (4.22)

$$\mathbf{d}x^a(\mathbf{v}) = v^a = \mathbf{e}^a(\mathbf{v}) \quad . \tag{4.30}$$

Da der Vektor $\mathbf{v}$ beliebig ist, folgt daraus

$$\mathbf{e}^a = \mathbf{d}x^a \quad . \tag{4.31}$$

Das heißt, die mit den Koordinaten gebildeten Linearformen $\{\mathbf{d}x^a\}$ stellen eine Basis des Kotangentialraumes dar. Die Koordinatendifferentiale $\{\mathbf{d}x^a\}$ bilden die natürliche Basis von $T_P^*(M)$, die dual zur natürlichen Basis $\{\boldsymbol{\partial}_a\}$ von $T_P(M)$ ist, denn die Relation (4.26) nimmt hier die entsprechende Form an

$$\mathbf{d}x^a(\boldsymbol{\partial}_b) = \delta^a_b \quad . \tag{4.32}$$

Die Differentiale $\mathbf{d}x^a$ werden auch Basisdifferentialformen vom Grad 1 genannt. In dieser Basis lautet die Komponentenzerlegung (4.24) eines Elementes $\boldsymbol{\omega} \in T_P^*(M)$

$$\boldsymbol{\omega} = \boldsymbol{\omega}(\boldsymbol{\partial}_a)\mathbf{d}x^a \quad , \tag{4.33}$$

wobei $\omega_a = \boldsymbol{\omega}(\boldsymbol{\partial}_a)$ die Komponenten der Linearform $\boldsymbol{\omega}$ bedeuten. Insbesondere gilt für den Gradienten $\mathbf{d}f$ einer Funktion $f(x)$ die Komponentenzerlegung (vergl. (4.28))

$$\mathbf{d}f = \mathbf{d}f(\boldsymbol{\partial}_a)\mathbf{d}x^a = \frac{\partial f}{\partial x^a}\mathbf{d}x^a \quad . \tag{4.34}$$

Demnach sind die Ableitungen $\partial f/\partial x^a$ die Komponenten der Linearform $\mathbf{d}f$ bezüglich der natürlichen Basis $\{\mathbf{d}x^a\}$ von $T_P^*(M)$.

Beim Übergang zu neuen Koordinaten $\{x^{a'}\}$ werden die Komponenten eines Vektors gemäß (4.16) transformiert. Um das Transformationsverhalten für die Komponenten der Linearformen zu bestimmen, geht man zweckmäßig von der Darstellung des Funktionals (4.27) aus

$$\boldsymbol{\omega}(\mathbf{v}) = \omega_a v^a = \omega_{a'} v^{a'} \quad , \tag{4.35}$$

das nach der Definition als skalare Größe in jedem Koordinatensystem den gleichen Wert hat. Damit die obige Gleichung erfüllt ist, müssen die Komponenten der Linearform kontragradient zu den Vektorkomponenten (4.16) transformiert werden, d. h. es gilt das Transformationsgesetz mit der zu (4.16) inversen Matrix (4.17)

$$\omega_{a'} = \frac{\partial x^b}{\partial x^{a'}} \omega_b = \Lambda^b_{a'} \omega_b \quad . \tag{4.36}$$

Insbesondere erkennt man hier das vom klassischen Tensorkalkül her bekannte Transformationsverhalten des Gradienten eines skalaren Feldes wieder.
In analoger Weise können wir das Transformationsgesetz für die Basisdifferentialformen $\{\mathbf{d}x^a\}$ gewinnen. Da die linke Seite der Gl. (4.33) als geometrisches Objekt unabhängig von der Kartenwahl ist, müssen bei einem Wechsel der Koordinaten die Basisformen gegenläufig zu den Komponenten der Linearform ω_a transformiert werden, d. h. es muß gelten

$$\mathbf{d}x^{a'} = \frac{\partial x^{a'}}{\partial x^b} \mathbf{d}x^b = \Lambda^{a'}_b \mathbf{d}x^b \quad . \tag{4.37}$$

Dies ist aber das bekannte Transformationsgesetz für die kontravarianten Komponenten (Index oben) eines Vektors (vergl. (4.16)).
In diesem Abschnitt wurden die Vektoren und Kovektoren (Linearformen) zunächst als geometrische Objekte eingeführt, die eine invariante Bedeutung haben, d. h. sie sind unabhängig von einem bestimmten Koordinatensystem definiert. Im klassischen Tensorkalkül führt man jedoch Koordinaten ein und arbeitet mit den Komponenten, deren Transformationsverhalten beim Wechsel der Koordinaten für den betreffenden Tensor charakteristisch ist.
Ordnet man den geometrischen Objekten in jeder Karte in natürlicher Weise Komponenten zu, dann zeigt sich, daß der invariante Tensorkalkül und der klassische Tensorkalkül äquivalent sind. So konnten wir z. B. feststellen, daß die Komponenten eines Vektors gemäß (4.16) kontravariant, d. h. wie die Komponenten eines Tensors vom Typ (1,0) transformiert werden. Andererseits entspricht das Transformationsverhalten der Komponenten des Kovektors (4.36) dem eines Tensors vom Typ (0,1). Die zugehörigen Basiselemente $\{\boldsymbol{\partial}_a\}$ und $\{\mathbf{d}x^a\}$ werden jeweils gegenläufig dazu transformiert.
Auch die Tensoren höheren Ranges T (r,s) können koordinatenfrei eingeführt werden, indem man das kartesische Produkt der entsprechenden Anzahl von Kotangentialräumen und Tangentialräumen bildet. Ein Tensor vom Typ (r,s) in $P \in M$ wird dann als Multilinearform (d. h. linear in jedem Argument) über dem kartesischen Produkt von r Kotangential- und s Tangentialräumen definiert.

Wir begnügen uns mit diesem Hinweis, denn eine eingehendere Behandlung des abstrakten Zuganges würde den hier gesteckten Rahmen überschreiten. Wie bereits früher angekündigt, wählen wir statt dessen den kürzeren und bei vielen Anwendungen geeigneteren Weg und definieren, wie im bekannten klassischen Tensorkalkül, die Tensoren höheren Ranges durch das Transformationsverhalten ihrer Komponenten.

Der Tensor wird durch die Angabe seiner Komponenten in einem gewählten Koordinatensystem beschrieben. Ein Tensor vom Typ (r,s) (r-fach kontravariant und s-fach kovariant) im Punkt P einer n-dimensionalen Mannigfaltigkeit hat $n^{\mathrm{r+s}}$ Komponenten, die durch r obere und s untere Indizes gekennzeichnet sind. Bei einem Wechsel der Koordinaten werden seine Komponenten in Verallgemeinerung des Transformationsgesetzes für Vektoren und Linearformen folgendermaßen transformiert

$$T^{a'b'\dots}_{m'n'\dots} = \Lambda^{a'}_{a}\Lambda^{b'}_{b}\dots\Lambda^{m}_{m'}\Lambda^{n}_{n'}\dots = T^{ab\dots}_{mn\dots} \quad . \tag{4.38}$$

Ist etwa $\boldsymbol{\omega}$ eine Linearform und $\mathbf{v}$ ein Vektor, dann stellt das Produkt der Komponenten $\omega_a v^b$ einen Tensor vom Typ (1,1) dar. Tensoren können kontrahiert (verjüngt) werden, indem man einen kontravarianten und einen kovarianten Index identifiziert und darüber summiert. Das Ergebnis ist ein Tensor vom Typ (r-1,s-1)

$$T^{abc\dots}_{mn\dots} \longrightarrow T^{abm\dots}_{mn\dots} \quad .$$

Die Kontraktion zwischen Indizes, die zu verschiedenen Faktoren eines Tensors gehören, wird Überschiebung genannt. Ein spezielles Beispiel hierfür ist das oben erwähnte Produkt $\omega_a v^b$, das nach Überschiebung die skalare Größe (4.35), den Tensor vom Typ (0,0), ergibt.

Da in diesem Buch die Spezielle Relativitätstheorie als bekannt vorausgesetzt wird, dürften die Grundgesetze des klassischen Tensorkalküls in flachen Räumen ebenfalls geläufig sein. Wir gehen daher auf weitere Einzelheiten hierzu nicht ein, sondern verweisen auf einschlägige Lehrbücher.[5]

Die bisher betrachteten Mannigfaltigkeiten besitzen noch nicht die bekannten Eigenschaften des Raum-Zeit-Kontinuums. Um dies zu erreichen, sind zwei zusätzliche geometrische Strukturen erforderlich, die prinzipiell voneinander unabhängig sind und daher in den folgenden beiden Abschnitten nacheinander eingeführt werden sollen. In Abschnitt 4.3 diskutieren wir den Begriff der Parallelverschiebung von Vektoren, auch Vektorübertragung genannt, der mathematisch ausgedrückt wird durch den affinen Zusammenhang. Als zweite Struktur soll mit Hilfe des metrischen Tensors die Maßbestimmung eingeführt werden, die es gestattet Längen von Vektoren und Winkel zwischen den Vektoren in den Tangentialräumen zu definieren.

[5] Siehe z. B. U. E. Schröder, Spezielle Relativitätstheorie, 4. Aufl., Verlag Harri Deutsch, Frankfurt am Main 2005, Kapitel 4, S. 45 ff.

4.3 Affiner Zusammenhang

Führt man den affinen Zusammenhang als zusätzliche Struktur der differenzierbaren Mannigfaltigkeiten ein, dann gewinnen vier geometrische Begriffe besondere Bedeutung: die Vektorübertragung, die kovariante Ableitung, autoparallele Kurven und der Begriff der Krümmung. Da sie unabhängig von der metrischen Struktur sind, sollen diese Begriffe im folgenden vor Einführung einer Metrik behandelt werden.
Die Gesetze der Physik werden in der Form von Gleichungen zwischen Vektoren, allgemeiner Tensoren, formuliert und enthalten oft die Ableitungen von Vektor- oder Tensorfeldern. Wie wir gesehen haben, stellen die Ableitungen eines skalaren Feldes, $\partial_k f$, die Komponenten einer Linearform dar. Doch die Ableitungen eines Vektorfeldes $\partial_k A^i$ ergeben in krummlinigen Koordinaten kein Tensorfeld.
Um dies zu sehen, betrachten wir in einer Koordinatenumgebung U von M ein Vektorfeld $A^i(X(\lambda))$, das entlang einer durch $x^k(\lambda)$ gegebenen Kurve Γ definiert ist. Die Ableitungen

$$\dot{A}^i = \frac{\mathrm{d}A^i}{\mathrm{d}\lambda} = \frac{\mathrm{d}x^k}{\mathrm{d}\lambda}\frac{\partial A^i}{\partial x^k} \tag{4.39}$$

sind nicht die Komponenten eines Vektors und somit kann $\partial_k A^i$ kein Tensor sein. Denn ist U' eine andere Umgebung, die Γ enthält, dann sind die Ableitungen in den gestrichenen Koordinaten

$$\dot{A}^{i'} = \frac{\mathrm{d}}{\mathrm{d}\lambda}\left(\Lambda^{i'}_k A^k\right) = \Lambda^{i'}_k \dot{A}^k + \frac{\partial^2 x^{i'}}{\partial x^l \partial x^k}\dot{x}^l A^k \quad . \tag{4.40}$$

Der zweite Term, der das Transformationsgesetz für Vektoren verletzt, ist nur dann nicht vorhanden, wenn die Transformation linear ist. Der in unserem Fall von Null verschiedene störende Term ist darauf zurückzuführen, daß $\mathrm{d}A^i$ aus der Differenz von Vektoren resultiert, die sich in verschiedenen, infinitesimal benachbarten, Punkten von M befinden. Da die nichtlinearen Transformationen $\Lambda^{i'}_k(x)$ von den Koordinaten abhängen, werden die Vektoren in verschiedenen Punkten unterschiedlich transformiert. Dieser Unterschied kommt durch die zweiten Ableitungen in (4.40) zum Ausdruck.
Die Ableitung eines Vektors nach dem Kurvenparameter λ erhält man als Grenzwert des entsprechenden Differenzenquotienten. Dabei darf man jedoch nicht einfach die Differenz der Vektoren in den benachbarten Punkten $P(x)$ und $Q(x+\delta x)$ bilden, denn wegen ihres unterschiedlichen Transformationsverhaltens in diesen Punkten ergibt ihre Differenz keinen Vektor. Um die Ableitung eines Vektors zu erhalten, die selbst wieder ein Vektor ist, hat man die Vektoren in einem Punkt, sagen wir Q, zu vergleichen. Mit anderen Worten, vor Bildung der Differenzenquotienten muß zunächst der Vektor vom Punkt P in geeigneter Weise (d. h. unter Beibehaltung der Vektoreigenschaft) in den Punkt $Q(x+\delta x)$ transportiert werden, ohne ihn beim Transport zu verändern. Man konstruiert so einen neuen Vektor $A^i(P \to Q)$ der als Repräsentant von $A^i(P)$ in Q definiert ist. Die Ableitung des Vektorfeldes nach λ ist dann in der bekannten Weise definiert als

absolute Ableitung

$$\frac{\mathrm{D}A^i}{\mathrm{d}\lambda} = \lim_{\delta\lambda\to 0}\frac{A^i(Q) - A^i(P\to Q)}{\delta\lambda} \quad . \tag{4.41}$$

Da die Differenz hier mit Vektoren gebildet wird, die sich auf denselben Punkt beziehen, ergibt der obige Grenzwert wieder einen Vektor, der im Unterschied zur gewöhnlichen Ableitung mit $\mathrm{D}A^i/\mathrm{d}\lambda$ bezeichnet wird. Für die Vektorübertragung $A^i(P \to Q)$ ist noch eine Regel anzugeben. Diese Vorschrift ist der affine (lineare) Zusammenhang.
Im euklidischen Raum entspricht dies einer Verschiebung des Vektors parallel zu sich selbst. Im Fall gekrümmter Räume wird daher die Bezeichnung „Parallelverschiebung“ einfach übernommen. Doch darf dies nicht im gewohnten anschaulichen Sinn verstanden werden, wie das folgende Beispiel zeigt.

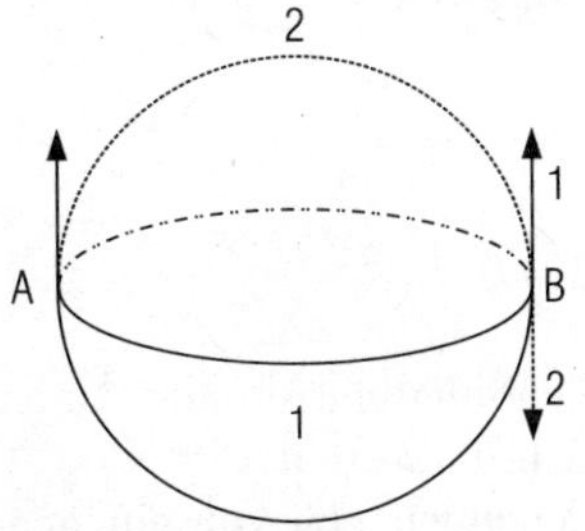

Figur 3: Die anschauliche Parallelverschiebung von Vektoren ist in gekrümmten Räumen, wie hier z. B. auf der Kugeloberfläche, nicht eindeutig.

Auf der Kugel in Figur 3 wird der Tangentenvektor im Punkt A auf zwei Weisen anschaulich parallel nach B transportiert, auf dem Weg 1 stets senkrecht zum Äquator, auf dem Weg 2 über den Pol stets tangential zum Halbkreisbogen, der A und B verbindet. Das Ergebnis ist nicht eindeutig. Beim Vergleich von Vektorfeldern auf Mannigfaltigkeiten dürfen daher die Begriffe Parallelität und Parallelverschiebung (besser Vektorübertragung) nicht der Anschauung entnommen werden, sondern müssen erst definiert werden.
Hierbei ist es nützlich, zunächst als Beispiel die Parallelverschiebung eines konstanten Vektors $\vec{A}$ in ebenen Polarkoordinaten zu betrachten. Im kartesischen Koordinatensystem ändern sich die Komponenten des konstanten Vektors A^x, A^y bei Parallelverschiebung nicht. Im System der Polarkoordinaten (r, θ) trifft dies wegen

$$A^r = A^x \cos\theta + A^y \sin\theta \tag{4.42a}$$

$$A^\theta = \frac{1}{r}(A^y \cos\theta - A^y \sin\theta) \tag{4.42b}$$

nicht mehr zu. Seien P und Q benachbarte Punkte mit A^r, A^θ in $P(r,\theta)$ und $A^r + \delta A^r, A^\theta + \delta A^\theta$ in $Q(r+\delta r, \theta+\delta\theta)$. Für die Änderung der Vektorkomponenten beim Übergang von P nach Q erhält man aus (4.42) durch Differentiation

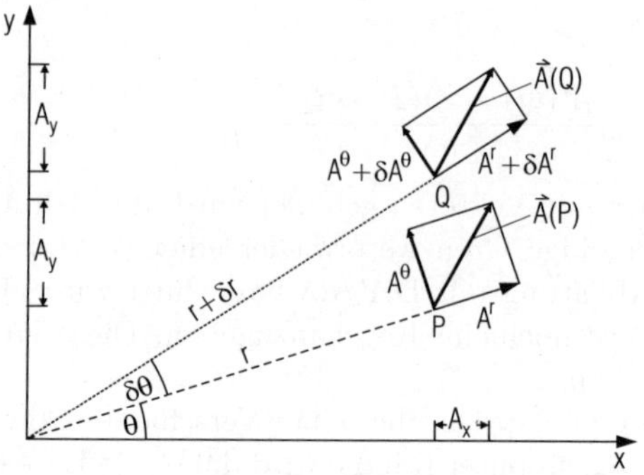

Figur 4: Bei der Verwendung von Vektoren ebener Polarkoordinaten ändern sich die Komponenten eines konstanten Vektors, der parallel verschoben wird.

$$\delta A^r = r A^\theta \delta\theta \tag{4.43a}$$

$$\delta A^\theta = -\frac{1}{r}(A^\theta \delta r + A^r \delta\theta) \quad . \tag{4.43b}$$

Diese bei der Parallelverschiebung eintretende Änderung $A^i(P) \to A^i(P) + \delta A^i$ ist in der Figur 4 anschaulich dargestellt.
Geht man dagegen im allgemeinen Fall von einem nicht konstanten Vektorfeld aus, dann hat man zwei Arten von Variationen zu unterscheiden. Dies sind die oben beschriebenen Variationen δA^i, die nicht als eigentliche Änderungen der Vektorgrößen anzusehen sind, sowie die eigentlichen Variationen die auf der Abhängigkeit des Vektorfeldes von den Koordinaten beruhen.
Wenn also im vorigen Beispiel $A^r(r,\theta), A^\theta(r,\theta)$ ein Vektorfeld ist, dann erhält man mit Gl. (4.43) für die Differenz der Vektoren nach der Parallelverschiebung $A^i(P) \to A^i(P) + \delta A^i$ (bis zur ersten Ordnung)

$$A^r(Q) - (A^r(P) + \delta A^r) = \frac{\partial A^r}{\partial r}\delta r + \left(\frac{\partial A^r}{\partial \theta} - r A^\theta\right)\delta \tag{4.44a}$$

$$A^\theta(Q) - \left(A^\theta(P) + \delta A^\theta\right) = \left(\frac{\partial A^\theta}{\partial r} + \frac{1}{r}A^\theta\right)\delta r + \left(\frac{\partial A^\theta}{\partial \theta} + \frac{1}{r}A^r\right)\delta\theta \tag{4.44b}$$

Für die Vektorübertragung, die eine Korrespondenz zwischen $T_P(M)$ und $T_Q(M)$ stiftet, lassen sich nun in Verallgemeinerung des Beispiels folgende natürliche Bedingungen angeben, die zu erfüllen sind:

a) Sie ist linear in den Vektorkomponenten (siehe (4.43)). Nur dann ist offenbar das Ergebnis der Übertragung $A^i + \delta A^i$ wieder ein Vektor.
b) Die Änderung δA^i ist linear in den Variationen erster Ordnung der Koordinaten δx^i (siehe (4.43)).

Nach der Forderung a) muß für den übertragenen Vektor gelten

$$A^i(x) + \delta A^i = L^i_k A^k \quad , \tag{4.45}$$

wobei die Matrixelemente L^i_k nicht von den Komponenten A^i abhängen dürfen. Die Bedingung b) wird mit

$$L^i_k = \delta^i_k - \Gamma^i_{kl}\delta x^l \tag{4.46}$$

erfüllt. Das Minuszeichen entspricht dabei der traditionellen Schreibweise. Die n^3 Koeffizienten Γ^i_{kl} hängen nur von den Koordinaten in P ab. Sie werden Koeffizienten des affinen (oder linearen) Zusammenhangs oder auch Übertragungskoeffizienten (kurz Konnektionen) genannt. Sind also die Größen Γ^i_{kl} in jedem Punkt der Koordinatenumgebung gegeben, dann ist der von P nach Q übertragene Vektor $A^i + \delta A^i$ ein Vektor in Q und „parallel" zum Vektor A^i, wenn

$$\delta A^i = -\Gamma^i_{kl} A^k \delta x^l \quad . \tag{4.47}$$

Wir können nun die absolute Ableitung eines Vektorfeldes $A^i(\lambda)$, das auf einer durch die benachbarten Punkte $Q(\lambda + \delta\lambda)$ und $P(\lambda)$ verlaufenden Kurve erklärt ist, definieren. Nach (4.41) ist die absolute Ableitung

$$\frac{\mathrm{D}A^i}{\mathrm{d}\lambda} = \lim_{\delta\lambda\to 0} \frac{A^i(\lambda+\delta\lambda) - A^i(\lambda) - \delta A^i}{\delta\lambda} = \lim_{\delta\lambda\to 0} \frac{\mathrm{d}A^i - \delta A^i}{\delta\lambda} \quad . \tag{4.48}$$

Im Limes $\delta\lambda \to 0$ ist dies ein Vektor in P. Wegen (4.47) erhält man

$$\frac{\mathrm{D}A^i}{\mathrm{d}\lambda} = \frac{\mathrm{d}A^i}{\mathrm{d}\lambda} + \Gamma^i_{kl} A^k \frac{\mathrm{d}x^l}{\mathrm{d}\lambda} \quad , \tag{4.49}$$

wobei alle Größen im Punkt P auf der Kurve Γ zu berechnen sind. Aus dem Vergleich dieser Relationen mit (4.40) ist zu entnehmen, daß die Γ^i_{kl} nicht Komponenten eines Tensors sein können, denn durch ihr Auftreten wird der inhomogene Term in der Transformationsgleichung für $\mathrm{d}A^i/\mathrm{d}\lambda$ kompensiert. Es ist aber nützlich die Transformationsformel für die Γ^i_{kl} anzugeben. Ihre Herleitung sei hier nur skizziert und die Einzelheiten der Rechnung dem Leser als Übungsaufgabe überlassen.

Ausgehend von dem Transformationsgesetz für den in (4.49) definierten Vektor

$$\dot{A}^{i'} + \Gamma^{i'}_{k'l'} A^{k'} \dot{x}^{l'} = \Lambda^{i'}_m \left(\dot{A}^m + \Gamma^m_{np} A^n \dot{x}^p \right) \quad ,$$

setze man auf der rechten Seite dieser Gleichung $A^n = \Lambda^n_{k'} A^{k'}, \dot{x}^p = \Lambda^p_{l'} \dot{x}^{l'}$ und drücke $\dot{A}^m$ ebenfalls durch die Komponenten in gestrichenen Koordinaten aus. Man benutze $\Lambda^{i'}_m \Lambda^m_{k'} = \delta^{i'}_{k'}$, bringe alle Summanden auf eine Seite und klammere $A^{k'}\dot{x}^{l'}$ aus. Da dies für beliebige Vektorfelder längs beliebiger Kurven durch P gilt und der Klammerausdruck weder vom Vektorfeld noch von der Kurve abhängt, muß er gleich Null sein. Daraus folgt die Transformationsgleichung für die Γ^i_{kl}

$$\Gamma^{i'}_{k'l'} = \Lambda^{i'}_m \Lambda^n_{k'} \Lambda^p_{l'} \Gamma^m_{np} + \Lambda^{i'}_m \left(\frac{\partial}{\partial x^{k'}} \Lambda^m_{l'} \right) \quad . \tag{4.50}$$

Diese Transformation ist linear aber nicht homogen. Die Inhomogenität hängt nur von der Relation zwischen den beiden Koordinatensystemen ab. Bei linearen Koordinatentransformationen ist die Inhomogenität gleich Null, und die Γ^i_{kl}

stellen dann die Komponenten eines Tensors vom Typ (1,2) dar. Im allgemeinen sind die Funktionen Γ^i_{kl} nicht symmetrisch in den unteren Indizes und können in einem symmetrischen und antisymmetrischen Teil zerlegt werden

$$\Gamma^i_{kl} = \frac{1}{2}\left(\Gamma^i_{kl} + \Gamma^i_{lk}\right) + \frac{1}{2}\left(\Gamma^i_{kl} - \Gamma^i_{lk}\right) \quad . \tag{4.51}$$

Wie man aus der Formel (4.50) unmittelbar erkennt, heben sich die Inhomogenitäten bei der Transformation des antisymmetrischen Teils heraus. Die Größe

$$S^i_{kl} := \Gamma^i_{kl} - \Gamma^i_{lk} \tag{4.52}$$

ergibt demnach einen Tensor vom Typ (1,2), den sogenannten Torsionstensor. Bei der Formulierung der Einsteinschen Gravitationstheorie geht man von der Annahme aus, daß die Konnektionen Γ^i_{kl} symmetrisch sind

$$\Gamma^i_{kl} = \Gamma^i_{lk} \quad . \tag{4.53}$$

Sie können dann, nach Einführung einer Metrik, im Riemannschen Raum allein durch den metrischen Tensor und dessen Ableitungen ausgedrückt werden. Diese Theorie ist demnach torsionsfrei.[6] Wie werden im folgenden die Symmetrierelation (4.53) voraussetzen und nur bei der Einführung des Krümmungstensors kurz auf die mögliche Modifizierung der Einsteinschen Theorie durch Einbeziehung der Torsion zurückkommen.
Als Anwendung der Transformationsformel (4.50) soll nun gezeigt werden, daß man in einem beliebigen Punkt $P \in M$ stets ein solches Koordinatensystem finden kann, in welchem alle Γ^i_{kl} in diesem Punkt gleich Null sind. Zum Beweis geben wir eine solche Transformation an.
Zunächst bringen wir den inhomogenen Term in (4.50) in eine etwas andere Form. Indem man die Identität $\Lambda^{i'}_m \Lambda^m_{l'} = \delta^{i'}_{l'}$ nach $x^{k'}$ differenziert, folgt

$$\Lambda^{i'}_m \frac{\partial}{\partial x^{k'}} \Lambda^m_{l'} = -\Lambda^m_{l'} \frac{\partial x^p}{\partial x^{k'}} \frac{\partial}{\partial x^p} \Lambda^{i'}_m$$

und damit

$$\Gamma^{i'}_{k'l'} = \Lambda^{i'}_m \Lambda^n_{k'} \Lambda^p_{l'} \Gamma^m_{np} - \Lambda^m_{l'} \Lambda^p_{k'} \frac{\partial}{\partial x^p} \Lambda^{i'}_m \quad . \tag{4.54}$$

Sei nun der beliebig gewählte Punkt $P(x^i = 0)$ der Ursprung des durch $\{x^i\}$ definierten Koordinatensystems. Man geht in der hinreichend klein gewählten Umgebung[7] von P durch die Transformation

$$x^{i'} = x^i + \frac{1}{2} C^i_{kl}(0) x^k x^l + \ldots \tag{4.55}$$

[6] Zur Erinnerung: Im dreidimensionalen Anschauungsraum ist die Torsion (oder Windung) ein Maß dafür, wie stark sich eine Raumkurve aus ihrer Schmiegungsebene herauswindet.
[7] Höhere Potenzen in x^i brauchen dann in (4.55) nicht berücksichtigt zu werden.

zu den gestrichenen Koordinaten über, wobei die so eingeführten Koeffizienten C^i_{kl} offensichtlich symmetrisch in k, l sind. Die partiellen Ableitungen $\partial x^{i'}/\partial x^m \equiv \Lambda^{i'}_m$, usw. ergeben

$$\Lambda^{i'}_m|_{x=0} = \delta^i_m \ , \ \frac{\partial}{\partial x^p}\Lambda^{i'}_m|_{x=0} = C^i_{pm} \tag{4.56}$$

Setzt man dies in (4.54) ein, so erhält man nach kurzer Zwischenrechnung in dem gewählten Punkt $P(x^i = 0)$

$$\Gamma^{i'}_{k'l'} = \Gamma^i_{kl} - C^i_{kl} \quad .$$

Mit der Annahme (4.53), daß die Konnektionen Γ^i_{kl} ebenfalls symmetrisch sind, können die Koeffizienten C^i_{kl} so gewählt werden, daß mit $\Gamma^i_{kl} = C^i_{kl}$ in P $\Gamma^{i'}_{k'l'} = 0$ wird.

In diesem Fall ist die absolute Ableitung (4.49) gleich der gewöhnlichen und man erhält daher insbesondere die bekannte einfache Bewegungsgleichung (Gleichung der Geodäten)

$$\frac{\mathrm{d}^2 x^{i'}}{\mathrm{d}\lambda^2} = 0 \tag{4.57}$$

d. h. die Koordinatenlinien sind Geodäten. Ein solches Koordinatensystem $\{x^{i'}\}$, in dem die Übertragungskoeffizienten in einem gegebenen Punkt gleich Null sind, wird lokal geodätisch genannt.

Geometrisch gesehen haben wir mit den so eingeführten Koordinaten die Mannigfaltigkeit M im Punkt P durch einen flachen Raum ersetzt, der in P tangential zu M ist. Physikalisch entspricht dies, in Raum-Zeit-Koordinaten, einem im Gravitationsfeld instantan frei fallenden (Standardbewegung) lokalen Inertialsystem, in dem die physikalischen Gesetze der Speziellen Relativitätstheorie gelten. Die Existenz des geodätischen Koordinatensystems in einem beliebigen Weltpunkt bringt somit das Einsteinsche Äquivalenzprinzip (vergl. Abschnitt 3.1) mathematisch zum Ausdruck.

Bei der vorigen Herleitung war die Annahme wesentlich, daß die Konnektionen Γ^i_{kl} symmetrisch sind. Diese Bedingung ist aber nicht nur hinreichend, sondern auch notwendig. Wären die Γ^i_{kl} nicht symmetrisch, könnten sie nicht „wegtransformiert“ werden, auch nicht in einem Punkt. Der dann vorhandene antisymmetrische Teil ist, wie wir bereits wissen, ein Tensor, den man nicht in einem bestimmten Koordinatensystem zum Verschwinden bringen kann, es sei denn, er verschwindet in jedem System.

Wir halten abschließend folgende Aussage fest: Die notwendige und hinreichende Bedingung für die Existenz eines lokal geodätischen Koordinatensystems in dem $\Gamma^i_{kl} = 0$ gilt und die absolute Ableitung in die gewöhnliche übergeht ist, daß die Koeffizienten des affinen Zusammenhangs symmetrisch sind. Dies gilt allerdings nicht in voller Allgemeinheit, sondern nur unter der in der Einsteinschen Theorie angenommenen Einschränkung, daß die Γ^i_{kl} in Bezug auf eine natürliche (holonome) Basis (vergl. S. 40) definiert sind. Im allgemeinen Fall einer anholonomen Basis, bei der die Basisvektoren nicht Tangentenvektoren eines geeigneten Koordinatensystems sind, ist die Symmetrie der Γ^i_{kl} nicht erforderlich.

4.4 Die kovariante Ableitung

Bei der Definition der absoluten Ableitung (4.49) waren wir von der schwachen Annahme ausgegangen, daß die betrachteten Vektoren nur entlang einer Kurve in der Mannigfaltigkeit M definiert sind. Die in der Physik vorkommenden Vektor- bzw. Tensorfelder sind jedoch überall in M in einer Koordinatenumgebung definiert. Daher ist es sinnvoll eine für viele Anwendungen zweckmäßigere Form der Ableitung einzuführen, die kovariante Ableitung. Bei der Ableitung eines überall in M definierten Vektorfeldes A^i wähle man als Kurve Γ eine der Koordinatenlinien. Dann ist die absolute Ableitung (4.49) wegen $\mathrm{d}A^i/\mathrm{d}\lambda = (\partial_l A^i)\mathrm{d}x^l/\mathrm{d}\lambda$

$$\frac{\mathrm{D}A^i}{\mathrm{d}\lambda} \equiv \left(\frac{\partial A^i}{\partial x^l} + \Gamma^i_{kl}A^k\right)\frac{\mathrm{d}x^l}{\mathrm{d}\lambda} \quad . \tag{4.58}$$

Der Ausdruck in der Klammer hängt nicht von der Kurve Γ ab, sondern nur von den Vektorkomponenten und deren Ableitungen in dem betreffenden Punkt. Da die Gleichung für beliebige Tangentenvektoren $\mathrm{d}x^l/\mathrm{d}\lambda$ erfüllt ist und auf der linken Seite ein Vektor steht, sind nach dem Quotiententheorem[8] die Größen in der Klammer

$$A^i{}_{;l} := A^i{}_{,l} + \Gamma^i_{kl}A^k \tag{4.59}$$

die Komponenten eines Tensors vom Typ (1,1). Dieser Tensor wird die kovariante Ableitung des Vektorfeldes A^i genannt. Zur Unterscheidung von der gewöhnlichen Ableitung $\partial_l A^i =: A^i_{,l}$, die bei nichtlinearen Transformationen keinen Tensor ergibt, kennzeichnet man die kovariante Ableitung durch ein Semikolon vor dem betreffenden Index.

Um als nächstes die kovariante Ableitung einer Linearform (eines Kovektors) zu bestimmen, sei daran erinnert, daß skalare Größen (gemäß ihrer Definition) sich bei einer Parallelverschiebung nicht ändern, also für ein skalares Feld Φ $\delta\Phi = 0$ gilt. Die kovariante Ableitung kann dann gleich der gewöhnlichen Ableitung gesetzt werden (Index unten)

$$\Phi_{;k} = \Phi_{,l} \quad . \tag{4.60}$$

Dies erkennt man auch daran, daß der Gradient $\Phi_{,k}$ bereits ein Kovektor ist. Seien A^i die Komponenten eines Vektorfeldes, B_i (Index unten) die eines Kovektorfeldes, dann ist das Ergebnis des linearen Funktionals (A^iB_i) ein Skalar (vergl. (4.35)), und wir können (4.60) darauf anwenden. Man erhält so

$$(A^iB_i)_{;k} = A^i_{;k}B_i + A^iB_{i;k} = (A^iB_i)_{,k} = A^i_{,k}B_i + A^iB_{i,k} \quad .$$

Hierbei wurde die natürliche Forderung benutzt, daß die Produktregel (Leibnizregel) auch für die kovariante Ableitung gilt. Mit der kovarianten Ableitung von A^i (4.59) folgt (nach geeigneter Umbenennung der Summationsindizes)

$$A^iB_{i;l} = A^i(B_{i,l} - \Gamma^k_{il}B_k) \quad .$$

[8] Siehe hierzu U. E. Schröder, Spezielle Relativitätstheorie, l.c., Abschnitt 4.2.2, S. 51.

Da dies für einen beliebigen Vektor A^i gilt, erhält man für die kovariante Ableitung des Kovektorfeldes

$$B_{i;l} = B_{i,l} - \Gamma^k_{il} B_k \quad . \tag{4.61}$$

Dies ist ein Tensor vom Typ (0,2). Man beachte, daß außer dem Vorzeichenwechsel beim zweiten Term die Rolle des oberen und ersten unteren Index im Vergleich zu (4.59) vertauscht ist.
Mit diesen Ergebnissen können wir nun auch die kovarianten Ableitungen von Tensorfeldern höheren Ranges angeben. Es genügt hierbei von dem Produkt der Komponenten entsprechend vieler Vektoren und Kovektoren auszugehen, denn im Transformationsgesetz (4.38) verhält sich jeder der Tensorindizes (oben bzw. unten) wie ein Vektor- bzw. Kovektorindex.
Als Beispiel betrachten wir einen Tensor vom Typ (2,0), den wir als Produkt zweier Vektoren darstellen. Wir brauchen nur die Änderungen $\delta(A^i B^k)$ zu bestimmen. Bei Anwendung der Produktregel folgt mit (4.47)

$$\delta(A^i B^k) = -A^i \Gamma^k_{ml} B^m \mathrm{d}x^l - \Gamma^i_{ml} A^m B^k \mathrm{d}x^l \quad .$$

Aus dem oben genannten Grund gilt dies allgemein für einen Tensor T^{ik} (der nicht das Produkt zweier Vektoren ist)

$$\delta T^{ik} = -(\Gamma^k_{ml} T^{im} + \Gamma^i_{ml} T^{mk}) \mathrm{d}x^l \quad .$$

Setzt man dieses Ergebnis in

$$\mathrm{D}T^{ik} = \mathrm{d}T^{ik} - \delta T^{ik} \equiv T^{ik}_{;l} \mathrm{d}x^l$$

ein, so erhält man die kovariante Ableitung des Tensors T^{ik}

$$T^{ik}_{;l} = A^{ik}_{,l} + \Gamma^i_{ml} T^{mk} + \Gamma^k_{ml} T^{im} \quad . \tag{4.62}$$

Entsprechend findet man für die kovariante Ableitung eines Tensors vom Typ (0,2)

$$T_{ik;l} = T_{ik,l} - \Gamma^m_{il} T_{mk} - \Gamma^m_{kl} T_{im} \tag{4.63}$$

und für den gemischten Tensor vom Typ (1,1)

$$T^i_{k;l} = T^i_{k,l} + \Gamma^i_{ml} T^m_k - \Gamma^m_{kl} T^i_m \quad . \tag{4.64}$$

Für den Fall von Tensoren beliebigen Typs lassen sich diese Ergebnisse in folgender Regel zusammenfassen: Man erhält die kovariante Ableitung eines Tensors $T^{ik\ldots}_{rs\ldots}$ nach x^l, indem man zur gewöhnlichen Ableitung für jeden oberen (kontravarianten) Index bzw. jeden unteren (kovarianten) Index die aus (4.59) bzw. (4.61) zu entnehmenden Terme hinzufügt. Durch eine Formel ausgedrückt heißt das

$$\begin{aligned} T^{ik\ldots}_{rs\ldots;l} = T^{ik\ldots}_{rs\ldots,l} &+ \Gamma^i_{ml} T^{mk\ldots}_{rs\ldots} && \text{für jeden oberen Index} \\ &- \Gamma^m_{rl} T^{ik\ldots}_{ms\ldots} && \text{für jeden unteren Index} \quad . \end{aligned} \tag{4.65}$$

Beachte, daß der zur Ableitung gehörende freie Index immer als zweiter unterer Index von Γ vorkommt, während die anderen freien Indizes (im Beispiel i bzw. r) entweder oben bzw. unten stehen und über den dritten summiert wird. Das obige Ergebnis folgt unmittelbar aus der Tatsache, daß im Transformationsgesetz (4.38) jeder der Tensorindizes sich wie ein Vektor- bzw. Kovektorindex verhält.

4.5 Autoparallele Kurven

Ein in jedem Punkt einer Kurve Γ definiertes Vektorfeld A^i kann so beschaffen sein, daß benachbarte Vektoren parallel sind. Man spricht von einem parallelen Vektorfeld entlang Γ. In einem lokal geodätischen Koordinatensystem müssen dann die Komponenten von A^i konstant entlang der Kurve sein, d. h. es muß $\mathrm{d}A^i/\mathrm{d}\lambda = 0$ gelten. Die kovariante Verallgemeinerung dieser Bedingung, die unabhängig von der Koordinatenwahl gilt, lautet offenbar

$$\frac{\mathrm{D}A^i}{\mathrm{d}\lambda} = 0 \quad . \tag{4.66}$$

Im Fall paralleler Vektorfelder ist also die absolute Ableitung gleich Null, bzw. es ist $\mathrm{D}A^i = 0$. Dies bedeutet auch, daß die eigentliche Änderung der Komponenten A^i durch die Änderung beim Paralleltransport δA^i gerade kompensiert wird, $\mathrm{D}A^i = \mathrm{d}A^i - \delta A^i = 0$. Mit der Definition der absoluten Ableitung (4.49) lautet die Bedingung (4.66)

$$\frac{\mathrm{d}A^i}{\mathrm{d}\lambda} + \Gamma^i_{kl} A^k \frac{\mathrm{d}x^l}{\mathrm{d}\lambda} = 0 \quad . \tag{4.67}$$

Dies ist ein lineares System von Differentialgleichungen erster Ordnung für die n Funktionen $A^i(\lambda)$. Gibt man die Anfangswerte von A^i in einem Punkt λ_0 auf Γ vor, dann können die Komponenten des entlang Γ parallelen Vektorfeldes als Lösung von (4.67) bestimmt werden. Die Verallgemeinerung der Bedingung (4.66) auf den Fall höherer Tensoren ist klar. Ein Tensorfeld ist parallel längs der Kurve Γ dann, wenn

$$\frac{\mathrm{D}T^{ik\ldots}_{mn\ldots}}{\mathrm{d}\lambda} = 0 \tag{4.68}$$

längs Γ gilt. Bei vorhandener Krümmung ist die Parallelverschiebung entlang einer Kurve vom Weg abhängig. Wir werden im nächsten Abschnitt darauf näher eingehen.

Mit Hilfe der Bedingung für parallele Vektoren können wir eine für die späteren Anwendungen besonders wichtige Klasse von Kurven definieren, die „autoparallele Kurven“ genannt werden. Die Autoparallele in einer Mannigfaltigkeit ist die Verallgemeinerung der Geraden im euklidischen Raum. Man definiert gewöhnlich die Gerade als kürzeste Verbindung zwischen zwei Punkten. Da im affinen Raum (ohne Metrik) keine Abstände definiert sind, muß man von einer anderen Eigenschaft der Geraden ausgehen. Die Gerade ist eine Linie, die ihre Richtung

beibehält. Mit anderen Worten die Gerade im euklidischen Raum ist die einzige Kurve, deren eigener Tangentenvektor längs der Kurve parallel transportiert wird, also ein paralleles Vektorfeld darstellt.
Diese Eigenschaft verallgemeinernd, definiert man in einer affinen Mannigfaltigkeit ebenfalls Kurven, die so gerade wie möglich sind, durch die Forderung, daß Tangentenvektoren an die Kurve ein paralleles Vektorfeld entlang der Kurve bilden. Wir identifizieren daher A^i in (4.67) mit dem Tangentenvektor $v^i = \mathrm{d}x^i/\mathrm{d}\lambda$ und erhalten die Gleichung

$$\frac{\mathrm{d}^2x^i}{\mathrm{d}\lambda^2} + \Gamma^i_{kl}\frac{\mathrm{d}x^k}{\mathrm{d}\lambda}\frac{\mathrm{d}x^l}{\mathrm{d}\lambda} = 0 \quad , \tag{4.69}$$

durch die eine „affin parametrisierte Autoparallele“ definiert ist. Wir erwähnen schon jetzt, daß nach Einführung einer Metrik diese Gleichung der „geradesten“ Verbindungslinie zwischen zwei Punkten in die für die kürzeste, die Geodäte, übergeht.
In einer anderen Parameterdarstellung der Kurve, die man durch $\mu = f(\lambda)$ einführen kann, wird aus der Gleichung (4.69) (man rechne dies als Übung nach)

$$\frac{\mathrm{d}^2x^i}{\mathrm{d}\mu^2} + \Gamma^i_{kl}\frac{\mathrm{d}x^k}{\mathrm{d}\mu}\frac{\mathrm{d}x^l}{\mathrm{d}\mu} = \mathrm{h}(\mu)\frac{\mathrm{d}x^i}{\mathrm{d}\mu} \quad , \tag{4.70a}$$

mit

$$\mathrm{h}(\mu) = -\frac{\mathrm{d}^2\mu}{\mathrm{d}\lambda^2}\Big/\left(\frac{\mathrm{d}\mu}{\mathrm{d}\lambda}\right)^2 \quad . \tag{4.70b}$$

Diese Gleichung definiert eine beliebig parametrisierte Autoparallele. Bei geeigneter Wahl der Funktion $\mathrm{h}(\mu)$ läßt sich die Parametrisierung so ändern, daß die einfachere Form der affin parametrisierten Autoparallelen resultiert. Zu beachten ist dabei die aus der Definition folgende Differentialgleichung

$$\frac{\mathrm{d}^2\mu}{\mathrm{d}\lambda^2} + \mathrm{h}(\mu)\left(\frac{\mathrm{d}\mu}{\mathrm{d}\lambda}\right)^2 = 0 \quad . \tag{4.71}$$

Nach (4.70) ist der neue Parameter μ dann ebenfalls affin, wenn $\mathrm{h}(\mu) = 0$, d. h.

$$\frac{\mathrm{d}^2\mu}{\mathrm{d}\lambda^2} = 0 \tag{4.72}$$

gilt. Diese Bedingung wird mit $\mu = a\lambda + b$ erfüllt, wobei a, b Konstanten sind. Die Beziehung zwischen zwei affinen Parametern ist demnach stets linear, sie sind affin verknüpft.

4.6 Der Krümmungstensor

Wie wir in diesem Abschnitt sehen werden, hängt die Wegabhängigkeit der Parallelverschiebung mit einem besonders wichtigen Begriff der affinen Geometrie

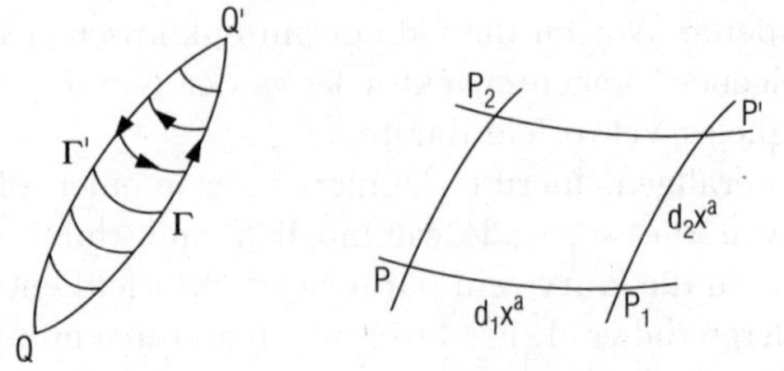

Figur 5: Bei vorhandener Krümmung hängt der Paralleltransport eines Vektors vom Weg ab

zusammen, dem Riemannschen Krümmungstensor. Im allgemeinen wird das Ergebnis der Parallelverschiebung zwischen zwei Punkten P und Q von der Wahl der die Punkte verbindenden Kurve abhängen. Im flachen Raum ist die Parallelverschiebung eines Vektors vom Weg unabhängig.

Zur Diskussion des allgemeinen Falles soll ein Vektor A^i entlang verschiedener Kurven Γ und Γ' von Q nach Q' parallel transportiert werden. Hierbei genügt es, ein infinitesimales „Parallelogramm" (als Ausschnitt s. Fig. 5) zu betrachten. Der erste Weg führe mit d_1x^a von P nach P_1 und mit d_2x^a von P_1 nach P', der zweite bei umgekehrter Reihenfolge der Koordinatenänderungen von P über P_2 nach P'.

Die infinitesimale Parallelverschiebung des Vektors A^i von P nach P_1 ergibt gemäß (4.47) den Vektor

$$A^i + \delta_1 A^i = A^i - \Gamma^i_{kl}(P) A^k \mathrm{d}_1 x^l \quad .$$

Die weitere Übertragung dieses Vektors bei P_1 von P_1 nach P' ist dann

$$A^i + \delta_1 A^i - \Gamma^i_{nm}(P_1)\Big[A^n + \delta_1 A^n\Big]\mathrm{d}_2 x^m \quad .$$

Mit der Taylorentwicklung um den Punkt P

$$\Gamma^i_{nm}(P_1) \cong \Gamma^i_{nm}(P) + \partial_l \Gamma^i_{nm}(P)\mathrm{d}_1 x^l$$

folgt

$$A^i + \delta_1 A^i + \delta_2 A^i \Gamma^i_{nm}\Gamma^n_{kl} A^k \mathrm{d}_1 x^l \mathrm{d}_2 x^m - \partial_l \Gamma^i_{nm} A^n \mathrm{d}_1 x^l \mathrm{d}_2 x^m + \mathcal{O}\left((\mathrm{d}x)^3\right) \quad ,$$

wobei Terme dritter und höherer Ordnungen in den infinitesimalen Verschiebungen vernachlässigt wurden. Alle Koeffizienten Γ^i_{kl} werden im Punkt P berechnet. Der Paralleltransport über P_2 ergibt einen analogen Ausdruck in dem nur $\mathrm{d}_1 x^l$ und $\mathrm{d}_2 x^m$ vertauscht sind. Subtrahiert man diesen von dem ersten oben angeführten Ausdruck, dann folgt nach geeigneter Umbenennung des Summationsindizes

$$\Delta A^i = \mathrm{R}^i_{klm} A^l \mathrm{d}_1 x^m d_2 x^l \quad . \tag{4.73}$$

Die Größe ΔA^i ist die Änderung des Vektors A^i beim Paralleltransport längs des geschlossenen Weges $PP_1P'P_2P$. Das Ergebnis des wegabhängigen Paralleltransports ist durch den Riemannschen Krümmungstensor

$$\mathrm{R}^i_{klm} = \partial_l \Gamma^i_{km} - \partial_m \Gamma^i_{kl} + \Gamma^i_{nl}\Gamma^n_{km} - \Gamma^i_{nm}\Gamma^n_{kl} \tag{4.74}$$

bestimmt. Damit haben wir gezeigt, daß bei $\mathrm{R}^i_{klm} \neq 0$ nacheinander ausgeführte Parallelverschiebungen nicht vertauschen. Nun sind die kovarianten Ableitungen gerade mit Hilfe des Paralleltransports definiert. Daher überrascht es nicht, daß die kovarianten Ableitungen ebenfalls nicht vertauschbar sind. Das ist leicht nachzuprüfen. In der Differenz der vertauschten kovarianten Ableitungen eines Kovektors A_k (4.59)[9] bleiben nur Terme proportional zu A_a stehen, sodaß A_a ausgeklammert werden kann. Die Terme in der Klammer ergeben gerade den Krümmungstensor (4.74). Man erhält demnach

$$A_{k;l;m} - A_{k;m;l} = \mathrm{R}^a_{klm} A_a \quad . \tag{4.75}$$

Diese Gleichung wird „Ricci-Identität" genannt. Da sie als Tensorgleichung mit einem beliebigen Kovektor A_a gilt, folgt nach dem Quotiententheorem, daß R^i_{klm} ein Tensor vom Typ (1,3) ist. Die kovarianten Ableitungen sind also nur dann vertauschbar, wenn der Krümmungstensor verschwindet.
Den Zusammenhang des Riemannschen Tensors mit der Krümmung eines Raumes kann man aufgrund der Relation (4.73) verstehen. In einem flachen Raum hängt das Ergebnis der Parallelverschiebung nicht vom gewählten Weg ab. Demnach ist die Wegabhängigkeit ein Anzeichen für Krümmung. Im flachen Raum ist notwendigerweise $\mathrm{R}^i_{klm} = 0$. Man kann auch die Umkehrung zeigen. Wenn der Krümmungstensor verschwindet, dann ist der Raum flach. Zum Beweis genügt die folgende einfache Überlegung. In einem Punkt P gehe man zu dem geodätischen Koordinatensystem über und führe dort kartesische Koordinaten ein. Durch parallelen Transport der in die Koordinatenrichtungen weisenden Vektoren kann nun ein kartesisches Koordinatensystem im ganzen Raum konstruiert werden, wie es nur in einem flachen Raum möglich ist. Wegen $\mathrm{R}^i_{klm} = 0$ ist das Ergebnis vom Weg unabhängig und damit eindeutig.
Kurz zusammengefaßt ergeben sich folgende völlig gleichwertige Aussagen: Der Krümmungstensor verschwindet genau dann, wenn der Raum flach ist, oder die Parallelverschiebung von Vektoren nicht vom Weg abhängt, oder die kovarianten Ableitungen vertauschbar sind. Bei vorhandener Krümmung ist der Krümmungstensor von Null verschieden.

4.7 Torsion

Bei der Herleitung der Ricci-Identität (4.75) haben wir die Symmetrie der Übertragungskoeffizienten (4.53) benutzt. Sind diese jedoch nicht symmetrisch, dann erhält man auf der rechten Seite der Gleichung (4.75) den zusätzlichen Beitrag $S^a_{ml} A_{k;a}$ mit dem in (4.52) definierten Torsionstensor S^a_{ml}. Da die Torsion allein von der Konnektion Γ^i_{kl} abhängt, ist sie ein von der Metrik unabhängiges Konzept. Die rein affine Eigenschaft der Torsion kann geometrisch veranschaulicht werden. Dazu sei an das aus den infinitesimalen Vektoren $\mathrm{d}_1 x^a$ und $\mathrm{d}_2 x^a$ gebildete Parallelogramm in Figur 5 erinnert. Um von P nach P' zu gelangen kann man den Weg im Uhrzeigersinn (PP_2P') oder entgegengesetzt dazu (PP_1P') wählen.

[9] Man beachte, daß $A_{k;l}$ ein Tensor vom Typ (0,2) ist.

In einem Raum ohne Torsion gelangt man auf beiden Wegen zu ein und demselben Punkt P', wie in der Figur 5. Bei nicht verschwindender Torsion hängt die Lage des Endpunktes von dem eingeschlagenen Drehsinn ab. Um dies zu sehen, transportiere man den Vektor d_1x^k parallel längs d_2x^a, den Vektor d_2x^k parallel längs d_1x^a. Beim Versuch das infinitesimale Parallelogramm zu konstruieren stellt man fest, daß die verschiedenen Wege nicht zu demselben Punkt führen. Die beiden Endpunkte differieren um

$$\Delta^i = S^i_{kl}\mathrm{d}_1x^k\mathrm{d}_2x^l \quad , \tag{4.76}$$

wobei S^i_{kl} wieder der Torsionstensor ist. Nur bei verschwindender Torsion läßt sich das Parallelogramm schließen.
Die Einbeziehung der Torsion in die Riemannsche Geometrie und die entsprechende Erweiterung der Einsteinschen Theorie geht auf Élie Cartan (1869–1951) zurück. Nach heutiger Auffassung gibt es gute Gründe die Torsion mit dem Spin von Materiefeldern (z. B. des Dirac-Feldes) in Verbindung zu bringen. Das wird durch folgende Überlegung verständlich. Verbindet man mit der Torsion wie mit der Gravitation das Feld einer fundamentalen Wechselwirkung, dann sollte eine Quelle dafür vorhanden sein, analog zur Masse in der Gravitationstheorie, oder zur elektrischen Ladung in der Elektrodynamik. Da dem Torsionsfeld ein Drehsinn eigen ist, müßte dieser auf die entsprechende Quelle zurückzuführen sein. Ein solcher Drehsinn, der bei Elementarteilchen außer den Eigenschaften wie Masse und Ladung vorkommt, ist offensichtlich der Spin. Im Makroskopischen wird die Allgemeine Relativitätstheorie nach wie vor als die geeignete Theorie der Raum-Zeit und Gravitation angesehen. Doch auf mikroskopischer Ebene, d. h. im Bereich der Compton-Wellenlänge der Elementarteilchen, sollte die Torsion in Verknüpfung mit dem Spin zur Vervollständigung der Theorie berücksichtigt werden. Der Grund für diese Vermutung wird insbesondere in einer Formulierung der Gravitation als lokale Eichtheorie deutlich, wobei man von der Poincaré-Gruppe als der zugrundeliegenden Symmetriegruppe ausgeht.[10] Diese Gruppe besitzt zwei Casimir-Invarianten, Masse und Spin. Da der Masse eine so fundamentale Rolle in der Gravitationstheorie zukommt ist nicht einzusehen, daß der Spin ungenutzt ohne Bedeutung bleiben sollte. Es liegt daher nahe, den Spin als Quelle der Torsion zu berücksichtigen. Dies führt auf mikroskopischer Ebene zu einer Erweiterung der Einsteinschen Gravitationstheorie. Bisher gibt es keinen experimentellen Hinweis auf die Existenz einer Torsion der Raum-Zeit. Man weiß somit im Grunde auch nicht, ob die Torsion das Potential eines Feldes ist, oder das von einem Potential abgeleitete Feld darstellt. So gibt es mehrere verschiedene, von der Vorstellung eines Spinfeldes auch abweichende Versuche, die richtige physikalische Interpretation für die Torsion der Raum-Zeit zu finden.[11] Die Diskussionen hierüber und über die Möglichkeiten den Effekt der Torsion experimentell nachweisen zu können halten weiterhin an.

---

[10] Dieser Zugang ist in den letzten Jahren ausführlich untersucht worden. Siehe hierzu die zusammenfassenden Artikel von F. W. Hehl, Found. Phys. **15**, 451 (1985) und F. Gronwald und F. W. Hehl, in: P. G. Bergmann et al. (Eds.), Proc. of the 14th Course of the School of Cosmology and Gravitation on Quantum Gravity, Erice 1995, World Scientific Publ., Singapore 1996.

[11] Näheres dazu und weitere Literaturangaben findet man in dem Übersichtsartikel von R. T. Hammond, Contemp. Physics **36**, 103 (1995).

5 Der Riemannsche Raum

Bei der Betrachtung der affinen Mannigfaltigkeiten kamen wir bisher ohne Maßbestimmung aus, die aber für physikalische Aussagen unentbehrlich ist. Als zusätzliche Struktur ist demnach eine Metrik erforderlich, die durch das metrische Tensorfeld eingeführt werden kann.
Zunächst sei an die Ausführungen in Kapitel 3 erinnert. Dort haben wir den bekannten metrischen Tensor im Minkowski-Raum (3.17) für den Fall allgemeiner krummliniger Koordinaten verallgemeinert (3.20). Danach lautet das invariante Linienelement in den allgemeinen Koordinaten $(i, k = 1, \ldots, n)$

$$\mathrm{d}s^2 \equiv g_{ik}(x)\mathrm{d}x^i\mathrm{d}x^k \quad . \tag{5.1}$$

Den so definierten Abstand ds zwischen zwei infinitesimal benachbarten Punkten mit den Koordinaten x^i und $x^i + \mathrm{d}x^i$ kann man als Verallgemeinerung des Pythagoreischen Lehrsatzes auffassen. Der metrische Tensor g_{ik} ist vom Typ (0,2) und symmetrisch bei Vertauschung der Indizes.
Nach dieser Vorbemerkung führen wir die metrische Struktur mit folgender Definition in vollständiger Form ein:

> Eine affine Mannigfaltigkeit M^n heißt Riemannscher Raum genau dann, wenn auf jedem der Tangentialräume T_P ein metrischer Tensor von Typ (0,2) existiert, der es gestattet, in jedem Tangentialraum die Länge von Vektoren zu definieren. Dieses metrische Tensorfeld $g_{ik}(x)$ ist genügend oft differenzierbar, symmetrisch und nichtsingulär (d. h. $\det(g_{ik}) \neq 0$).

Der metrische Tensor erlaubt zunächst die Definition der Länge $|\mathbf{A}|$ (des Betrages) eines Vektors

$$|\mathbf{A}|^2 = g_{ik}(x)A^iA^k \quad . \tag{5.2}$$

Außerdem ermöglicht er die Bildung eines skalaren Produktes und damit die Bestimmung des Winkels θ zwischen zwei Vektoren

$$\mathbf{g}(\mathbf{AB}) = g_{ik}A^iB^k = |\mathbf{A}||\mathbf{B}|\cos\theta \quad . \tag{5.3}$$

Da g_{ik} ein Tensor ist, sind Länge und Winkel skalare Größen. Mit Hilfe des Integrals über die Bogenlänge ds kann der Abstand zwischen zwei Punkten P and Q in einer Koordinatenumgebung als Länge einer sie verbindenden Kurve $x^i(\lambda)$ definiert werden

$$s(P,Q) = \int\limits_P^Q \frac{\mathrm{d}s}{\mathrm{d}\lambda}\mathrm{d}\lambda = \int\limits_P^Q \left(g_{ik}\frac{\mathrm{d}x^i}{\mathrm{d}\lambda}\frac{\mathrm{d}x^k}{\mathrm{d}\lambda}\right)^{1/2}\mathrm{d}\lambda \quad . \tag{5.4}$$

Dem metrischen Tensor kommt aber noch eine weitere wichtige Rolle dadurch zu, daß er Vektoren auf Linearformen in eineindeutiger Weise abbildet. In (5.3) haben wir auch die koordinatenunabhängige Schreibweise benutzt, wonach $\mathbf{g}$ eine symmetrische Bilinearform auf $T_P \times T_P$ darstellt. Bei festem Vektor $\mathbf{A}$ ist $\mathbf{g}(\mathbf{A}, \dots)$ ein lineares Funktional auf T_P, d. h. jedem Vektor $\mathbf{A}$ wird dadurch eindeutig der Kovektor

$$\tilde{\mathbf{A}} = \mathbf{g}(\mathbf{A}, \dots) \tag{5.5}$$

zugeordnet.[1] Die durch $\mathbf{g}$ vermittelte Abbildung ist nichtsingulär ($\det(g_{ik}) \neq 0$) und daher umkehrbar eindeutig. Die inverse Abbildung induziert einen Tensor $\mathbf{g}^*$ vom Typ (2,0) auf $T_P^* \times T_P^*$, so daß jedem Kovektor $\tilde{\mathbf{B}}$ ein Vektor

$$\mathbf{B} = \mathbf{g}^*(\dots, \tilde{\mathbf{B}}) \tag{5.6}$$

zugeordnet wird. Diese basisunabhängige Zuordnungsvorschrift zwischen Vektoren und Kovektoren beschreibt in abstrakter Form das von der Tensorrechnung im Minkowski-Raum her bekannte Herauf- bzw. Herunterziehen der Indizes. Um dies zu sehen, betrachtet man die Komponenten des Kovektors $\tilde{\mathbf{A}}$. Nach (4.25) lautet dann die Gleichung (5.5)

$$A_i = \tilde{\mathbf{A}}(\mathbf{e}_i) = \mathbf{g}(\mathbf{A}, \mathbf{e}_i) = \mathbf{g}(A^k \mathbf{e}_k, \mathbf{e}_i) = \mathbf{g}(\mathbf{e}_k, \mathbf{e}_i) A^k \quad .$$

Der Übergang von den Komponenten des Vektors (kontravarianter Index) zu denen des Kovektors (kovarianter Index) erfolgt demnach mit Hilfe des metrischen Tensors $g_{ki} := \mathbf{g}(\mathbf{e}_k, \mathbf{e}_i) = g_{ik}$ in folgender Weise

$$A_i = g_{ik} A^k \quad . \tag{5.7}$$

Im Fall der inversen Abbildung (5.6) erhält man entsprechend für die Vektorkomponenten A^k (vergl. (4.22))

$$A^k = \mathbf{e}^k(\mathbf{A}) = \mathbf{g}^*(\mathbf{e}^k, A_l \mathbf{e}^l) = \mathbf{g}^*(\mathbf{e}^k, \mathbf{e}^l) A_l$$

und mit der Bezeichnung $g^{kl} := \mathbf{g}^*(\mathbf{e}^k, \mathbf{e}^l) = g^{lk}$

$$A^k = g^{kl} A_l \quad . \tag{5.8}$$

Wendet man hierauf g_{ik} an, dann müssen wieder die Komponenten des Kovektors resultieren

$$A_i = g_{ik} A^k = g_{ik} g^{kl} A_l \quad .$$

Diese Bedingung wird durch

$$g_{ik} g^{kl} = \delta_i^l \tag{5.9}$$

erfüllt. Die Matrix (g^{ik}) ist also die zu (g_{ik}) inverse Matrix. Mit Hilfe des metrischen Tensors ist es möglich, Vektoren und Linearformen praktisch als verschiedene Versionen eines einzigen Objektes zu betrachten, die dann einfach als

[1] Den zugehörigen Kovektor bezeichnen wir mit dem gleichen Buchstaben, der aber im Unterschied zum Vektor mit einer Tilde versehen ist.

kontravariante (A^i) und kovariante Komponenten (A_i) eines Vektors bezeichnet werden. In der euklidischen Geometrie ist dieser Unterschied nicht festzustellen, solange man kartesische Koordinaten benutzt, denn der metrische Tensor ist in diesem Fall gerade die Einheitsmatrix.[2]
Das Herauf- bzw. Herunterziehen der Indizes erfolgt bei Tensoren höherer Stufe in gleicher Weise wie bei Vektoren durch Überschiebung mit dem metrischen Tensor.

5.1 Metrischer Zusammenhang

Beschränkt man sich auf die allgemeine Struktur einer affinen Mannigfaltigkeit, dann sind durchaus verschiedene verallgemeinerte Ableitungen (d. h. Übertragungsfunktionen) möglich und keine ist vor der anderen ausgezeichnet. Führt man jedoch zusätzlich eine Metrik ein, dann bedeutet dies eine erhebliche Einschränkung, die mit einer beliebigen Übertragung nicht verträglich ist. Man darf daher einen Zusammenhang zwischen dem metrischen Tensor und den Übertragungskoeffizienten erwarten.
Der Ausdruck für die Maßbestimmung (5.1) wurde als Verallgemeinerung des elementaren physikalischen Begriffs der Länge eingeführt. Anknüpfend an das in (5.2) definierte innere Produkt kann man eine natürliche Bedingung hinsichtlich des parallelen Transports stellen, durch die eine mit der Metrik verträgliche Übertragung in eindeutiger Weise ausgewählt wird. Es sei zunächst an die Situation im dreidimensionalen euklidischen Raum erinnert. Werden dort zwei in einem Punkt definierte Vektoren bei konstanter Länge und Richtung entlang einer Kurve verschoben, dann bleiben sie parallel zur Ausgangslage und ihr inneres Produkt ist entlang der Kurve konstant.
Es liegt nun nahe, im allgemeinen Fall die folgende natürliche Forderung zu stellen. Werden zwei Vektoren A^i und B^i entlang einer beliebigen Kurve parallel transportiert, dann bleibt das mit der eingeführten Metrik gebildete innere Produkt (5.3) ungeändert, d. h. es gilt

$$\frac{\mathrm{d}}{\mathrm{d}\lambda}\left(g_{ik}A^iB^k\right) = 0 \quad .$$

Die gewöhnliche Ableitung einer skalaren Größe ist aber gleich der absoluten und daher muß auch gelten

$$\frac{\mathrm{D}}{\mathrm{d}\lambda}\left(g_{ik}A^iB^k\right) = 0 \quad . \tag{5.10}$$

Da die Vektoren A^i und B^k parallel transportiert werden, sind ihre absoluten Ableitungen gleich Null (4.66), und es folgt aus (5.10)

$$\frac{\mathrm{D}}{\mathrm{d}\lambda}g_{ik} = 0 \quad \text{bzw.} \quad g_{ik;l} = 0 \quad . \tag{5.11}$$

[2] Der Einfachheit halber übernehmen wir die vielbenutzte Sprechweise und bezeichnen künftig Vektoren (allg. Tensoren) durch ihre kontravarianten bzw. kovarianten Komponenten.

Der Tensor g_{ik} verhält sich demnach bei der kovarianten Ableitung wie eine Konstante. Wir können nun zeigen, daß durch diese Bedingung der lineare Zusammenhang und damit die kovariante Ableitung eindeutig durch den metrischen Tensor bestimmt ist.
Zunächst ist (5.11) gleichbedeutend mit

$$\partial_l g_{ik} - \Gamma^m_{il} g_{mk} - \Gamma^m_{kl} g_{im} = 0 \quad . \tag{5.12}$$

Bildet man auch die entsprechenden Ausdrücke mit zyklisch vertauschten Indizes $-\partial_i g_{kl} + \cdots = 0$, sowie $\partial_k g_{li} - \cdots = 0$ und addiert diese zu (5.12), dann folgt mit der Symmetrieeigenschaft von Γ^i_{kl} und der Definition $\Gamma_{i(kl)} = g_{im}\Gamma^m_{kl}$

$$\Gamma_{i(kl)} = \frac{1}{2}(\partial_l g_{ik} + \partial_k g_{li} - \partial_i g_{kl}) \quad , \tag{5.13}$$

oder, indem man den ersten Index heraufzieht,

$$\Gamma^i_{kl} = \frac{1}{2} g^{im}(\partial_l g_{mk} + \partial_k g_{ml} - \partial_m g_{kl}) \quad . \tag{5.14}$$

Dies sind die sogenannten „Christoffel-Symbole" (2. Art). Im Unterschied dazu nennt man die Größen in (5.13) auch „Christoffel-Symbole" 1. Art.
Umgekehrt ist aus diesem Ergebnis, insbesondere aus (5.12) zu ersehen, daß bei der Wahl eines lokalgeodätischen Koordinatensystems mit $\Gamma^i_{kl} = 0$ die ersten Ableitungen des metrischen Tensors in dem betreffenden Punkt gleich Null sind. Da g_{ik} ein Tensor ist, muß dies in allen Koordinatensystemen gelten, also $g_{ik;l} = 0$ sein. Dies impliziert die vorhin gestellte Forderung hinsichtlich des inneren Produktes. Wir können damit unser Ergebnis in folgender Aussage zusammenfassen: Ein affiner Zusammenhang auf einer Riemannschen Mannigfaltigkeit heißt Riemannscher Zusammenhang oder „kompatibel" mit der Metrik genau dann, wenn er symmetrisch ist und die kovariante Ableitung des metrischen Tensors gleich Null ist, d. h. $g_{ik;l} = 0$ gilt. Die Koeffizienten des Riemannschen Zusammenhanges Γ^i_{kl} sind dann durch die in (5.14) definierten Christoffel-Symbole gegeben.
In der Allgemeinen Relativitätstheorie ist der metrische Tensor, wie wir früher erwähnt haben, vermöge der Einsteinschen Feldgleichungen durch die Quellen der Gravitation bestimmt. Bei bekannten g_{ik} können die Christoffel-Symbole nach (5.14) und damit alle kovarianten Ableitungen berechnet werden. Einige besonders wichtige wollen wir in einer für die Anwendung geeigneten kompakten Form angeben.

Nützliche Relationen

Zunächst können die kontrahierten Christoffel-Symbole Γ^i_{ki} auf eine zweckmäßigere Form gebracht werden. Da g^{im} symmetrisch ist, heben sich bei der Bildung von Γ^i_{ki} der erste und der letzte Summand in (5.14) heraus und es bleibt

$$\Gamma^i_{ki} = \frac{1}{2} g^{im} \partial_k g_{im} \quad .$$

Die Elemente der zu g_{im} inversen Matrix g^{im} werden nach der bekannten Regel berechnet

$$g^{im} = \frac{\Delta^{im}}{g} \quad , \tag{5.15}$$

wobei Δ^{im} der Kofaktor (das algebraische Komplement) des Elementes g_{im} der Determinante $g = \det(g_{im})$ ist. Der Kofaktor kommt auch in der Entwicklung von g nach einer bestimmten Zeile (hier der i-ten) vor (Summe nur über m)

$$g = \sum_{m=1}^{n} g_{im} \Delta^{im} \quad .$$

Hieraus folgt

$$\frac{\partial g}{\partial g_{im}} = \Delta^{im}$$

denn die Unterdeterminante Δ^{im} ist gerade so definiert, daß sie das Element g_{im} nicht enthält und folglich die Ableitung danach verschwindet. Man ersetzt Δ^{im} in (5.15) durch die Ableitung und erhält

$$g^{im} = \frac{1}{g} \frac{\partial g}{\partial g_{im}} \quad . \tag{5.16}$$

Damit folgt schließlich das Ergebnis

$$\Gamma^i_{ki} = \frac{1}{2g} \frac{\partial g}{\partial x^k} = \left(\ln \sqrt{\pm g}\right)_{,k} \quad . \tag{5.17}$$

Das Vorzeichen ist so zu wählen, daß die Wurzel reell wird. Da in der Relativitätstheorie die Determinante von g_{ik} negativ ist, berücksichtigen wir von nun an das Vorzeichen und benutzen als Definition $g = -\det(g_{ik}) > 0$.
Auf ähnliche Weise findet man (Aufgabe 13)

$$g^{kl} \Gamma^i_{kl} = -\frac{1}{\sqrt{g}} \left(\sqrt{g} g^{ik}\right)_{,k} \quad . \tag{5.18}$$

Durch Differenzieren der Gleichung $g_{ik} g^{kl} = \delta^l_i$ folgt die nützliche Relation

$$g_{ik} \left(g^{kl}\right)_{,m} = -g^{kl} \left(g_{ik}\right)_{,m} \quad . \tag{5.19}$$

Der bekannte Begriff der Divergenz eines Vektorfeldes im euklidischen Raum erfährt durch die kovariante Ableitung die entsprechende Verallgemeinerung. So lautet die (kovariante) Divergenz eines kontravarianten Feldes

$$A^i_{;i} = A^i_{,i} + \Gamma^i_{li} A^l \quad .$$

Mit Hilfe von (5.17) schreibt man dafür

$$A^i_{;i} = A^i_{,i} + A^l (\ln g)_{,l}$$

und schließlich in noch kompakterer Form

$$A^i_{;i} = \frac{1}{\sqrt{g}} \left(\sqrt{g} A^i\right)_{,i} \quad . \tag{5.20}$$

Für die Divergenz des antisymmetrischen Tensors $A^{ik} = -A^{ki}$ erhält man einen entsprechenden Ausdruck

$$A^{ik}_{;k} = \frac{1}{\sqrt{g}} \left(\sqrt{g} A^{ik}\right)_{,k} \quad . \tag{5.21}$$

Eine erste Anwendung findet (5.20), wenn man die Divergenz des Gradienten eines skalaren Feldes Φ, also den Laplace-Operator in allgemeinen Koordinaten bildet. Die kovariante Ableitung eines Skalars ist gleich der gewöhnlichen. Nach Heraufziehen des Index beim Gradienten

$$\Phi^{;i} = g^{ik} \Phi_{,k}$$

folgt mit (5.20) dessen Divergenz

$$\Phi^{;i}_{;i} = \frac{1}{\sqrt{g}} \left(\sqrt{g} g^{ik} \Phi_{,k}\right)_{,i} \quad . \tag{5.22}$$

Die Formel (5.20) ist ferner bei der Formulierung des verallgemeinerten Integralsatzes von Gauß wichtig. Zunächst ermitteln wir das invariante Volumenelement. Beim Wechsel der Koordinaten wird das Volumenelement $\mathrm{d}^n x = \mathrm{d}x^1 \ldots \mathrm{d}x^n$ gemäß

$$\mathrm{d}^n x = \left|\frac{\partial x}{\partial x'}\right| \mathrm{d}^n x' \tag{5.23}$$

transformiert, wobei $|\partial x / \partial x'|$ die zur Transformationsmatrix $\partial x^i / \partial x^{k'}$ gehörende Jacobische Determinante bezeichnet. Diese kommt auch vor, wenn man in dem Transformationsgesetz für den metrischen Tensor

$$g_{i'k'} = \frac{\partial x^l}{\partial x^{i'}} \frac{\partial x^m}{\partial x^{k'}} g_{lm}$$

zu den Determinanten übergeht. Man erhält so

$$\sqrt{g'} = \left|\frac{\partial x}{\partial x'}\right| \sqrt{g} \quad .$$

Damit kann die Gleichung (5.23) in der Form geschrieben werden

$$\sqrt{g}\, \mathrm{d}^n x = \sqrt{g'}\, \mathrm{d}^n x' \quad . \tag{5.24}$$

Dies ist eine skalare Relation, denn das Volumenelement $\sqrt{g}\mathrm{d}^n x$ bleibt invariant. Das damit gebildete Integral über ein skalares Feld Φ

$$\int \sqrt{g}\, \mathrm{d}^n x\, \Phi(x)$$

ist dann als Summe von skalaren Größen wieder ein Skalar und somit von der Wahl der Koordinaten unabhängig. Insbesondere können wir nun mit dem Ausdruck für die Divergenz eines Vektors (5.20) den verallgemeinerten Integralsatz von Gauß in folgender Form angeben

$$\int \sqrt{g}\mathrm{d}^n x\, A^i_{;i} = \int \mathrm{d}^n x\, (\sqrt{g}A^i)_{,i} = \oint \mathrm{d}f_i \sqrt{g}A^i \quad . \tag{5.25}$$

5.2 Der Riemannsche Krümmungstensor

Auch der Krümmungstensor kann im Riemannschen Raum durch die Christoffel-Symbole und damit durch die Ableitungen des metrischen Tensors ausgedrückt werden. Wir führen die Überlegungen (ohne ausführliche Rechnungen) hierzu in zwei Schritten durch. Man geht zweckmäßig von den kovarianten Komponenten des Krümmungstensors (4.74) aus

$$\mathrm{R}_{iklm} = g_{ia}\mathrm{R}^a_{klm} \quad . \tag{5.26}$$

In lokalgeodätischen Koordinaten verschwinden die Γ^i_{kl}, nicht aber deren Ableitungen, und man erhält zunächst aus (4.74)

$$\mathrm{R}_{iklm} = g_{ia}\,(\partial_l \Gamma^a_{km} - \partial_m \Gamma^a_{kl}) \quad . \tag{5.27}$$

Bildet man die Ableitungen der in (5.14) definierten Γ^i_{kl}, so folgt nach einer kurzen Rechnung (beachte hier $\partial_l g^{im} = 0$)

$$\mathrm{R}^{\text{lok.geod.}}_{iklm} = \frac{1}{2}\,(\partial_k\partial_l g_{im} + \partial_i\partial_m g_{kl} - \partial_k\partial_m g_{il} - \partial_i\partial_l g_{km}) \quad . \tag{5.28}$$

Bei vorhandener Krümmung verschwinden im lokalgeodätischen Koordinatensystem zwar die ersten, nicht aber die zweiten Ableitungen des metrischen Tensors. In der Allgemeinen Relativitätstheorie können daher die g_{ik} als „Gravitationspotentiale" angesehen werden und es ist zu erwarten, daß ihre zweiten Ableitungen in den Feldgleichungen vorkommen.

Der Vollständigkeit halber geben wir zweitens den Ausdruck für den Krümmungstensor an, der nicht wie vorhin auf lokalgeodätischen Koordinaten beschränkt ist. Bei der Herleitung benutzt man (5.12) sowie (5.19) und erhält nach etwas längerer Rechnung den früheren Ausdruck (5.28) und einen zusätzlichen Term

$$\mathrm{R}_{iklm} = \mathrm{R}^{\text{lok.geod.}}_{iklm} + g_{ab}\left(\Gamma^a_{kl}\Gamma^b_{im} - \Gamma^a_{km}\Gamma^b_{il}\right) \quad . \tag{5.29}$$

Die wesentlichen algebraischen Eigenschaften des Krümmungstensors können bereits aus (5.28) abgelesen werden, die wegen der Tensoreigenschaft von R_{iklm} allgemein gelten.

Der Tensor ist antisymmetrisch bei Vertauschung der ersten und zweiten bzw. dritten und vierten Indizes

$$\mathrm{R}_{iklm} = -\mathrm{R}_{kilm}, \quad \text{bzw.} \quad \mathrm{R}_{iklm} = -\mathrm{R}_{ikml} \quad . \tag{5.30}$$

Er ist symmetrisch bei Vertauschung des vorderen mit dem hinteren Indexpaar

$$\mathrm{R}_{iklm} = \mathrm{R}_{lmik} \quad . \tag{5.31}$$

Ferner überzeugt man sich davon, daß die mit drei beliebigen Indizes gebildete zyklische Summe Null ergibt

$$\mathrm{R}_{i<klm>} \equiv \mathrm{R}_{iklm} + \mathrm{R}_{ilmk} + \mathrm{R}_{imkl} = 0 \quad . \tag{5.32}$$

Diese Relationen schränken die Anzahl der algebraisch unabhängigen Komponenten von R_{iklm} ein. Wir interessieren uns hier für den später zu betrachtenden Fall der vierdimensionalen Raum-Zeit. Bei $n = 4$ hat die Matrix R_{iklm} $4^4 = 256$ Elemente, von denen jedoch die meisten gleich Null sind. Wegen der Antisymmetrie (5.30) kann man durch Zusammenfassen der sechs Indexpaare der von Null verschiedenen Elemente $(12) \rightarrow 1, (23) \rightarrow 2$, usw. die unabhängigen Komponenten des Tensors auf eine 6×6-Matrix R_{AB} abbilden. Wegen der Symmetrie in den Indexpaaren ist diese Matrix symmetrisch, hat also 21 unabhängige Koeffizienten. Die zyklische Summe ergibt eine weitere unabhängige Bedingung. Denn nur wenn alle Indizes in dieser Summe verschieden sind, fällt die Gleichung (5.32) nicht mit einer der bereits berücksichtigten Symmetriebeziehungen zusammen. Im Fall einer 4-dimensionalen Mannigfaltigkeit hat somit der Krümmungstensor maximal 20 algebraisch unabhängige Komponenten.

Außer den algebraischen erfüllt der Krümmungstensor auch differentielle Identitäten. Seine kovariante Ableitung ist ein Tensor vom Typ (1,4) und für ihn gelten die sogenannten „Bianchi-Identitäten"

$$\mathrm{R}^a_{k<lm;n>} \equiv \mathrm{R}^a_{klm;n} + \mathrm{R}^a_{kmn;l} + \mathrm{R}^a_{knl;m} = 0 \quad . \tag{5.33}$$

Die Existenz solcher Identitäten ist zu erwarten, weil der Krümmungstensor über den Kommutator zweier kovarianter Ableitungen (siehe (4.75)) definiert werden kann und für Kommutatoren allgemein die Jacobi-Identität[3] gilt.

Ein Beweis durch Rechnung ist in lokalgeodätischen Koordinaten einfach. In diesen Koordinaten ist der Krümmungstensor durch die von Null verschiedenen Ableitungen der Christoffel-Symbole gegeben (vergl. (5.27)). Die kovariante Ableitung von R^a_{klm} ergibt

$$\mathrm{R}^a_{klm;n} = \partial_n \partial_l \Gamma^a_{km} - \partial_n \partial_m \Gamma^a_{kl} \quad , \tag{5.34}$$

wobei auf der rechten Seite wegen $\Gamma^i_{kl} = 0$ die gewöhnliche Ableitung benutzt wurde. Bildet man die entsprechenden Terme durch zyklische Vertauschung von l, m, n und addiert, so folgt das obige Resultat, das wegen der Tensoreigenschaft in allen Koordinatensystemen gilt.

Zu einem gegebenen Krümmungstensor, der die Gleichungen (5.33) erfüllt, kann die Metrik im Prinzip aus dem System von Differentialgleichungen (5.28) bestimmt werden. In diesem Sinn spielen die Bianchi-Identitäten die Rolle von Integrabilitätsbedingungen.

[3] Die bei Kommutatoren geltende Jacobi-Identität lautet $[A, [B, C]] + [B, [C, A]] + [C, [A, B]] = 0$.

Für die Anwendungen sind Größen wichtig, die aus der Verjüngung des Krümmungstensors resultieren. Die Verjüngungen über das erste und zweite Indexpaar ergeben wegen der Antisymmetrie Null. Wird jedoch ein anderes Indexpaar kontrahiert dann erhält man den Ricci-Tensor

$$\mathrm{R}_{kl} = \mathrm{R}^a_{kla} = -\mathrm{R}^a_{kal} \quad . \tag{5.35}$$

Beide Definitionen, die sich nur um das Vorzeichen unterscheiden, kommen in der Literatur vor. Wir verwenden die zuerst angegebene Definition.
Wird die zyklische Summe (5.32) kontrahiert

$$\mathrm{R}^a_{kla} + \mathrm{R}^a_{lak} + \mathrm{R}^a_{akl} = 0 \quad ,$$

erkennt man wegen $\mathrm{R}^a_{akl} = 0$ die Symmetrie

$$\mathrm{R}_{kl} = \mathrm{R}_{lk} \quad . \tag{5.36}$$

Der Ricci-Tensor hat daher im 4-dimensionalen Raum 10 algebraisch unabhängige Komponenten. Durch eine weitere Kontraktion erhält man den sogenannten „Krümmungsskalar"

$$\mathrm{R} := g^{ab}\mathrm{R}_{ab} = \mathrm{R}^a_a \quad . \tag{5.37}$$

Ferner genügt der Ricci-Tensor einer Identität, die sich aus den Bianchi-Identitäten ergibt, wenn man über das Indexpaar *am* kontrahiert und dann mit g^{kl} multipliziert:

$$\mathrm{R}_{kl;n} - \mathrm{R}_{kn;l} - \mathrm{R}_k{}^a{}_{nl;a} = 0 \quad .$$

Nach der Überschiebung mit g^{kl} folgt (beachte $g^{kl}_{;n} = 0$)

$$\mathrm{R}^a_{n;a} = \frac{1}{2}\mathrm{R}_{;n} \quad . \tag{5.38}$$

Führt man zur Abkürzung den Einstein-Tensor

$$\mathrm{G}^a_b := \mathrm{R}^a_b - \frac{1}{2}\delta^a_b\mathrm{R} \tag{5.39}$$

ein, so besagt die kontrahierte Bianchi-Identität, daß die Divergenz des Einstein-Tensors verschwindet[4]

$$\mathrm{G}^a_{b;a} = 0 \quad . \tag{5.40}$$

Dieses Ergebnis ist bei der Aufstellung der Feldgleichungen wesentlich und daher für die Allgemeine Relativitätstheorie von grundlegender Bedeutung.

[4] Im Fall $n = 4$ ist der Einstein-Tensor (neben g_{ik}) der einzige Tensor zweiter Stufe mit verschwindender Divergenz, der aus dem metrischen Tensor und dessen ersten zwei Ableitungen gebildet werden kann. Siehe dazu D. Lovelock, J. Math. Phys. **13**, 874 (1972).

5.3 Geodäten

Nach Einführung des metrischen Zusammenhangs kann die Verallgemeinerung der Geraden, die in Abschnitt 4.5 eingeführte Autoparallele, auch als Extremale zwischen zwei Punkten definiert werden. Man bezeichnet letztere als geodätische Linie, kurz Geodäte. Wie wir gleich sehen werden, geht also bei vorhandener Metrik die Autoparallele in die Geodäte über.
Sei eine durch die Punkte P_1 und P_2 verlaufende Kurve Γ in der Parameterdarstellung $x^i(\lambda)$, $\lambda_1 \leq \lambda \leq \lambda_2$, gegeben, dann ist die Länge von Γ zwischen den Punkten definiert als Integral über das Linienelement ds (vergl. (5.4))

$$\int_{P_1}^{P_2} \mathrm{d}s = \int_{P_1}^{P_2} \left(g_{ik} \frac{\mathrm{d}x^i}{\mathrm{d}\lambda} \frac{\mathrm{d}x^k}{\mathrm{d}\lambda} \right)^{\frac{1}{2}} \mathrm{d}\lambda \quad . \tag{5.41}$$

Diese Definition ist koordinatenunabhängig und hängt auch nicht von der Parametrisierung der Kurve ab. In Verallgemeinerung der Eigenschaft einer Geraden fordert man von der Geodäten, daß sie die „kürzeste“ aller die Punkte P_1 und P_2 verbindenden Kurven sein soll. Die hierfür notwendige Bedingung ist die Extremaleigenschaft des obigen Integrals

$$\delta \int_{P_1}^{P_2} \mathrm{d}s = 0 \quad . \tag{5.42}$$

Das heißt, der die Punkte verbindende Weg ist stationär.
Das Variationsintegral enthält die Quadratwurzel des invarianten Ausdrucks

$$y = g_{ik}(x) \dot{x}^i \dot{x}^k \quad . \tag{5.43}$$

Zur Vereinfachung der weiteren Überlegungen überzeugen wir uns zunächst davon, daß ein allgemeineres Variationsproblem, das (5.42) als speziellen Fall enthält, auf dieselben Extremalen führt. Ausgehend von $F(y)$, einer beliebigen monotonen und differenzierbaren Funktion von y, betrachten wir das Variationsintegral

$$\delta \int_{P_1}^{P_2} F\big[y(x^i, \dot{x}^i)\big] \mathrm{d}\lambda = 0 \quad . \tag{5.44}$$

Dieser Ausdruck hängt nun von der Wahl des Kurvenparameters λ ab. Wir werden später annehmen, daß λ gleich der Bogenlänge s der extremalen Kurve ist. Das Variationsproblem (5.44) führt auf die Euler-Lagrange-Gleichungen

$$\frac{\mathrm{d}}{\mathrm{d}\lambda} \left(\frac{\partial F}{\partial \dot{x}^i} \right) - \frac{\partial F}{\partial x^i} = 0 \quad . \tag{5.45}$$

Damit folgt nach Anwendung der Kettenregel

$$\frac{\mathrm{d}}{\mathrm{d}\lambda} \left(F'(y) 2 g_{ik} \dot{x}^k \right) - F'(y) \frac{\partial g_{kl}}{\partial x^i} \dot{x}^k \dot{x}^l = 0 \quad .$$

Wenn wir λ gleich der Bogenlänge s der Extremalen setzen, wird stets $y = g_{ik}\dot{x}^i\dot{x}^k = (\mathrm{d}s/\mathrm{d}s)^2 = 1$ entlang der Lösungskurve des Variationsproblems.[5] Dann ist aber auch $F'(y)$ entlang der Extremalen konstant und kann oben aus der Klammer herausgezogen werden. Demnach sind die Extremalen mit $\lambda = s$ definiert durch

$$g_{ik}\ddot{x}^k + \partial_l g_{ik}\dot{x}^k\dot{x}^l - \frac{1}{2}\partial_i g_{kl}\dot{x}^k\dot{x}^l = 0 \quad .$$

Spaltet man das zweite Glied in zwei Summanden auf und vertauscht an passender Stelle die Indizes $k \leftrightarrow l$, dann folgt mit (5.13)

$$g_{ik}\ddot{x}^k + \Gamma_{i(kl)}\dot{x}^k\dot{x}^l = 0 \quad .$$

Nach Hochziehen des Index i erhält man schließlich die Gleichung der affin parametrisierten Geodäten in der früher für die Autoparallele angegebenen Form (4.69)

$$\ddot{x}^i + \Gamma^i_{kl}\dot{x}^k\dot{x}^l = 0 \quad , \tag{5.46}$$

in der aber nun die Christoffel-Symbole (5.14) vorkommen.
Die Herleitung mit der Bogenlänge s als Kurvenparameter schließt natürlich auch den speziellen Fall $F(y) = \sqrt{y}$ ein, von dem wir ausgegangen sind. Das entsprechende Integral (5.41) ist, wie wir bemerkt haben, vom Kurvenparameter unabhängig. Aus der Extremalbedingung (5.42) folgt daher für jeden beliebigen affinen Parameter die Geodätengleichung in der Normalform (5.46). Im Riemannschen Raum kann also die Geodäte als Kurve stationärer Länge definiert werden, oder als Linie deren Tangentenvektoren ein paralleles Vektorfeld darstellen. Bei vorhandener Metrik fallen die Begriffe Geodäte und Autoparallele zusammen.
Im Hinblick auf die Relativitätstheorie ist ergänzend zu bemerken, daß dort der metrische Tensor nicht positiv definit ist. Daher können bei der Bildung des inneren Produktes drei Fälle eintreten: $y = g_{ik}\dot{x}^i\dot{x}^k \gtreqless 0$. Das heißt, der Vektor $\dot{x}^i$ (die Weltlinie) kann zeitartig ($y > 0$), raumartig ($y < 0$) oder lichtartig ($y = 0$) sein. Der Fall $y < 0$ ist für $\lambda = s$, d. h. $y = -1 = \text{const}$ in der vorigen Ableitung bereits einbezogen. Im Fall $y = 0$ ist aber das Bogenelement s gleich Null und daher als Kurvenparameter nicht zulässig. Diese Schwierigkeit wird vermieden, indem man auf die Vorschrift der Parallelverschiebung zurückgreift. Wir verlangen also, daß der Nullvektor $\mathrm{d}x^i/\mathrm{d}\lambda$ in Abhängigkeit vom Kurvenparameter $\lambda \neq s$ parallel verschoben wird gemäß der allgemeinen Bedingung (4.67). Dabei ändert sich die Länge des Vektors nicht, d. h. $\dot{x}^i$ bleibt ein Nullvektor und genügt wegen (4.67) der Gleichung

$$\frac{\mathrm{d}^2x^i}{\mathrm{d}\lambda^2} + \Gamma^i_{kl}\frac{\mathrm{d}x^k}{\mathrm{d}\lambda}\frac{\mathrm{d}x^l}{\mathrm{d}\lambda} = 0 \quad , \tag{5.47}$$

wobei jetzt Γ^i_{kl} die Christoffel-Symbole bedeuten. Dies sind die Differentialgleichungen der Nullgeodäten, der Weltlinien der Lichtausbreitung. Hinzu kommt

[5] Allgemein gilt, daß für affine Parameter y entlang der Extremalen konstant ist.

die Bedingung

$$g_{ik}\frac{\mathrm{d}x^k}{\mathrm{d}\lambda}\frac{\mathrm{d}x^l}{\mathrm{d}\lambda}=0 \quad , \tag{5.48}$$

die nur erste Ableitungen enthält und daher als erstes Integral zu (5.47) angesehen werden kann. Dies ist die Verallgemeinerung der Relation $\eta_{\mu\nu}\mathrm{d}x^\mu\mathrm{d}x^\nu = 0$ aus der speziellen Relativitätstheorie, in der zum Ausdruck kommt, daß elektromagnetische Wellen (Licht) sich mit der Grenzgeschwindigkeit c ausbreiten.
Nach dieser geometrisch orientierten Einführung der Geodätengleichung wollen wir auch auf ihre dynamische Interpretation eingehen, die aus der Verallgemeinerung der freien Bewegungsgleichung im euklidischen Raum

$$\frac{\mathrm{d}\dot{x}^i}{\mathrm{d}s}=0 \tag{5.49}$$

resultiert. Im flachen Raum bewegt sich ein kräftefreier Körper längs einer Geraden. Die Bewegung im Gravitationsfeld ohne äußere Kräfte, die Standardbewegung, erfolgt längs der „Geraden" im gekrümmten Raum, der Geodäten. Die entsprechende Bewegungsgleichung (5.46) erhält man dadurch, daß man von geodätischen Koordinaten, in denen (5.49) gilt, zu allgemeinen Koordinaten übergeht, d. h. die absolute Ableitung verwendet. Die resultierende Gleichung der Geodäten lautet also

$$\frac{\mathrm{D}\dot{x}^i}{\mathrm{d}s}=0 \quad . \tag{5.50}$$

Führt man umgekehrt ein lokal geodätisches Koordinatensystem ein, dann geht die Geodätengleichung in die freie Bewegungsgleichung im flachen Raum über, im Einklang mit dem Äquivalenzprinzip. Von diesem System aus gesehen, bleibt ein Körper in einer hinreichend kleinen Umgebung des betreffenden Punktes P in Ruhe oder in gleichförmiger Bewegung. Man beachte, daß die Koordinaten nur zu einer bestimmten Zeit geodätisch sind, denn $\Gamma^i_{kl} = 0$ gilt nur in einem bestimmten Weltpunkt P der Raum-Zeit.
Es ist auch möglich Koordinaten so einzuführen, daß $\Gamma^i_{kl} = 0$ in jedem Punkt auf einer Geodäten ist (sogenannte „Fermi-Koordinaten"). Dies bedeutet, daß der Ursprung des Koordinatensystems, dessen Zeitachse in Richtung der Geodäten weist, sich im freien Fall längs der Geodäten befindet, und dabei die gleiche Bewegung wie ein Körper auf der gegebenen Geodäten ausführt.
Die Bewegung eines Körpers im Gravitationsfeld wird durch die in der Geodätengleichung vorkommenden Christoffel-Symbole bestimmt. Letztere sollten also bekannt sein, bevor man die Geodätengleichung angeben kann. Ihre Berechnung aus den Ableitungen des metrischen Tensors (5.14) ist in der Regel umständlich. Die Argumentation können wir jedoch umkehren, wenn es gelingt, die Gleichung der Geodäten aus einer Lagrange-Funktion zu gewinnen. Man erhält dabei die Γ^i_{kl} als Nebenprodukt. Dies ist eine besonders bequeme Methode zur Bestimmung der Christoffel-Symbole, die später in Abschnitt 8.1 benutzt werden soll.
In der klassischen Mechanik folgt die Bewegungsgleichung nach dem Hamiltonschen Variationsprinzip aus der Lagrange-Funktion $L = T - V$. Im Fall der kräftefreien Bewegung, d. h. potentielle Energie $V = 0$, bleibt die kinetische Energie

$T = 1/2m\dot{x}^2$ konstant. Die relativistische Verallgemeinerung der kinetischen Energie und damit der Lagrange-Funktion ist (bis auf den hier unwesentlichen Faktor m)

$$L = \frac{1}{2} g_{ik} \dot{x}^i \dot{x}^k \quad . \tag{5.51}$$

Daher liegt es nahe, anstelle des geometrischen Prinzips der stationären Länge das in der Mechanik geltende Hamiltonsche Extremalprinzip zu benutzen

$$S = \int L(x^i, \dot{x}^i) \mathrm{d}\lambda = \text{Extremum} \quad . \tag{5.52}$$

Wir haben damit die früher eingeführte Größe y (versehen mit dem Faktor $1/2$) als Lagrange-Funktion interpretiert $y/2 = L(x^i, \dot{x}^i)$. Wie wir gezeigt haben, folgen aus dem allgemeinen Variationsintegral (5.44) die Differentialgleichungen (5.46) der affin parametrisierten Geodäten. In der Praxis schreibt man zunächst das Wirkungsintegral (5.52) in möglichst einfacher Form (d. h. bei geschickter Wahl der Koordinaten unter Ausnutzung von Symmetrien) mit dem für das betreffende Problem spezifischen Komponenten g_{ik} auf. In den aus der Extremalbedingung $\delta S = 0$ folgenden Gleichungen isoliert man $\ddot{x}^i$ und erhält damit die Form der Geodätengleichung. Daraus kann man die Christoffel-Symbole ablesen. In diesem Zusammenhang ist auch die folgende Bemerkung interessant. Falls der metrische Tensor von einer bestimmten Variablen x^n nicht abhängt, also $\partial L/\partial x^n = 0$ gilt, ist nach (5.45)

$$\frac{\mathrm{d}}{\mathrm{d}\lambda}\left(\frac{\partial L}{\partial \dot{x}^n}\right) = 0 \quad . \tag{5.53}$$

Das heißt, dann ist $\partial L/\partial \dot{x}^n = g_{nk}\dot{x}^k = p_n$ entlang der Geodäten konstant. Wir erkennen hier die Verhältnisse wieder, wie sie aus der klassischen Mechanik bekannt sind. Falls x^n zyklische Variable ist, d. h. die Lagrange-Funktion nicht von x^n abhängt, bleibt der zugehörige generalisierte Impuls p_n konstant. Mit dem Erhaltungssatz für die Impulsvariable p_n gewinnt man ein erstes Integral der Geodätengleichung.

Zusammenfassend stellen wir fest, daß in der Riemannschen Geometrie die folgenden Definitionen der Geodäten äquivalent sind:

- Die Tangentialvektoren an eine Geodäte stellen ein entlang der Geodäten paralleles Vektorfeld dar.
- Die Geodäte ist eine Kurve zwischen zwei Punkten, für die das Integral über das Linienelement (5.41) stationär ist.

Die Gleichung der Geodäten folgt nach dem Hamilton-Prinzip aus einer Lagrange-Funktion. Dabei erhält man die Christoffel-Symbole als Nebenprodukt.

6 Die Grundgesetze der Physik in gekrümmter Raum-Zeit

In diesem Kapitel wenden wir uns der Frage zu, wie man die im Minkowski-Raum formulierten Grundgesetze auf die Verhältnisse der Riemannschen Raum-Zeit verallgemeinern und damit die Schwerkraft in die relativistische Theorie einbeziehen kann. Aufgrund des Äquivalenzprinzips und der damit verbundenen einfachen Wirkung des Gravitationsfeldes darf man erwarten, daß die neu zu formulierenden physikalischen Gesetze den bekannten Gesetzen im Minkowski-Raum in der Form durchaus ähnlich sind.

6.1 Der Übergang von der Differentialgeometrie zur Gravitation

Wir fassen die wesentlichen Forderungen, die bei der Formulierung der Gravitationstheorie zu stellen sind, nochmals zusammen. Die Raum-Zeit, d. h. die Menge der Ereignispunkte, ist eine vierdimensionale differenzierbare Mannigfaltigkeit. Die auf ihr definierte Metrik bestimmt die räumlichen Entfernungen und Zeitintervalle.

Durch geeignete Wahl der Koordinaten ist es möglich, die Metrik in einem beliebigen Ereignispunkt auf die Minkowski-Form $\eta_{\mu\nu} = \mathrm{diag}(+1, -1, -1, -1)$ zu bringen.[1] Außerdem sind die beiden folgenden Forderungen zu erfüllen. Zunächst muß man beschreiben, wie die physikalischen Objekte (Körper, elektromagnetische Felder, usw.) sich in der gekrümmten Raum-Zeit verhalten und außerdem angeben können, wie die Krümmung durch die Energie-Massenverteilung der vorhandenen Objekte bestimmt wird. Dies entspricht der Aufstellung der Bewegungsgleichungen sowie der Feldgleichungen der Theorie. Wir fragen zunächst nur danach, wie eine vorgegebene Metrik die physikalischen Objekte, d. h. Teilchen (Mechanik) oder Felder (Elektrodynamik), beeinflußt. In Inertialsystemen erfolgt die freie Bewegung längs Geraden. Diese sind in der gekrümmten Raum-Zeit durch Geodäten zu ersetzen. Wir können demnach den Einfluß der Metrik auf massive Körper durch folgende Aussage beschreiben. In einem Gravitationsfeld „frei fallende“ Teilchen bewegen sich längs zeitartiger Geodäten. Frei fallend bedeutet hier bei Abwesenheit anderer Kräfte. Hierfür haben wir früher den Begriff Standardbewegung eingeführt.

Wie aber werden z. B. elektromagnetische Felder durch die Metrik beeinflußt? In lokalgeodätischen Koordinaten geht die Geodätengleichung in die kräftefreie Be-

[1] Bei der Diskussion n-dimensionaler Mannigfaltigkeiten haben wir bisher lateinische Buchstaben als Indizes verwendet. Von nun an sollen die in den Tangentialräumen der 4-dimensionalen Raum-Zeit definierten Tensoren durch griechische Buchstaben $\mu, \nu, \ldots$ gekennzeichnet werden, die von 0 bis 3 laufen. Dagegen durchlaufen die lateinischen Buchstaben $m, n, \ldots$ nur die Werte 1,2,3 und sind damit als Indizes der räumlichen Komponenten zu verstehen.

wegungsgleichung über, wie sie in einem Inertialsystem gilt. Wir können daher Inertialsysteme und Systeme in lokal geodätischen Koordinaten identifizieren. Das führt auf folgende Präzisierung des starken Äquivalenzprinzips: Die physikalischen Gesetze, die in der Speziellen Relativitätstheorie in Tensorschreibweise ausgedrückt werden, haben genau die gleiche Form in einem lokalgeodätischen Koordinatensystem (d. h. lokalen Inertialsystem) der gekrümmten Raum-Zeit. Wegen der Tensoreigenschaft gelten sie dann auch in den allgemeinen Koordinaten des Riemannschen Raumes.

Das bedeutet, ausgehend von den lorentzinvariant formulierten Gleichungen erhält man die in der gekrümmten Raum-Zeit gültigen physikalischen Gesetze dadurch, daß man die partiellen Ableitungen (Komma) durch kovariante (Semikolon) ersetzt und anstelle von $\eta_{\mu\nu}$ die Riemannsche Metrik $g_{\mu\nu}$ verwendet. Diese „Komma-Semikolon-Regel" garantiert die Kovarianz der so verallgemeinerten Gleichungen. Das in Abschnitt 3.2 erwähnte allgemeine Kovarianzprinzip ist damit erfüllt.

Man beachte jedoch, daß die Übertragungsvorschrift „partielle → kovariante Ableitung" im Fall höherer Ableitungen nicht eindeutig ist, denn im Unterschied zu den partiellen Ableitungen sind kovariante nicht vertauschbar. Über die richtige Reihenfolge der Ableitungen kann man in der Praxis meistens einfach entscheiden.

Der Übergang zu lokal geodätischen Koordinaten ist nur in einem Weltpunkt möglich. In der unmittelbaren Umgebung des gewählten Punktes gilt daher infolge der Krümmung nur näherungsweise $g_{\mu\nu} \simeq \eta_{\mu\nu}$. Diesen wesentlichen Unterschied zwischen der Raum-Zeit der Speziellen Relativitätstheorie mit der global gültigen Metrik $\eta_{\mu\nu}$ und der des Riemannschen Raumes in der Gravitationstheorie wollen wir nochmals verdeutlichen. Führen wir z. B. im Ursprung $(x^\mu) = (0,0,0,0)$ ein lokal geodätisches Koordinatensystem ein, dann gilt dort $\Gamma^\mu_{\nu\sigma} = 0$ und folglich auch $\partial_\sigma g_{\mu\nu}(0) = 0$. Für die Punkte in der Umgebung, d. h. für kleine Werte der Koordinaten x^μ, ergibt die Taylor-Entwicklung

$$g_{\mu\nu} \simeq g_{\mu\nu}(0) + \frac{1}{2}\left(\partial_\alpha \partial_\beta g_{\mu\nu}\right)_0 x^\alpha x^\beta \quad .$$

Mit Hilfe einer linearen Transformation kann man $g_{\mu\nu}(0)$ auf die Minkowski-Form $\eta_{\mu\nu}$ bringen. Man erhält in den neuen Koordinaten (Striche weggelassen) wieder eine Gleichung in obiger Form (mit $g_{\mu\nu}(0) \rightarrow \eta_{\mu\nu}$)

$$g_{\mu\nu} \simeq \eta_{\mu\nu} + \frac{1}{2}\left(\partial_\alpha \partial_\beta g_{\mu\nu}\right)_0 x^\alpha x^\beta \quad . \tag{6.1}$$

Wie wir bereits wissen, kann der Riemannsche Krümmungstensor durch die zweiten Ableitungen von $g_{\mu\nu}$ ausgedrückt werden (s. Gl. (5.28)). Die Koeffizienten $(\partial_\alpha \partial_\beta g_{\mu\nu})_0 \neq 0$ geben daher die durch das vorhandene Gravitationsfeld hervorgerufene Abweichung von der flachen Raum-Zeit an. Der Gültigkeitsbereich einer Approximation $g_{\mu\nu} \simeq \eta_{\mu\nu}$ hängt also von der Größe der zweiten Ableitungen des metrischen Tensors ab und natürlich von der Genauigkeit, mit der man Abweichungen vom Inertialsystem experimentell feststellen kann.

6.2 Eigenzeit, Gleichzeitigkeit, Raumintervall

Wir wenden uns nun der Frage zu, wie man aus den allgemeinen Koordinaten $\{x^\mu\}$ der Ereignisse die wahren (meßbaren) Zeitintervalle und Entfernungen bestimmen kann. Hierbei können wir analog zur Speziellen Relativitätstheorie vorgehen.
Um die Beziehung zwischen der von einem Beobachter gemessenen Eigenzeit τ und der Zeitkoordinate $x^0 = ct$ zu ermitteln, gehen wir von zwei zeitlich infinitesimal benachbarten Ereignissen aus, die an ein und demselben Raumpunkt stattfinden. Berücksichtigt man die dann geltende Bedingung $\mathrm{d}\vec{x} = 0$ in dem allgemeinen Ausdruck für das Linienelement $\mathrm{d}s^2$, dann ist $\mathrm{d}s^2 = c^2\mathrm{d}\tau^2 = g_{00}(\mathrm{d}x^0)^2$, d. h. es gilt

$$\mathrm{d}\tau = \frac{1}{c}\sqrt{g_{00}}\mathrm{d}x^0 \quad , \text{ mit } g_{00} > 0 \quad . \tag{6.2}$$

Für das Intervall der Eigenzeit zwischen zwei beliebigen Ereignissen im gleichen Raumpunkt erhält man daraus

$$\tau = \frac{1}{c}\int \sqrt{g_{00}(x)}\mathrm{d}x^0 \quad . \tag{6.3}$$

Man beachte, daß in der Allgemeinen Relativitätstheorie die Eigenzeit in verschiedenen Weltpunkten auf unterschiedliche Weise mit der Zeitkoordinate zusammenhängt. Wir bemerken schon jetzt, daß dies zu einer Frequenzänderung periodischer Vorgänge führt, die an verschiedenen Orten in einem Gravitationsfeld stattfinden. Beim Übergang zum Minkowski-Raum ($g_{00} = 1$) erhält man aus (6.3) die bekannte Eigenzeit im Ruhsystem.
In der Speziellen Relativitätstheorie kommt dem Begriff der Gleichzeitigkeit keine absolute Bedeutung zu. Bei der Definition der Gleichzeitigkeit zweier Ereignisse, die an verschiedenen Raumpunkten stattfinden, liegt es nahe, Signale auszutauschen, deren Geschwindigkeit man kennt. Die Messung einer Geschwindigkeit setzt nun aber die Synchronisation von Uhren (d. h. die Gleichzeitigkeit) schon voraus. Dieser Zirkelschluß kann vermieden werden, wenn man die Gleichzeitigkeit von Ereignissen operativ definiert. Die als konstant und richtungsunabhängig angenommene Geschwindigkeit des Signals braucht dabei nicht bekannt zu sein.
Wir betrachten die infinitesimal benachbarten Weltpunkte A und B, deren Weltlinien durch die Koordinaten x^μ und $x^\mu + \mathrm{d}x^\mu$ beschrieben werden. Das Signal werde in B zur dortigen Zeit $x^0 + \mathrm{d}x^{0(1)}$ emittiert, in A ohne Zeitverlust zur Zeit x^0 reflektiert und treffe in $B(x^0 + \mathrm{d}x^{0(2)})$ wieder ein (s. Fig. 1).
Die in A und B mitgeführten Uhren identischer Bauart sind offenbar dann zum Zeitpunkt x^0 synchron, wenn für den Beobachter in B die Hälfte der Zeit zwischen dem Absenden und dem Wiedereintreffen des Signals in B verstrichen ist, d. h. zu einem Zeitpunkt in B, der von x^0 um δx^0 abweicht,

$$x^0 + \delta x^0 = x^0 + \mathrm{d}x^{0(1)} + \frac{1}{2}\left(\mathrm{d}x^{0(2)} - \mathrm{d}x^{0(1)}\right) \quad . \tag{6.4}$$

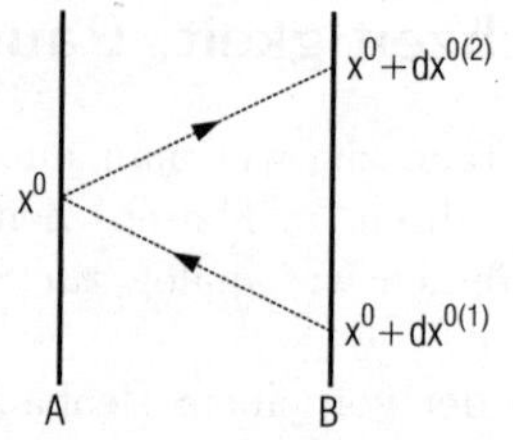

Figur 1: Zeitliche Reihenfolge der Ereignisse für das Lichtsignal bei der Definition der Gleichzeitigkeit und der räumlichen Entfernung.

Verwendet man Licht als Signal, dann gilt

$$\mathrm{d}s^2 = g_{00}(\mathrm{d}x^0)^2 + 2g_{0m}\mathrm{d}x^0\mathrm{d}x^m + g_{mn}\mathrm{d}x^m\mathrm{d}x^n = 0 \quad .$$

Die Auflösung dieser quadratischen Gleichung nach $\mathrm{d}x^0$ ergibt die beiden Wurzeln

$$\mathrm{d}x^{0(1),(2)} = \frac{1}{g_{00}}\left\{-g_{0m}\mathrm{d}x^m \mp \left[(g_{0m}g_{0n} - g_{mn}g_{00})\,\mathrm{d}x^m\mathrm{d}x^n\right]^{\frac{1}{2}}\right\} \quad , \tag{6.5}$$

wobei hier entsprechend der in Figur 1 skizzierten zeitlichen Reihenfolge der Ereignisse $\mathrm{d}x^{0(1)} < 0$ angenommen wurde. Setzt man diese Ausdrücke in (6.4) ein, so folgt

$$\delta x^0 = -\frac{g_{0m}}{g_{00}}\mathrm{d}x^m \tag{6.6}$$

als Bedingung für die Synchronisation. Diese Differenz im Gang der Uhren tritt bei zwei gleichzeitigen Ereignissen auf, die in infinitesimal benachbarten Punkten stattfinden. Bei Fortsetzung dieses Verfahrens ist es somit möglich, die Gleichzeitigkeit von Ereignissen längs einer Weltlinie zu definieren. Die Synchronisation von Uhren längs geschlossener Weltlinien ist nicht in beliebigen, sondern nur in solchen Koordinaten möglich, in denen die Komponenten g_{0m} des metrischen Tensors gleich Null sind. Andernfalls käme es zu einem Widerspruch, denn man würde bei Rückkehr zum Ausgangspunkt nach Gl.(6.6) Differenzwerte $\neq 0$ erhalten, die nicht vorhanden sein dürfen. Nun sind aber die zehn Komponenten des metrischen Tensors nicht eindeutig bestimmt (s. Text nach Gl. (3.20)). Eine global eindeutige Synchronisierung von Uhren ist demnach in solchen Gravitationsfeldern möglich, bei denen die störenden Komponenten g_{0m} gleich Null sind oder durch geeignete Wahl der Koordinaten zum Verschwinden gebracht werden können.

Bei der Definition der räumlichen Entfernung betrachten wir ebenfalls die in Figur 1 skizzierte Ausbreitung eines Lichtsignals von B nach A und wieder zurück. Nach Multiplikation der dafür benötigten Zeit (Eigenzeit auf der Weltlinie B) mit c erhält man die doppelte Entfernung zwischen den Punkten. Die Differenz der Zeitkoordinaten bei der Emission und bei der Rückkehr des Signals zum gleichen Punkt B ist mit den Ausdrücken in (6.5)

$$\mathrm{d}x^{0(2)} - \mathrm{d}x^{0(1)} = \frac{2}{g_{00}}\left[(g_{0m}g_{0n} - g_{mn}g_{00})\mathrm{d}x^m\mathrm{d}x^n\right]^{1/2} \quad .$$

Das entsprechende Intervall der Eigenzeit folgt daraus nach (6.2) durch Multiplikation mit $\sqrt{g_{00}}/c$. Die gesuchte Entfernung $\mathrm{d}l$ zwischen den Punkten erhält man schließlich, indem man das Eigenzeitintervall mit $c/2$ multipliziert. Wir schreiben das Ergebnis in der Form

$$\mathrm{d}l^2 = \tilde{g}_{mn}\mathrm{d}x^m\mathrm{d}x^n \quad , \; \tilde{g}_{mn} := -g_{mn} + \frac{g_{0m}g_{0n}}{g_{00}} \quad . \tag{6.7}$$

Dabei bedeuten die Größen $\tilde{g}_{mn}$ die Komponenten der Metrik im momentanen Ruhraum des Beobachters. Sie beschreiben die geometrischen Eigenschaften des dreidimensionalen Raumes. Man kann zeigen, daß

$$-g^{lm}\tilde{g}_{mn} = \delta^l_n \tag{6.8}$$

gilt, d. h. der Tensor $-\tilde{g}_{mn}$ reziprok zu dem kontravarianten dreidimensionalen Tensor g^{mn} ist (s. Aufgabe 22).
Wir bemerken, daß dieser Begriff einer bestimmten Entfernung im allgemeinen Fall auf infinitesimale Gebiete beschränkt ist. Da die Metrik im Allgemeinen auch von der Zeitkoordinate x^0 abhängt, wäre ein Integral über $\mathrm{d}l$ nicht eindeutig, sondern würde von der Weltlinie abhängen, längs der es zwischen den räumlichen Punkten erstreckt wird. Sind andererseits die $g_{\mu\nu}$ zeitunabhängig, dann ist das Integral von $\mathrm{d}l$ sinnvoll und die Entfernung kann auch im endlichen Raumgebiet definiert werden.

6.3 Mechanik im Gravitationsfeld

Im lokalen Inertialsystem lautet die relativistische Bewegungsgleichung für ein freies Teilchen

$$\frac{\mathrm{d}u^\mu}{\mathrm{d}\tau} = 0 \quad , \tag{6.9}$$

wobei $u^\mu = \mathrm{d}x^\mu/\mathrm{d}\tau$ den Vierervektor der Geschwindigkeit und τ die Eigenzeit bedeuten. Nach der durch das Äquivalenzprinzip begründeten Übergangsvorschrift geht man bei der Einbeziehung des Gravitationsfeldes in (6.9) zur absoluten Ableitung über und erhält so die Geodätengleichung

$$\frac{\mathrm{D}u^\mu}{\mathrm{d}\tau} = 0 \tag{6.10}$$

bzw. mit der Definition (4.58) ausführlicher geschrieben

$$\frac{\mathrm{d}^2x^\mu}{\mathrm{d}\tau^2} + \Gamma^\mu_{\nu\varrho}\frac{\mathrm{d}x^\nu}{\mathrm{d}\tau}\frac{\mathrm{d}x^\varrho}{\mathrm{d}\tau} = 0 \quad . \tag{6.11}$$

Da $\mathrm{d}^2x^\mu/\mathrm{d}\tau^2$ die Viererbeschleunigung ist, kann $-m\Gamma^\mu_{\nu\varrho}u^\nu u^\varrho$ als die auf den Probekörper der Masse m im Gravitationsfeld wirkende „Viererkraft" gedeutet werden. Wegen $\Gamma \propto \partial g$ spielen daher die $g_{\mu\nu}$ die Rolle des Potentials und ihre Ableitungen $\Gamma^\mu_{\nu\varrho}$ stellen die entsprechende Feldstärke des Gravitationsfeldes dar.

Unter dem Einfluß äußerer Kräfte K^μ weicht der Körper von der Standardbewegung ab. Die Bewegungsgleichung lautet dann

$$m\frac{\mathrm{D}u^\mu}{\mathrm{d}\tau} = m u^\mu_{;\nu}\frac{\mathrm{d}x^\nu}{\mathrm{d}\tau} = K^\mu \quad . \tag{6.12}$$

Die im Minkowski-Raum geltende Relation $\eta_{\mu\nu}u^\mu u^\nu = c^2$ geht über in $g_{\mu\nu}u^\mu u^\nu = c^2$. Da c eine Konstante ist, gilt $u_{\mu;\nu}u^\mu = 0$, d. h. der Vierervektor der Geschwindigkeit steht senkrecht auf der Beschleunigung und damit auf der Kraft K^μ

$$g_{\mu\nu}u^\mu K^\nu = 0 \quad . \tag{6.13}$$

Demnach sind die vier Bewegungsgleichungen (6.12) nicht unabhängig voneinander.
Das Produkt aus der Masse m und der Vierergeschwindigkeit u^μ ist gleich dem Impulsvektor

$$p^\mu = m u^\mu \tag{6.14}$$

und wegen $u^\mu u_\mu = c^2$ gilt auch

$$g_{\mu\nu}p^\mu p^\nu = m^2c^2 \quad . \tag{6.15}$$

Die Bewegungsgleichung für einen kräftefreien Probekörper der Masse m folgt in der Speziellen Relativitätstheorie nach dem Prinzip der kleinsten Wirkung aus dem Wirkungsintegral

$$S = -mc\int \mathrm{d}s = -mc\int (\eta_{\mu\nu}\mathrm{d}x^\mu \mathrm{d}x^\nu)^{\frac{1}{2}} \quad . \tag{6.16}$$

Bewegt sich der Körper in einem Gravitationsfeld, dann wird nach dem Äquivalenzprinzip die Bewegungsgleichung durch das verallgemeinerte Wirkungsintegral bestimmt

$$S = -mc\int (g_{\mu\nu}\mathrm{d}x^\mu \mathrm{d}x^\nu)^{\frac{1}{2}} \quad . \tag{6.17}$$

Für spätere Anwendungen ist es interessant zu wissen, wie in niedrigster Näherung die Komponente g_{00} des metrischen Tensors durch das Gravitationsfeld einer Masse M bestimmt wird. In nichtrelativistischer Näherung $v \ll c$ geht (6.16) über in

$$S = -mc^2\int \left(1-\frac{v^2}{c^2}\right)^{\frac{1}{2}} \mathrm{d}t \approx -mc^2\int\left(1-\frac{1}{2}\frac{v^2}{c^2}\right)\mathrm{d}t \quad .$$

Die Lagrange-Funktion ist also

$$L = -mc^2 + \frac{1}{2}mv^2 \quad .$$

Bewegt sich der Körper in einem Gravitationsfeld, dann tritt die potentielle Energie $-m\phi$ hinzu

$$L = -mc^2 + \frac{1}{2}mv^2 - m\phi \quad ,$$

wobei $\phi = -MG/r$ das Newtonsche Gravitationspotential der Masse M bedeutet. Demnach lautet das Wirkungsintegral für einen Probekörper der Masse m bei vorhandenem Gravitationsfeld in nichtrelativistischer Näherung

$$S = \int L\mathrm{d}t = -mc \int \left(c - \frac{v^2}{2c} + \frac{\phi}{c} \right) \mathrm{d}t \quad . \tag{6.18}$$

Für das unter dem Integral stehende Linienelement erhält man so den Ausdruck

$$\mathrm{d}s = \left(c - \frac{v^2}{2c} + \frac{\phi}{c} \right) \mathrm{d}t \quad .$$

Wenn man quadriert und der Näherung entsprechend die Terme höherer Ordnung wie v^2/c^2 und ϕ^2/c^2 vernachlässigt, dann folgt mit $\vec{v}\mathrm{d}t = \mathrm{d}\vec{r}$

$$\mathrm{d}s^2 = \left(c^2 + 2\phi\right) \mathrm{d}t^2 - \mathrm{d}\vec{r}^2 \quad . \tag{6.19}$$

Daraus können wir den gesuchten Zusammenhang der g_{00}-Komponenten des metrischen Tensors mit dem Gravitationsfeld ϕ entnehmen

$$g_{00} = 1 + \frac{2\phi}{c^2} \quad , \quad \phi = -\frac{MG}{r} \quad . \tag{6.20}$$

Dieses Ergebnis wird sich im folgenden als nützlich erweisen.

6.4 Elektrodynamik im Gravitationsfeld

Wir kommen nun zur Formulierung der Feldgleichungen des elektromagnetischen Feldes in einem durch die Metrik $g_{\mu\nu}(x)$ gegebenen Gravitationsfeld. Im lokalen Inertialsystem genügt der Feldstärketensor

$$F_{\mu\nu} = A_{\nu,\mu} - A_{\mu,\nu} \tag{6.21}$$

den Maxwell-Gleichungen in der bekannten Form

$$F_{\langle\mu\nu,\lambda\rangle} := F_{\mu\nu,\lambda} + F_{\nu\lambda,\mu} + F_{\lambda\mu,\nu} = 0 \tag{6.22}$$

und

$$F^{\mu\nu}_{\ \ ,\nu} = -\frac{4\pi}{c} j^\mu \quad , \tag{6.23}$$

wobei $j^\mu = \varrho \mathrm{d}x^\mu/\mathrm{d}t$ den Vektor der Stromdichte im Minkowski-Raum bedeutet. Gemäß der Übertragungsvorschrift (Komma → Semikolon) geht zunächst $F_{\mu\nu}$ über in

$$F_{\mu\nu} = A_{\nu;\mu} - A_{\mu;\nu} \quad . \tag{6.24}$$

Da die Christoffel-Symbole symmetrisch sind, gilt aber

$$F_{\mu\nu} = A_{\nu;\mu} - A_{\mu;\nu} = A_{\nu,\mu} - A_{\mu,\nu} \quad , \tag{6.25}$$

d. h. die Beziehung zwischen $F_{\mu\nu}$ und den Potentialen A_μ ändert sich nicht.
Die homogenen Maxwell-Gleichungen (6.22) folgen als Identität aus der Definition des Feldstärketensors (6.21). Wegen (6.25) gilt somit für die kovariante zyklische Ableitung auch

$$F_{\langle\mu\nu;\lambda\rangle} = F_{\langle\mu\nu,\lambda\rangle} = 0 \quad . \tag{6.26}$$

Diese Gleichungen ändern also ihre Gestalt ebenfalls nicht.
Bevor wir die inhomogenen Maxwell-Gleichungen in kovarianter Form schreiben, wollen wir den Vektor der Stromdichte in allgemeinen Koordinaten bestimmen. Die elektrische Ladung q ist eine skalare Größe, ebenso die Ladung $\mathrm{d}q$ innerhalb eines infinitesimalen Volumens $\mathrm{d}x^3$. Es gilt $\mathrm{d}q = \varrho \mathrm{d}x^3$, wobei ϱ die Ladungsdichte bedeutet. Mit dem Vektor $\mathrm{d}x^\mu$ ist dann $\varrho \mathrm{d}x^3 \mathrm{d}x^\mu$ ebenfalls ein Vektor und daher auch

$$\varrho \frac{\mathrm{d}x^\mu}{\mathrm{d}t} \mathrm{d}t \mathrm{d}^3x = \varrho \frac{\mathrm{d}x^\mu}{\mathrm{d}t} \frac{\mathrm{d}^4x}{c} \quad . \tag{6.27}$$

Nach (5.24) ist jedoch nicht d^4x sondern $\sqrt{g}\mathrm{d}^4x$ das bei allgemeinen Koordinatentransformationen invariante Volumen und dementsprechend $J^\mu \sqrt{g}\mathrm{d}^4x/c$ ein Vektor, wobei J^μ den gesuchten Vektor bezeichnet. Der Vergleich mit (6.27) führt daher auf den kontravarianten Vektor der Stromdichte

$$J^\mu = \frac{1}{\sqrt{g}} j^\mu \quad , \; j^\mu = \varrho \frac{\mathrm{d}x^\mu}{\mathrm{d}t} \quad . \tag{6.28}$$

Der bekannte speziell-relativistische Stromdichtevektor j^μ genügt der Kontinuitätsgleichung

$$\partial_\mu j^\mu = 0 \quad . \tag{6.29}$$

Die allgemein kovariante Kontinuitätsgleichung

$$J^\mu{}_{;\nu} = 0 \tag{6.30}$$

können wir nun leicht verifizieren. Nach (5.20) gilt für die kovariante Divergenz des Vektors J^μ

$$J^\mu{}_{;\nu} = \frac{1}{\sqrt{g}} \left(\sqrt{g} J^\mu\right)_{,\mu} \tag{6.31}$$

und wegen (6.28)

$$\left(\sqrt{g} J^\mu\right)_{,\mu} = j^\mu{}_{,\mu} \quad . \tag{6.32}$$

Daraus folgt, daß wegen der Stromerhaltung (6.29) auch die Kontinuitätsgleichung (6.30) gelten muß.

Die inhomogenen Maxwell-Gleichungen in einem Gravitationsfeld lauten dann bei Verwendung der Formel (5.21)

$$F^{\mu\nu}_{;\nu} = \frac{1}{\sqrt{g}}\left(\sqrt{g}F^{\mu\nu}\right)_{,\nu} = -\frac{4\pi}{c}J^{\mu} \quad . \tag{6.33}$$

Der Erhaltungssatz für die Stromdichte (6.29) folgt aus der Invarianz der Theorie gegenüber den Eichtransformationen der Potentiale

$$A_\mu \rightarrow A'_\mu = A_\mu + \partial_\mu \lambda \quad , \tag{6.34}$$

wobei $\lambda(x)$ eine skalare Funktion ist. Es ist interessant festzustellen, daß dieser Zusammenhang auch dann besteht, wenn ein Gravitationsfeld vorhanden ist. Das im lokalen Inertialsystem formulierte Wirkungsintegral für das an die Stromdichte j^μ gekoppelte elektromagnetische Feld

$$S = \int \mathrm{d}^4x \left(-\frac{1}{16\pi}F_{\mu\nu}F^{\mu\nu} - \frac{1}{c}j^\mu A_\mu\right) \tag{6.35}$$

geht bei Anwesenheit eines Gravitationsfeldes über in

$$S = \int \mathrm{d}^4x\mathcal{L} = \int \mathrm{d}^4x\sqrt{g}\left(-\frac{1}{16\pi}F_{\mu\nu}F^{\mu\nu} - \frac{1}{c}J^\mu A_\mu\right) \quad . \tag{6.36}$$

Dabei ist J^μ der kontravariante Vektor der Stromdichte (6.28), und bei der Bildung des skalaren Produktes (bzw. beim Herauf- und Herunterziehen der Indizes) wird der metrische Tensor $g_{\mu\nu}$ anstelle von $\eta_{\mu\nu}$ benutzt.
Die infinitesimale Eichtransformation der Potentiale $\delta A_\mu = \partial_\mu\lambda$ läßt $F_{\mu\nu}$ unverändert ($\delta F_{\mu\nu} = 0$) und die Variation des Wirkungsintegrals wird dabei nach partieller Integration

$$\begin{aligned}\delta S &= -\frac{1}{c}\int \mathrm{d}^4x\sqrt{g}J^\mu\partial_\mu\lambda \\ &= -\frac{1}{c}\int \mathrm{d}^4x\partial_\mu\left(\sqrt{g}J^\mu\lambda\right) + \frac{1}{c}\int \mathrm{d}^4x\lambda\partial_\mu\left(\sqrt{g}J^\mu\right) \quad .\end{aligned} \tag{6.37}$$

Mit Hilfe des Satzes von Gauß (5.25) kann der erste Summand in ein Integral über die das vierdimensionale Volumen begrenzende Oberfläche übergeführt werden. Da nach Annahme λ auf der Begrenzung verschwindet, ergibt das Oberflächenintegral keinen Beitrag. Aus der Invarianz des Wirkungsintegrals $\delta S = 0$ folgt dann zusammen mit (6.31) die allgemein kovariante Kontinuitätsgleichung für die Stromdichte J^μ (6.30).
Die inhomogenen Maxwell-Gleichungen im Gravitationsfeld können auch direkt aus dem Wirkungsintegral (6.36) durch Variation der Potentiale A_μ als Euler-Lagrange-Gleichungen hergeleitet werden

$$\frac{\partial\mathcal{L}}{\partial A_\mu} - \partial_\nu\frac{\partial\mathcal{L}}{\partial\partial_\nu A_\mu} = 0 \quad . \tag{6.38}$$

Man findet

$$\frac{\partial \mathcal{L}}{\partial A_\mu} = -\frac{1}{c}\sqrt{g}J^\mu \quad , \quad \frac{\partial \mathcal{L}}{\partial \partial_\nu A_\mu} = \frac{1}{4\pi}\sqrt{g}F^{\mu\nu} \tag{6.39}$$

und folglich mit (5.21) die inhomogenen Maxwell-Gleichungen

$$F^{\mu\nu}_{;\nu} = -\frac{4\pi}{c}J^\mu \tag{6.40}$$

in der bekannten Form (6.33). Bildet man in dieser Gleichung die Divergenz, so erhält man wegen der Antisymmetrie von $F^{\mu\nu}$ als Konsistenzbedingung wieder die Kontinuitätsgleichung (6.30).

Ergänzend zu den Maxwell-Gleichungen geben wir noch die kovariante Verallgemeinerung der Bewegungsgleichung für ein Teilchen der Masse m und der Ladung q an

$$m\frac{\mathrm{D}u^\mu}{\mathrm{d}\tau} = m\left(\frac{\mathrm{d}u^\mu}{\mathrm{d}\tau} + \Gamma^\mu_{\nu\varrho}u^\nu u^\varrho\right) = \frac{q}{c}F^{\mu\nu}u_\nu \quad . \tag{6.41}$$

Zu bemerken ist ferner, daß elektromagnetische Felder, auch bei Abwesenheit von Materie, selbst Quellen der Gravitation sind. Die von den Feldern erzeugte Energie-Impulsdichte wird durch den Energie-Impuls-Tensor beschrieben. Ausgehend von dem bekannten speziell relativistischen Ausdruck erhält man den Energie-Impuls-Tensor des elektromagnetischen Feldes bei vorhandenem Gravitationsfeld in der verallgemeinerten Form

$$T^{\mu\nu} = \frac{1}{4\pi}\left\{g^{\mu\alpha}F_{\alpha\beta}F^{\beta\nu} + \frac{1}{4}g^{\mu\nu}F_{\alpha\beta}F^{\alpha\beta}\right\} \quad . \tag{6.42}$$

Dieser Tensor kommt als Inhomogenität in den Einsteinschen Feldgleichungen vor und ist somit eine Quelle des Gravitationsfeldes. Wir werden in den folgenden Ausführungen darauf näher eingehen.

6.5 Der Energie-Impuls-Tensor

Bevor wir im folgenden Kapitel die Einsteinschen Feldgleichungen der Gravitation einführen, wollen wir vorbereitend zunächst auf die Quellen des Gravitationsfeldes in der Gestalt des Energie-Impuls-Tensors näher eingehen.

Bei den Anwendungen kann man zur Beschreibung der Gravitationswirkung materieller Systeme von dem Energie-Impuls-Tensor der idealen Flüssigkeit ausgehen. Dieser lautet im lokalen Inertialsystem[2]

$$T^{\mu\nu}_M = \frac{1}{c^2}(\varepsilon + p)\,u^\mu u^\nu - p\eta^{\mu\nu} \quad . \tag{6.43}$$

Hier bezeichnen ε die totale Energiedichte und p den isotropen Druck im momentanen Ruhsystem. Der Tensor (6.43) ist symmetrisch und für abgeschlossene Systeme gilt der differentielle Erhaltungssatz

$$T^{\mu\nu}_{M\ ,\nu} = 0 \quad . \tag{6.44}$$

[2] Siehe z. B. U. E. Schröder, Spezielle Relativitätstheorie, l.c., Abschnitt 8.4, S. 144 ff.

Sein Anwendungsbereich ist durchaus nicht auf ideale Flüssigkeiten beschränkt. Voraussetzung für die Verwendung von (6.43) ist, daß das physikalische System durch eine Energiedichte, bzw. dazu äquivalente Massendichte ϱ, einen isotropen Druck p, sowie ein Geschwindigkeitsfeld u^μ beschrieben werden kann. Wendet man $T_M^{\mu\nu}$ z. B. im Fall eines nichtrelativistischen Gases an, dann ist wegen $v_i \ll c$ der Beitrag der individuellen kinetischen Energien der Teilchen sowie der Druck zu vernachlässigen. Für ein Photonengas ist die zur Energiedichte $u = aT^4$ äquivalente Massendichte $\varrho = u/c^2$, und der Druck beträgt $p = u/3$. Im Fall einzelner makroskopischer Körper (etwa im Sonnensystem) ist die zur Masse äquivalente Energie viel größer als die anderen Energieformen.
Ist ein Gravitationsfeld vorhanden, dann geht (6.43) in den allgemein kovarianten Ausdruck über

$$T_M^{\mu\nu} = \frac{1}{c^2}(\varepsilon + p)\, u^\mu u^\nu - p g^{\mu\nu} \quad , \tag{6.45}$$

wobei ε und p als Skalare und u^μ als Vektor im Riemannschen Raum aufzufassen sind. Aus der Tensorgleichung $T_M^{\mu\nu}{}_{,\nu} = 0$ (Energie-Impuls-Erhaltung) wird nach dem Äquivalenzprinzip

$$T_M^{\mu\nu}{}_{;\nu} = 0 \quad . \tag{6.46}$$

Da nun Gravitationskräfte auf die Flüssigkeit wirken, ist das System nicht mehr abgeschlossen, d. h. (6.46) kann nicht als integraler Erhaltungssatz für Energie und Impuls gedeutet werden. Dem Inhalt nach sind (6.46) die hydrodynamischen Grundgleichungen, welche die Bewegung der Flüssigkeit im Gravitationsfeld beschreiben.
Als Quellen des Gravitationsfeldes sind neben makroskopischen Körpern auch physikalische Felder, wie z. B. das elektromagnetische Feld, zu berücksichtigen. Wie findet man den entsprechenden Energie-Impuls-Tensor? Wir wollen im folgenden eine Methode für die Bestimmung des Energie-Impuls-Tensors eines beliebigen physikalischen Systems (ausgenommen das Gravitationsfeld selbst) angeben, dessen Wirkungsintegral in allgemeinen krummlinigen Koordinaten in der Form geschrieben werden kann

$$S = \int \mathrm{d}^4x \sqrt{g} L = \int \mathrm{d}^4x \mathcal{L} \quad . \tag{6.47}$$

Dabei hängt die als Skalar definierte Lagrange-Funktion $L(A, \partial A, g_{\mu\nu})$, bzw. die skalare Dichte $\mathcal{L}$ sowohl von den Zustandsvektoren des Systems (z. B. den Feldfunktionen A) und deren ersten Ableitungen, als auch den Gravitationspotentialen $g_{\mu\nu}$ ab. Das Wirkungsintegral im Fall des elektromagnetischen Feldes (6.36) ist hierfür ein Beispiel.
In der Speziellen Relativitätstheorie folgt nach dem Noether-Theorem aus der Invarianz des Wirkungsintegrals gegenüber raumzeitlichen Translationen der Energie-Impulserhaltungssatz. In differentieller Form ausgedrückt bedeutet dies, daß die Divergenz des Energie-Impuls-Tensors des abgeschlossenen Systems verschwindet, $T^{\mu\nu}_{,\nu} = 0$. Aus der Tatsache, daß das Wirkungsintegral (6.47) unabhängig

von der Wahl der Koordinaten ist, folgt in entsprechender Verallgemeinerung $T^{\mu\nu}_{;\nu} = 0$, wobei $T^{\mu\nu}$ der gesuchte Energie-Impuls-Tensor ist.[3]
Zum Beweis gehen wir von der infinitesimalen Änderung der Koordinaten

$$x^{\mu'} = x^\mu + \delta x^\mu = x^\mu + \varepsilon\gamma^\mu(x) \quad , \ |\varepsilon| \ll 1 \tag{6.48}$$

aus, mit ε als infinitesimalem, konstantem Parameter. Bei dieser Transformation soll das Wirkungsintegral (6.47) ungeändert bleiben, $\delta S = 0$. Die Variation δS ist das Ergebnis zweier Änderungen. Es variieren die Zustandsvariablen A (Feldfunktionen). Sie erfüllen jedoch die Bewegungsgleichungen (Feldgleichungen), die gerade daraus folgen, daß die Variation von S nach diesen Größen gleich Null ist. Diese Änderungen brauchen also nicht berücksichtigt zu werden. Die zweite Änderung rührt von den $g_{\mu\nu}$ her, und die Variation des Integranden führt auf

$$\frac{\partial\mathcal{L}}{\partial g^{\mu\nu}}\delta g^{\mu\nu} + \frac{\partial\mathcal{L}}{\partial g^{\mu\nu}_{,\lambda}}\delta g^{\mu\nu}_{,\lambda} = \left[\frac{\partial\mathcal{L}}{\partial g^{\mu\nu}} - \partial_\lambda \frac{\partial\mathcal{L}}{\partial g^{\mu\nu}_{,\lambda}}\right]\delta g^{\mu\nu} + \partial_\lambda\left(\frac{\partial\mathcal{L}}{\partial g^{\mu\nu}_{,\lambda}}\delta g^{\mu\nu}\right) . \tag{6.49}$$

Die hier bei der Integration auftretende Divergenz kann nach dem Satz von Gauß in ein Integral über die begrenzende Oberfläche übergeführt werden. Wegen der Forderung $\delta g^{\mu\nu} = 0$ auf der Oberfläche, liefert das Oberflächenintegral keinen Beitrag und es bleibt

$$\delta S = \int \mathrm{d}^4x \frac{\delta\mathcal{L}}{\delta g^{\mu\nu}}\delta g^{\mu\nu} = 0 \quad , \tag{6.50}$$

wobei die Variationsableitung definiert ist als

$$\frac{\delta\mathcal{L}}{\delta g^{\mu\nu}} := \frac{\partial\mathcal{L}}{\partial g^{\mu\nu}} - \partial_\lambda \frac{\partial\mathcal{L}}{\partial g^{\mu\nu}_{,\lambda}} \quad . \tag{6.51}$$

Die Änderungen der Komponenten des metrischen Tensors $\delta g^{\mu\nu}$ bei der Transformation (6.48) folgen aus dem Transformationsgesetz

$$g^{\mu'\nu'}(x') = \frac{\partial x^{\mu'}}{\partial x^\lambda}\frac{\partial x^{\nu'}}{\partial x^\varrho} g^{\lambda\varrho}(x) \quad . \tag{6.52}$$

Da die Transformation infinitesimal ist, erhält man in erster Ordnung von ε

$$g^{\mu'\nu'}(x') = g^{\mu\nu}(x) + \xi^\mu{}_{,\lambda}g^{\lambda\nu}(x) + \xi^\nu{}_{,\varrho}g^{\mu\varrho}(x) + \mathcal{O}(\varepsilon^2) \quad . \tag{6.53}$$

Hierbei haben wir zur Vereinfachung der Schreibweise $\varepsilon\gamma^\mu(x) \equiv \xi^\mu(x)$ gesetzt. Zum Vergleich der Terme als Funktionen derselben Variablen entwickeln wir die linke Seite nach Potenzen von ξ^μ. Da nur die Summanden niedrigster Ordnung zu berücksichtigen sind, können wir im Koeffizienten von ξ^μ anstelle von $g^{\mu'\nu'}$ die ungestrichenen Komponenten von $g^{\mu\nu}$ schreiben und erhalten

$$g^{\mu'\nu'}(x^\lambda + \xi^\lambda) = g^{\mu'\nu'}(x^\lambda) + g^{\mu\nu}{}_{,\lambda}\xi^\lambda + \mathcal{O}(\varepsilon^2) \quad . \tag{6.54}$$

[3] Im allgemeinen Fall besitzt eine beliebige Raum-Zeit-Metrik keine Symmetrien. Das Verschwinden der verallgemeinerten Divergenz des Tensors $T^{\mu\nu}$ kann dann nicht als Erhaltungssatz interpretiert werden. Wesentlich ist hier der im folgenden Abschnitt 6.6 dargelegte Zusammenhang zwischen Symmetrien und integralen Erhaltungssätzen.

Man erhält schließlich mit (6.53) für die Änderung der $g^{\mu\nu}$ als Funktion von x

$$\delta g^{\mu\nu}(x) \equiv g^{\mu'\nu'}(x) - g^{\mu\nu}(x) = \xi^{\mu}{}_{,\lambda} g^{\lambda\nu} + \xi^{\nu}{}_{,\lambda} g^{\lambda\mu} - \xi^{\lambda} g^{\mu\nu}{}_{,\lambda} \quad . \tag{6.55}$$

Führt man statt der partiellen Ableitungen die kovarianten Ableitungen (4.59) ein und berücksichtigt (5.11), dann kann dieser Ausdruck in der zweckmäßigeren Form geschrieben werden

$$\delta g^{\mu\nu} = \xi^{\mu}{}_{;\lambda} g^{\lambda\nu} + \xi^{\nu}{}_{;\lambda} g^{\lambda\mu} \quad . \tag{6.56}$$

Die Variationsableitung (6.51) stellt eine Tensordichte[4] dar, die in den Indizes symmetrisch ist. Man erhält andererseits eine Tensordichte aus einem Tensor, wenn dieser mit $\sqrt{g}$ multipliziert wird (vergl. (5.24)). Wir können daher durch die Definition

$$\frac{1}{2}\sqrt{g} T_{\mu\nu} := \frac{\delta \mathcal{L}}{\delta g^{\mu\nu}} \tag{6.57}$$

den symmetrischen Tensor $T_{\mu\nu}$ einführen. Wir setzen (6.57) und den Ausdruck für $\delta g^{\mu\nu}$ (6.56) in die Gleichung (6.50) ein und erhalten, nachdem der zuvor eingeführte Faktor 1/2 wegen der Symmetrie von $T_{\mu\nu}$ gekürzt wurde,

$$\delta S = \int \mathrm{d}^4 x \sqrt{g} T_{\mu\nu} \xi^{\mu}{}_{;\lambda} g^{\lambda\nu} = 0 \quad . \tag{6.58}$$

Nach der Produktregel können wir hierfür auch schreiben

$$\delta S = \int \mathrm{d}^4 x \sqrt{g} \left[\left(\xi^{\mu} T_{\mu}^{\lambda} \right)_{;\lambda} - \xi^{\mu} T_{\mu}{}^{\lambda}{}_{;\lambda} \right] = 0 \quad . \tag{6.59}$$

Das Integral über die kovariante Divergenz des Vektors im ersten Summanden kann nach dem Integralsatz von Gauß (5.25) in ein Oberflächeninegral umgeformt werden. Dieses Integral liefert keinen Beitrag, da nach Voraussetzung die ξ^{μ} auf der Oberfläche gleich Null sind. Es bleibt

$$\delta S = \int \mathrm{d}^4 x \sqrt{g} \xi^{\mu} T_{\mu}{}^{\lambda}{}_{;\lambda} = 0 \quad . \tag{6.60}$$

Da dies für beliebige ξ^{μ} gelten soll, folgt für den in (6.57) definierten Tensor $T_{\mu}{}^{\lambda}{}_{;\lambda} = 0$ und, weil die kovariante Ableitung von $g^{\mu\nu}$ verschwindet, auch

$$T^{\mu\lambda}{}_{;\lambda} = 0 \quad . \tag{6.61}$$

Wir erkennen darin die verallgemeinerte Form der für den speziell-relativistischen Energie-Impuls-Tensor geltenden Gleichung $T^{\mu\lambda}{}_{,\lambda} = 0$.

[4] Zur Definition der Tensordichte siehe z. B. U. E. Schröder, Spezielle Relativitätstheorie, l.c., Abschnitt 4.2.3, S. 52 ff.

Aus diesem Grund liegt es nahe, den Energie-Impuls-Tensor eines durch die Lagrange-Funktion $L = \mathcal{L}/\sqrt{g}$ beschriebenen physikalischen Systems (das Gravitationsfeld selbst ausgenommen) in einem Gravitationsfeld mit dem in (6.57) definierten symmetrischen und divergenzfreien Tensor

$$T^{\mu\nu} = \frac{2}{\sqrt{g}} \frac{\delta(\sqrt{g}L)}{\delta g_{\mu\nu}} \tag{6.62}$$

zu identifizieren.

Wir wollen diese plausible Schlußfolgerung durch Vergleich mit dem bekannten Energie-Impuls-Tensor des freien elektromagentischen Feldes (6.42) rechtfertigen. Zunächst gilt mit (5.16) für die Variation von $\sqrt{g}$

$$\delta\sqrt{g} = \frac{1}{2}\sqrt{g} g^{\mu\nu} \delta g_{\mu\nu} \tag{6.63}$$

Wegen $g^{\mu\varrho} g_{\varrho\sigma} = \delta^{\mu}_{\sigma}$ sind die Variationen $\delta g_{\varrho\sigma}$ und $\delta g^{\mu\varrho}$ durch

$$\delta g^{\mu\varrho} g_{\varrho\sigma} + g^{\mu\varrho} \delta g_{\varrho\sigma} = 0 \tag{6.64}$$

miteinander verbunden. Nach Multiplikation mit $g^{\nu\sigma}$ folgt die Bedingung

$$\delta g^{\mu\nu} = -g^{\mu\varrho} g^{\nu\sigma} \delta g_{\varrho\sigma} \quad . \tag{6.65}$$

Man hat daher beim Übergang von $\delta g_{\mu\nu}$ zu $\delta g^{\mu\nu}$ auf die Änderung des Vorzeichens zu achten und erhält

$$\delta\sqrt{g} = -\frac{1}{2}\sqrt{g} g_{\mu\nu} \delta g^{\mu\nu} \quad . \tag{6.66}$$

Die Lagrange-Funktion des elektromagnetischen Feldes lautet (vgl. (6.36))

$$L = -\frac{1}{16\pi} F_{\alpha\beta} F_{\lambda\varrho} g^{\lambda\alpha} g^{\varrho\beta} \quad . \tag{6.67}$$

Da L von den Ableitungen des metrischen Tensors nicht abhängt, wird die Rechnung einfach und man erhält bei Anwendung der Produktregel

$$\frac{\delta(\sqrt{g}L)}{\delta g^{\mu\nu}} = \frac{\partial(\sqrt{g}L)}{\partial g^{\mu\nu}} = -\frac{1}{2}\sqrt{g} g_{\mu\nu} L + \frac{1}{8\pi}\sqrt{g} F_{\mu\lambda} F^{\lambda\nu} \quad . \tag{6.68}$$

Nach der Definition (6.62) folgt damit

$$T_{\mu\nu} = \frac{1}{4\pi}\left[F_{\mu\lambda} F^{\lambda}{}_{\nu} + \frac{1}{4} g_{\mu\nu} F_{\alpha\beta} F^{\alpha\beta}\right] \quad . \tag{6.69}$$

Dieser Tensor stimmt mit dem bekannten Energie-Impuls-Tensor des elektromagnetischen Feldes (6.42) überein. Die allgemeine Definition (6.62) ist somit (ohne zusätzlichen Faktor) gerechtfertigt. Ergänzend sei bemerkt, daß diese Methode auch zur Bestimmung des Energie-Impuls-Tensors im flachen Raum (ohne Gravitationsfeld) geeignet ist. Die dabei eingeführten krummlinigen Koordinaten werden dann mit $g^{\mu\nu}$ als formales Hilfsmittel in der Rechnung benutzt.

Als weiteres Beispiel betrachten wir ein freies skalares Feld $\varphi(x)$ der Masse m. Die Lagrange-Funktion für das reelle Feld φ lautet

$$L = \frac{1}{2}\left(g_{\mu\nu}\partial^\mu\varphi\partial^\nu\varphi - m^2\varphi^2\right) \quad . \tag{6.70}$$

Die zugehörige Feldgleichung folgt bei Variation des Wirkungsintegrals (6.47) nach φ

$$\frac{\partial(\sqrt{g}L)}{\partial\varphi} - \partial^\mu\left(\frac{\partial(\sqrt{g}L)}{\partial\varphi^{,\mu}}\right) = -m^2\sqrt{g}\varphi - \partial^\mu\left(\sqrt{g}g_{\mu\nu}\partial^\nu\varphi\right) = 0 \quad .$$

Da φ ein Skalar ist, können wir $\varphi_{,\mu} = \varphi_{;\mu}$ setzen und erhalten nach Division durch $\sqrt{g}$

$$\frac{1}{\sqrt{g}}\partial_\mu\left(\sqrt{g}\varphi^{;\mu}\right) + m^2\varphi = 0$$

und mit (5.22) schließlich

$$\varphi^{;\mu}{}_{;\mu} + m^2\varphi = 0 \quad . \tag{6.71}$$

Dies ist, wie erwartet, die Klein-Gordon-Gleichung in allgemein kovarianter Form. Den Energie-Impuls-Tensor gewinnen wir aus der Variationsableitung von $\mathcal{L} = \sqrt{g}L$ nach $\delta g^{\mu\nu}$. Mit (6.66) findet man

$$\frac{\delta(\sqrt{g}L)}{\delta g^{\mu\nu}} = \frac{\partial(\sqrt{g}L)}{\partial g^{\mu\nu}} = -\frac{1}{2}\sqrt{g}g_{\mu\nu}L + \frac{1}{2}\sqrt{g}\partial_\mu\varphi\partial_\nu\varphi$$

und die Definition (6.62) ergibt dann den Energie-Impuls-Tensor für das skalare Feld φ

$$T_{\mu\nu} = \varphi_{,\mu}\varphi_{,\nu} - \frac{1}{2}g_{\mu\nu}\left(g^{\alpha\beta}\partial_\alpha\varphi\partial_\beta\varphi - m^2\varphi^2\right) \quad . \tag{6.72}$$

Im lokalen Inertialsystem geht dieser Tensor in den bekannten speziell relativistischen Ausdruck über. Dieses Verfahren ist zur Berechnung des divergenzfreien symmetrischen Energie-Impuls-Tensors besonders geeignet.

6.6 Killing-Vektoren und Erhaltungssätze

Kehren wir nun zur Transformation (6.48) zurück. Für den Fall, daß sich dabei die Metrik nicht ändert, also $\delta g^{\mu\nu} = 0$ ist, geht (6.56) über in die Bedingung

$$\xi^\mu{}_{;\lambda}g^{\lambda\nu} + \xi^\nu{}_{;\lambda}g^{\lambda\mu} = 0 \quad . \tag{6.73}$$

Diese Gleichung heißt Killing-Gleichung, die Lösungen $\xi^\mu(x)$ Killing-Vektoren. Wenn Lösungen $\xi^\mu(x)$ der Killing-Gleichung existieren, dann beschreibt die Transformation (6.48) eine isometrische Abbildung der Raum-Zeit auf sich. Wir können diese Abbildung auch als Bewegung (z. B. Rotation) des Riemannschen

Raumes deuten, denn man bezeichnet gerade solche Transformationen als Bewegungen (Verlagerungen), bei denen die Metrik nicht geändert wird. Die isometrischen Transformationen bilden eine Gruppe, die sogenannte Bewegungsgruppe. Nur bei vorhandener Symmetrie besitzt die Killing-Gleichung Lösungen. Für einen beliebigen Riemannschen Raum braucht keine Lösung der Killing-Gleichung zu existieren.
Betrachten wir als besonders einfaches Beispiel den speziellen Fall des Minkowski-Raumes. Die Killing-Gleichung geht dann über in

$$\xi_{\mu,\nu} + \xi_{\nu,\mu} = 0 \tag{6.74}$$

mit der von 10 Parametern abhängigen allgemeinen Lösung

$$\xi_\mu(x) = a_\mu + \varepsilon_{\mu\nu}x^\nu \quad , \; \varepsilon_{\mu\nu} = -\varepsilon_{\nu\mu} \quad . \tag{6.75}$$

Offensichtlich entspricht dies gerade den Transformationen der Poincaré-Gruppe.
Als zweites Beispiel betrachten wir ein Gravitationsfeld, das einen zeitartigen Killing-Vektor $\xi_\mu \xi^\mu > 0$ zuläßt. Wir wählen die Koordinaten so, daß ξ^μ die einfache Form annimmt $\xi^\mu = (1, 0, 0, 0)$. Die rechte Seite der Gleichung (6.55) ist mit der Bedingung $\delta g^{\mu\nu} = 0$ nur dann erfüllt, wenn

$$\frac{\partial g^{\mu\nu}}{\partial x^0} = 0 \tag{6.76}$$

gilt. In dem gewählten Koordinatensystem sind demnach alle Komponenten des metrischen Tensors von x^0 unabhängig. Ein Gravitationsfeld mit dieser Eigenschaft heißt stationär. Wenn zusätzlich $g_{0n} = 0$ gilt, wird das zeitunabhängige Gravitationsfeld statisch genannt. In diesem Fall sind die beiden Zeitrichtungen äquivalent, denn das Linienelement $\mathrm{d}s$ ändert sich bei einem Vorzeichenwechsel von x^0 nicht, weil die raum-zeitlichen Terme $\mathrm{d}x^0\mathrm{d}x^n$ fehlen. Geometrisch bedeutet dies, daß bei statischen Feldern der zeitartige Killing-Vektor orthogonal zur Hyperfläche $x^0 = \mathrm{const}$ ist.
Man beachte jedoch, daß der ein zeitunabhängiges Gravitationsfeld erzeugende Körper nicht notwendig bewegungslos sein muß. So ist z. B. das Feld eines gleichmäßig um seine Achse rotierenden axialsymmetrischen Körpers zeitunabhängig. Bei einem Vorzeichenwechsel von x^0 ändert sich jedoch das Vorzeichen der Drehgeschwindigkeit. Die Richtungen der Zeitkoordinate sind nicht mehr gleichwertig. Das zugehörige Gravitationsfeld ist daher nicht statisch sondern stationär.
In einem gegebenen Gravitationsfeld gilt für den symmetrischen Energie-Impuls-Tensor eines physikalischen Systems (einer Feld- bzw. Materieverteilung) der lokale Erhaltungssatz (6.61). Diese Gleichung lautet explizit

$$T^{\mu\nu}{}_{,\nu} + \Gamma^\mu_{\varrho\nu}T^{\varrho\nu} + \Gamma^\nu_{\varrho\nu}T^{\mu\varrho} = 0 \quad . \tag{6.77}$$

Der erste und letzte Term führen zusammengefaßt mit (5.17) auf

$$\frac{1}{\sqrt{g}}\left(\sqrt{g}T^{\mu\nu}\right)_{,\nu} + \Gamma^\mu_{\varrho\nu}T^{\varrho\nu} = 0 \quad . \tag{6.78}$$

Der Satz von Gauß kann nur auf den ersten Summanden angewendet werden. Somit verhindert der von dem Gravitationsfeld herrührende zweite Term die Gültigkeit eines integralen Erhaltungssatzes. Wenn jedoch das Raum-Zeit-Kontinuum Symmetrien, d. h. eine Bewegungsgruppe besitzt, hat dies einen integralen Erhaltungssatz zur Folge. Der zur Bewegungsgruppe gehörende Killing-Vektor ξ_μ erfüllt die Gleichung (6.73). Dann verschwindet wegen $T^{\mu\nu}{}_{;\nu} = 0$ und der Symmetrie von $T^{\mu\nu}$ die Divergenz des mit ξ_μ gebildeten Vektors $T^{\mu\nu}\xi_\mu$, d. h. mit (5.20) können wir schreiben

$$(T^{\mu\nu}\xi_\mu)_{;\nu} = \frac{1}{\sqrt{g}}\left(\sqrt{g}T^{\mu\nu}\xi_\mu\right)_{,\nu} = 0 \quad . \tag{6.79}$$

Wir integrieren diese Gleichung über ein dreidimensionales Volumen, auf dessen Begrenzung $T^{\mu\nu}$ verschwindet

$$\int (T^{\mu\nu}\xi_\mu)_{;\nu}\sqrt{g}\mathrm{d}^3x = \int \left(\sqrt{g}T^{\mu 0}\xi_\mu\right)_{,0}\mathrm{d}^3x + \int \left(\sqrt{g}T^{\mu n}\xi_\mu\right)_{,n}\mathrm{d}^3x = 0 \quad . \tag{6.80}$$

Nach dem Satz von Gauß kann man den zweiten Summanden in ein Integral über die begrenzende Oberfläche überführen, das wegen $T^{\mu\nu} = 0$ auf der Begrenzung keinen Beitrag liefert. Das verbleibende Integral ist daher zeitlich konstant, d. h. es gilt der Erhaltungssatz

$$\frac{\partial}{\partial x^0}\int \sqrt{g}T^{\mu 0}\xi_\mu \mathrm{d}^3x = 0 \quad . \tag{6.81}$$

Die Bewegung eines kräftefreien Massenpunktes erfolgt im Riemannschen Raum auf einer Geodäten

$$\frac{\mathrm{D}u^\mu}{\mathrm{d}\tau} = 0 \quad . \tag{6.82}$$

Nehmen wir an, daß ein Killing-Vektorfeld ξ_μ existiert. Dann bleibt die skalare Größe $\xi_\mu u^\mu$ konstant. Zum Beweis überschiebt man (6.82) mit dem ξ_μ und erhält

$$\xi_\mu\frac{\mathrm{D}u^\mu}{\mathrm{d}\tau} = \frac{\mathrm{d}}{\mathrm{d}\tau}(\xi_\mu u^\mu) - u^\mu\xi_{\mu;\nu}u^\nu = 0 \quad . \tag{6.83}$$

Wegen der Antisymmetrie von $\xi_{\mu;\nu}$ (vergleiche die Killing-Gl. (6.73)) liefert der zweite Summand keinen Beitrag, und es folgt

$$\xi_\mu u^\mu = \mathrm{const} \quad . \tag{6.84}$$

Das innere Produkt eines Killing-Vektors mit dem Geschwindigkeitsvektor eines Teilchens bleibt also bei der Bewegung auf einer Geodäten konstant. Jeder Killing-Vektor einer Symmetriegruppe führt somit auf eine Erhaltungsgröße. Diese sind bei der Integration der Geodätengleichung nützlich.
Abschließend sei darauf hingewiesen, daß für einen vierdimensionalen Raum konstanter Krümmung zehn Killing-Vektoren existieren, die den vier Translations- und den sechs Rotationssymmetrien entsprechen.

7 Die Grundgleichungen der Gravitationstheorie

Die Grundidee der Einsteinschen Gravitationstheorie besteht darin, die Wirkung der Schwerkraft durch die Geometrie der Riemannschen Raum-Zeit auszudrücken. Dabei übernehmen die Komponenten des metrischen Tensors $g_{\mu\nu}$ die Rolle der Potentiale, die Christoffel-Symbole die Rolle der Feldstärken mit dem Krümmungstensor als deren Gradienten. Aufgrund der Geodätengleichung ist die Bewegung der Materie durch die Geometrie vorgeschrieben. Wir wenden uns nun der anderen grundlegenden Frage zu, wie denn die Metrik der Raum-Zeit durch die Materie- und Feldverteilung bestimmt ist.[1] Das zu formulierende physikalische Grundgesetz, die Feldgleichungen der Gravitation, stellen eine Verallgemeinerung dar und können nicht logisch aus schon bekannten Gesetzen deduziert werden. Die gesuchten Gleichungen sind aber durch einige plausibel erscheinende Forderungen im wesentlichen bestimmt. Solche vernünftigen Annahmen sind:

1. Aufgrund des Äquivalenzprinzips und des allgemeinen Relativitätsprinzips müssen die Feldgleichungen als kovariante Tensorgleichungen formuliert werden.
2. Die Quelle des Gravitationsfeldes ist der symmetrische Energie-Impuls-Tensor der Materie- und Feldverteilung, für den $T^{\mu\nu}_{;\nu} = 0$ gilt.
3. Die Feldgleichungen sollen, wie die anderen Feldgleichungen der Physik, partielle Differentialgleichungen von höchstens zweiter Ordnung für die zu bestimmenden Potentialfunktionen $g_{\mu\nu}$ sein. Sie sollen linear in den zweiten Ableitungen von $g_{\mu\nu}$ sein und im Newtonschen Grenzfall in die Poisson-Gleichung $\Delta\phi = 4\pi G\varrho$ übergehen.

Die nach den Forderungen 1 und 2 aufzustellenden Feldgleichungen sind also von der Form $X^{\mu\nu} = aT^{\mu\nu}$. Dabei muß der noch zu bestimmende zweistufige Tensor auf der linken Seite symmetrisch und divergenzfrei sein und die Forderung 3 erfüllen. Die zweiten Ableitungen von $g_{\mu\nu}$ kommen im Krümmungstensor (5.29) linear vor, ebenso in dem daraus durch Kontraktion hervorgehenden Ricci-Tensor (5.35). Dieser ist zwar symmetrisch, aber nicht divergenzfrei. Wir haben aber bereits gesehen, daß der Einstein-Tensor

$$G^{\mu\nu} := R^{\mu\nu} - \frac{1}{2} g^{\mu\nu} R \tag{7.1}$$

gerade diese Eigenschaften besitzt (s. Gl. (5.40)). Er ist außerdem der einzige divergenzfreie Tensor zweiter Stufe, der aus den $g_{\mu\nu}$ sowie deren ersten und zweiten Ableitungen gebildet werden kann (s. Kap. 5, Fußnote 4).

[1] Bei Misner et al., l.c., S. 23 findet man die einprägsame Formulierung: „Space tells matter how to move, and matter tells space how to curve.“

Durch die zu erfüllenden Forderungen 1–3 werden wir somit zwangsläufig auf die von Einstein 1915 angegebenen Feldgleichungen geführt

$$R^{\mu\nu} - \frac{1}{2} g^{\mu\nu} R = -\kappa T^{\mu\nu} \quad . \tag{7.2}$$

Der noch zu bestimmende Proportionalitätsfaktor κ ist ein Maß für die Stärke der gravitativen Kopplung und enthält daher die Newtonsche Gravitationskonstante G (1.2). Diese 10 Feldgleichungen treten an die Stelle der Poisson-Gleichung in der Newtonschen Theorie. Aus ihnen geht hervor, wie die Metrik der Raum-Zeit ($g_{\mu\nu}$) und damit ihre Krümmung durch die Materieverteilung ($T^{\mu\nu}$) bestimmt ist. Eine andere Form dieser Gleichungen lautet

$$R^{\mu\nu} = -\kappa(T^{\mu\nu} - \frac{1}{2} g^{\mu\nu} T) \quad , \; T := T^{\mu}{}_{\mu} \quad . \tag{7.3}$$

Zum Beweis kontrahiert man die Tensoren in der gemischten Form der Gleichung

$$R^{\mu}{}_{\nu} - \frac{1}{2} R \delta^{\mu}_{\nu} = -\kappa T^{\mu}{}_{\nu}$$

und erhält daraus

$$R = \kappa T \quad . \tag{7.4}$$

Man ersetzt nun in den Feldgleichungen (7.2) R durch κT und findet damit (7.3). Wenn $g_{\mu\nu}$ mit der Minkowski-Metrik übereinstimmt, also $g_{\mu\nu} = \eta_{\mu\nu}$ konstant ist, dann folgt aus (7.2) $T^{\mu\nu} = 0$. Im Minkowski-Raum ist demnach keine Materie vorhanden, die als Quelle des Gravitationsfeldes wirkt. Das bedeutet, daß die Materie an der Dynamik nur in der eingeschränkten Rolle als Testmasse beteiligt ist.

Falls andererseits $T^{\mu\nu} = 0$ gilt, erhält man nach (7.3) die Feldgleichungen im Vakuum

$$R^{\mu\nu} = 0 \quad . \tag{7.5}$$

Dies bedeutet nicht, daß der von Materie und Feldern freie Raum flach ist. Das tritt nur dann ein, wenn als stärkere Bedingung der Riemannsche Krümmungstensor verschwindet.

Die Dimension der Einsteinschen Gravitationskonstanten κ kann man den Feldgleichungen bzw. der Relation (7.4) entnehmen. Wir wollen sie in den Einheiten des CGS-Systems ausdrücken. Der Krümmungsskalar besitzt die Dimension der reziproken Länge zum Quadrat, also cm^{-2}, $T = g^{\mu\nu} T_{\mu\nu}$ die Dimension einer Energiedichte $[v^2]\mathrm{gcm}^{-3} = \mathrm{cm}^{-1}\mathrm{gs}^{-2}$. Damit folgt nach (7.4) für die Dimension von κ

$$[\kappa] = \mathrm{cm}^{-1}\mathrm{g}^{-1}\mathrm{s}^{2} \quad . \tag{7.6}$$

Der Vergleich mit der Newtonschen Gravitationskonstanten

$$[G] = \mathrm{cm}^{3}\mathrm{g}^{-1}\mathrm{s}^{-2} \quad . \tag{7.7}$$

läßt den Schluß zu, daß $\kappa \sim G/c^4$ ist. Den noch fehlenden Zahlenfaktor werden wir später bestimmen, nehmen aber das Ergebnis (8π) hier vorweg und erhalten

$$\kappa = \frac{8\pi G}{c^4} = 2.07 \times 10^{-48} \mathrm{cm}^{-1}\mathrm{g}^{-1}\mathrm{s}^{2} \quad . \tag{7.8}$$

7.1 Eigenschaften der Feldgleichungen

Zunächst ist zu bemerken, daß der Einstein-Tensor $G^{\mu\nu}$ nicht linear von den $g_{\mu\nu}$ und deren ersten Ableitungen abhängt. Daher gilt für die Lösungen der Feldgleichungen (7.2) bzw. (7.5) das Prinzip der linearen Superposition nicht. Diese Tatsache erschwert das Auffinden von Lösungen erheblich. Es gibt hierfür kein allgemein gültiges Verfahren. Bei vorhandenen Symmetrien wird der Lösungsweg wesentlich erleichtert und man kann unter vereinfachenden Annahmen exakte Lösungen finden. Eine andere Möglichkeit besteht darin, daß man im Fall schwacher Felder und geringer Geschwindigkeiten von linearisierten Gleichungen ausgeht und entsprechende Näherungslösungen erhält. Man hat zwar zahlreiche exakte Lösungen der Einsteinschen Feldgleichungen gefunden[2], aber nur einige wenige sind für die Anwendung von Bedeutung.

Nicht alle der 10 Feldgleichungen sind voneinander unabhängig. Infolge der (verjüngten) Bianchi-Identität (5.40)

$$G^{\mu\nu}{}_{;\nu} = 0 \quad , \tag{7.9}$$

die aus 4 Gleichungen besteht, hat man nicht 10, sondern nur 6 unabhängige Feldgleichungen. Da es 10 unbekannte Funktionen $g_{\mu\nu}(x)$ gibt, bestimmen die Feldgleichungen die Potentiale $g_{\mu\nu}$ nicht vollständig. Dies erinnert an die in der Elektrodynamik zulässigen Eichtransformationen. Die Unbestimmtheit der Lösungen $g_{\mu\nu}$ beruht auf der möglichen willkürlichen Wahl der Koordinaten und ist eine notwendige Folge der Kovarianzforderung, wonach allgemeine Transformationen der Art (6.52) zulässig sind. Es wäre widersinnig, wenn die Feldgleichungen nicht nur die Geometrie des Riemannschen Raumes bestimmen würden, sondern auch die Koordinaten zu deren Beschreibung. Um die Lösungen $g_{\mu\nu}(x)$ festzulegen, hat man die Freiheit, analog zur Wahl einer Eichung in der Elektrodynamik, zusätzlich geeignete Koordinatenbedingungen zu fordern. So können z. B. mit der sogenannten harmonischen Koordinatenbedingung

$$g^{\mu\nu}\Gamma^{\alpha}_{\mu\nu} = 0 \tag{7.10}$$

die linearisierten Feldgleichungen entkoppelt werden. Anstelle von Differentialgleichungen benutzt man auch, z. B. in einer homogenen und isotropen Raum-Zeit, rein algebraische Bedingungen, wie etwa die zeit-orthogonalen Koordinaten mit

$$g_{00} = 1 \ , \quad g_{0n} = 0 \quad . \tag{7.11}$$

Die Wahl der Koordinaten ist eine Frage der Zweckmäßigkeit.

In gewisser Hinsicht sind die Einsteinschen Feldgleichungen analog zu den Maxwell-Gleichungen. In der Elektrodynamik stellt die divergenzfreie Stromdichte j^{μ} die Quelle des elektromagnetischen Feldes dar. In ähnlicher Weise dient der

[2] Siehe dazu die zusammenfassende Darstellung von H. Stephani, D. Kramer, M. MacCallum, C. Hoenselaers, and E. Herlt, Exact Solutions of Einstein's Field Equations, 2. Aufl., Cambridge University Press, Cambridge 2002.

Energie-Impuls-Tensor $T^{\mu\nu}$ in den Feldgleichungen (7.2) als Quelle des Gravitationsfeldes. Auf folgenden wichtigen Unterschied ist aber hinzuweisen. Bei der Lösung der Maxwell-Gleichungen gibt man die Stromdichte vor und ermittelt dann die Potentiale A^μ. Ein ähnliches Vorgehen ist im Fall der Einsteinschen Feldgleichungen prinzipiell nicht möglich, weil die Potentiale $g^{\mu\nu}$ explizit in die Definition von $T^{\mu\nu}$ eingehen. Die Verteilung der Quellen der Gravitation ist in der erforderlichen kovarianten Form von $T^{\mu\nu}$ durch die zunächst noch unbekannte Metrik $g^{\mu\nu}$ mitbestimmt. Als Folge der Bianchi-Identität (7.9) sind die Feldgleichungen nur dann in sich widerspruchsfrei, wenn $T^{\mu\nu}{}_{;\nu} = 0$ gilt. Die kovariante Ableitung von $T^{\mu\nu}$ ist aber mit der Metrik zu berechnen, die erst aus den Feldgleichungen bestimmt werden soll. Dadurch sind die Struktur der Raum-Zeit und die Verteilung der Gravitationsquellen so eng miteinander verknüpft, daß dieses dynamische System nur als einheitliches Ganzes betrachtet werden und simultan gelöst werden kann. Das Raum-Zeit-Kontinuum ist eben nicht einfach inaktiver Hintergrund der physikalischen Vorgänge, sondern ist durch die Metrik an der Wechselwirkung und Bewegung der Materie beteiligt. Dieser charakteristische Zug der relativistischen Gravitationstheorie ist auf die Tatsache zurückzuführen, daß die Energie sowohl als Gravitationsquelle als auch als träge Masse wirkt.

Dieser enge Zusammenhang wird außerdem durch die folgende Besonderheit deutlich, durch die sich die Gravitationstheorie von der Elektrodynamik unterscheidet. Aus den Maxwell-Gleichungen folgt der Erhaltungssatz für die Stromdichte $\partial_\mu j^\mu = 0$, nicht aber die Bewegungsgleichung für die Ladungen, die Lorentz-Gleichung, die man zusätzlich angeben muss.

Im Fall der Gravitation folgt aus den Feldgleichungen (7.2) gemäß der Bianchi-Identität der differentielle Erhaltungssatz $T^{\mu\nu}{}_{;\nu} = 0$. Diese Tatsache bedeutet hier, daß die Feldgleichungen die Bewegungsgleichungen für die das Gravitationsfeld erzeugenden Quellen bereits enthalten. Dies wird zumindest plausibel, wenn wir an die Herleitung von $T^{\mu\nu}$ denken. Dort hatten wir bei Anwendung der Transformation (6.48) angenommen, daß die Bewegungsgleichungen für die Zustandsvariablen A der Materie gelten. Die entsprechenden Variationen des Wirkungsintegrals S nach diesen Größen ergaben dann keinen Beitrag. Unter dieser Voraussetzung konnte der divergenzfreie Energie-Impuls-Tensor (6.62) bestimmt werden. Hinsichtlich einer direkten Herleitung der Bewegungsgleichungen aus $T^{\mu\nu}{}_{;\nu} = 0$ verweisen wir auf die zu diesem speziellen Thema vorliegende umfangreiche Literatur.[3]

7.2 Feldgleichungen und Variationsprinzip

Nachdem wir im Abschnitt 6.5 bereits den Energie-Impuls-Tensor mit Hilfe der Variationen des Wirkungsintegrals bestimmt haben, können wir nach dieser Vorbereitung auch die Einsteinschen Feldgleichungen aus dem Wirkungsintegral herleiten. Dieser Zugang zu den Feldgleichungen ist von David Hilbert (1915) eingeführt worden.

Wir betrachten zunächst das freie Gravitationsfeld allein ohne seine Quellen und

[3] Siehe z. B. L. Infeld and J. Plebanski, Motion and Relativity, Pergamon Press, New York 1960.

werden seine Kopplung an die Materie später berücksichtigen. In diesem Fall ist die einfachste skalare Größe, die außer einer Konstanten als Integrand des Wirkungsintegrals in Frage kommt, die skalare Krümmung R. Diese hängt von $g_{\mu\nu}$, deren ersten Ableitungen quadratisch und deren zweiten Ableitungen linear ab. Es gibt keinen Skalar, der nur erste Ableitungen enthält, wie man eigentlich nach dem Vorbild der klassischen Feldtheorie zu fordern hätte. Wie wir gleich sehen werden, führen die zweiten Ableitungen hier jedoch nicht zu Schwierigkeiten. Man könnte auch an andere mögliche skalare Größen denken, wie z. B.

$$R_{\mu\nu}R^{\mu\nu}, \quad R_{\mu\nu\xi\varrho}R^{\mu\nu\xi\varrho}, \quad \text{etc.},$$

aber der einfachste Skalar ist R. Außerdem würde eine solche andere Wahl auf Differentialgleichungen vierter Ordnung führen, die im Grenzfall nicht in die Poisson-Gleichung übergehen. Aber der so motivierte Ansatz bleibt zunächst eine Annahme, die durch den Erfolg zu rechtfertigen ist.
Im Fall des freien Gravitationsfeldes hat man demnach von dem Wirkungsintegral

$$S_g = \int \mathrm{d}^4x\sqrt{g}R \tag{7.12}$$

auszugehen. Nach dem Extremalprinzip folgen daraus die Gleichungen des Gravitationsfeldes, wenn man die Variation von S nach den $g^{\mu\nu}$ geich Null setzt

$$\delta S_g = \delta\int \mathrm{d}^4x\sqrt{g}R_{\mu\nu}g^{\mu\nu} = 0 \quad . \tag{7.13}$$

Die Variation des Integranden bei den Änderungen $\delta g^{\mu\nu}$ führt zunächst nach Anwendung der Relation (6.66) auf

$$\delta(\sqrt{g}R) = \sqrt{g}g^{\mu\nu}\delta R_{\mu\nu} + \left(R_{\mu\nu} - \frac{1}{2}g_{\mu\nu}R\right)\delta g^{\mu\nu}\sqrt{g} \quad . \tag{7.14}$$

Wir zeigen nun, daß der erste Summand in (7.14) als Divergenz geschrieben werden kann und somit keinen Beitrag zur Variation des Wirkungsintegrals liefert. Es ist hierbei zweckmäßig, lokalgeodätische Koordinaten zu benutzen, so daß man wegen $\Gamma = 0$ für den Ricci-Tensor schreiben kann (vergl. (5.27))

$$R_{\mu\nu} = R^{\lambda}{}_{\mu\nu\lambda} = \Gamma^{\lambda}{}_{\mu\lambda,\nu} - \Gamma^{\lambda}{}_{\mu\nu,\lambda} \quad . \tag{7.15}$$

Für den betrachteten Term erhält man entsprechend

$$\begin{aligned} g^{\mu\nu}\delta R_{\mu\nu} &= g^{\mu\nu}\left[\left(\delta\Gamma^{\lambda}_{\mu\lambda}\right)_{,\nu} - \left(\delta\Gamma^{\lambda}_{\mu\nu}\right)_{,\lambda}\right] \\ &= \left(g^{\mu\nu}\delta\Gamma^{\lambda}_{\mu\lambda} - g^{\mu\lambda}\delta\Gamma^{\nu}_{\mu\lambda}\right)_{,\nu} \\ &=: C^{\nu}{}_{,\nu} \quad , \end{aligned} \tag{7.16}$$

wobei im zweiten Summanden die Summationsindizes λ und ν vertauscht wurden. Man beachte auch, daß $g^{\mu\nu}$ in den gewählten Koordinaten konstant ist und bei den hier betrachteten lokalen Variationen $\delta(\Gamma_{,\nu}) = (\delta\Gamma)_{,\nu}$ gilt. Wir erinnern daran, daß im Gegensatz zu den Γ die als Differenz definierten Variationen $\delta\Gamma$ Tensorgrößen sind. Nach Bildung der Differenz $\delta\Gamma$ heben sich die bei dem Transformationsgesetz im Fall von Γ sonst störenden Terme gerade heraus (vergl. (4.52)). Somit steht auf der rechten Seite von (7.16) die Divergenz des Vektors C^ν. Dieses Ergebnis, das zunächst in den gewählten lokalgeodätischen Koordinaten gilt, kann unmittelbar auf den Fall beliebiger Koordinaten dadurch verallgemeinert werden, daß man die gewöhnliche Ableitung durch die kovariante Ableitung ersetzt

$$g^{\mu\nu}\delta R_{\mu\nu} = C^\nu{}_{;\nu} \quad . \tag{7.17}$$

Der entsprechende Beitrag zur Variation des Wirkungsintegrals kann nach dem Satz von Gauß (5.25) in ein Randintegral übergeführt werden, das wegen der Randbedingung ($\delta\Gamma = 0$ auf der Oberfläche) gleich Null ist

$$\int \mathrm{d}^4x\sqrt{g}C^\nu{}_{;\nu} = \int \mathrm{d}^4x\,(C^\nu\sqrt{g})_{,\nu} = \oint \mathrm{d}\sigma_\nu C^\nu\sqrt{g} = 0 \quad . \tag{7.18}$$

Daher folgt für die Extremalbedingung (7.13)

$$\delta S_g = \int \mathrm{d}^4x\sqrt{g}\left(R_{\mu\nu} - \frac{1}{2}g_{\mu\nu}R\right)\delta g^{\mu\nu} = 0 \quad . \tag{7.19}$$

Da dies für beliebige Variationen $\delta g_{\mu\nu}$ erfüllt sein soll, muß der Ausdruck in der Klammer oben verschwinden. Man erhält damit die Gleichungen für das quellenfreie Gravitationsfeld

$$R_{\mu\nu} - \frac{1}{2}g_{\mu\nu}R = 0 \quad . \tag{7.20}$$

als Euler-Lagrange-Gleichungen des Variationsprinzips.
Zur Einbeziehung der Quellen des Gravitationsfeldes ist seine Wechselwirkung mit der Materie zu berücksichtigen. Man fügt zum Wirkungsintegral (7.12), wie in der klassischen Feldtheorie üblich, den von der Materie herrührenden Teil (6.47) hinzu

$$S = \int \mathrm{d}^4x\,(\sqrt{g}R + 2\kappa\mathcal{L}) \quad . \tag{7.21}$$

Die Konstante κ enthält die Gravitationskonstante G (s. (7.8)) und ist ein Maß für die Stärke der Kopplung des Gravitationsfeldes an die durch die skalare Lagrange-Dichte $\mathcal{L}$ beschriebenen materiellen Systeme.[4] Der zweckmäßig gewählte Faktor 2 ist durch das nachfolgende Ergebnis gerechtfertigt.
Den Beitrag der Materie zur Variation des Wirkungsintegrals können wir aufgrund der Definition (6.57) durch den Energie-Impuls-Tensor $T_{\mu\nu}$ ausdrücken. Zusammen mit dem Ergebnis (7.19) erhält man so die Bedingung

$$\delta S = \int \mathrm{d}^4x\sqrt{g}(R_{\mu\nu} - \frac{1}{2}g_{\mu\nu}R + \kappa T_{\mu\nu})\delta g^{\mu\nu} = 0 \quad . \tag{7.22}$$

[4] Hierzu gehören nicht nur makroskopische Massenverteilungen, sondern auch Feldsysteme, wie z. B. die Elektrodynamik.

Daraus folgen die Einsteinschen Feldgleichungen in der bekannten Form (7.2)

$$R_{\mu\nu} - \frac{1}{2} g_{\mu\nu} R = -\kappa T_{\mu\nu} \quad . \tag{7.23}$$

Aus der Bianchi-Identität (vergl. (7.9)) folgt dann unmittelbar, daß die Divergenz des Energie-Impuls-Tensors der Materie verschwinden muss

$$T^{\mu\nu}{}_{;\nu} = 0 \quad . \tag{7.24}$$

Dieses Ergebnis haben wir bereits früher (s. (6.61)) aus der Invarianz des Wirkungsintegrals gegenüber beliebigen Koordinatentransformationen hergeleitet.
In bestimmten Fällen kann man in guter Näherung davon ausgehen, daß die Metrik nur durch einen Teil von $T^{\mu\nu}$ bestimmt wird (z. B. durch die Massen der Sterne) und der Rest (z. B. das Sternenlicht) die Krümmung nicht mehr verändert. Man spricht dann von Testkörpern bzw. Testfeldern. Das sind Massen bzw. Felder, die nicht als Quellen zum Gravitationsfeld beitragen, sondern nur vom schon vorhandenen Gravitationsfeld beeinflußt werden und somit zum Nachweis seiner Eigenschaften dienen können. Sie kommen im Energie-Impuls-Tensor auf der rechten Seite der Gl. (7.23) nicht vor.

7.3 Newtonsche Näherung

Die Allgemeine Relativitätstheorie stellt die relativistische Verallgemeinerung der Newtonschen Gravitationstheorie dar. Letztere muß demnach in der umfassenderen Theorie enthalten sein. Beim Übergang zur nichtrelativistischen Theorie können wir die noch fehlende Bestimmung der Zahlenfaktoren bei $\kappa \sim G$ (s. (7.8)) nachholen.
Wir betrachten den Fall langsam veränderlicher schwacher Gravitationsfelder mit langsam ($v \ll c$) bewegten Massen. Dieser Übergang zur nichtrelativistischen Mechanik sollte auf die Gleichungen der Newtonschen Gravitationstheorie führen.
Wir beschreiben die Näherung durch den linearen Ansatz

$$g_{\mu\nu}(x) = \eta_{\mu\nu} + h_{\mu\nu}(x) \quad , \tag{7.25}$$

wobei $| h_{\mu\nu} | \ll 1$ nur kleine Abweichungen von der Minkowski-Metrik $\eta_{\mu\nu}$ bedeuten. Terme von zweiter Ordnung in $h_{\mu\nu}$ können daher vernachlässigt werden.
In der Newtonschen Theorie ist die Massendichte ϱ die einzige Quelle des Gravitationsfeldes. Im Ruhsystem des Schwerpunktes der felderzeugenden Massen sind alle Geschwindigkeiten klein gegen c. In diesem Bezugssystem stellt die Energiedichte

$$T_{00} = \varrho c^2 \tag{7.26}$$

die wesentliche Quelle der Gravitationsfeldes dar, wogegen alle anderen Komponenten von $T_{\mu\nu}$ vernachlässigbar klein sind. Dann ist auch $T = T^{\mu}{}_{\mu} = \varrho c^2$, und man erhält für den hier interessierenden Teil der Feldgleichungen, die wir in der Form (7.3) benutzen ($\eta_{00} = 1$),

$$R_{00} = -\frac{1}{2}\kappa \varrho c^2 \quad . \tag{7.27}$$

Die Definition des Ricci-Tensors (5.35) ergibt mit (5.27)

$$R_{00} = \partial_0 \Gamma^{\mu}_{0\mu} - \partial_\mu \Gamma^{\mu}_{00} \quad . \tag{7.28}$$

Hierbei braucht man die in Γ quadratischen Terme nicht zu berücksichtigen, denn in der betrachteten Näherung sind die Übertragungskoeffizienten Γ klein. Da das Gravitationsfeld sich zeitlich nur langsam ändert, können wir die zeitlichen Ableitungen $\partial_0 \Gamma$ gegenüber den räumlichen vernachlässigen und somit bleibt

$$R_{00} = -\partial_m \Gamma^{m}_{00} \quad . \tag{7.29}$$

Die Christoffel-Symbole (5.14) ergeben in dieser Näherung

$$\Gamma^{m}_{00} = \frac{1}{2} \partial^m h_{00} \quad . \tag{7.30}$$

Setzen wir diesen Ausdruck in (7.29) ein, dann folgt mit (7.27)

$$\Delta h_{00} = \kappa \varrho c^2 \quad . \tag{7.31}$$

Wegen (6.20) kann man h_{00} durch das Newtonsche Gravitationspotential ϕ ausdrücken und findet dann

$$\Delta \phi = \frac{1}{2} \kappa \varrho c^4 \quad . \tag{7.32}$$

Der Vergleich mit der Poisson-Gleichung (1.3) ergibt schließlich für die Einsteinsche Gravitationskonstante (vergl. (7.8))

$$\kappa = \frac{8\pi G}{c^4} \quad . \tag{7.33}$$

Betrachten wir nun die Gleichung der Geodäten

$$\frac{\mathrm{d}^2 x^\mu}{\mathrm{d}\tau^2} = -\Gamma^{\mu}_{\alpha\beta} \frac{\mathrm{d}x^\alpha}{\mathrm{d}\tau} \frac{\mathrm{d}x^\beta}{\mathrm{d}\tau} \quad , \tag{7.34}$$

die in dieser Näherung auf die Newtonsche Bewegungsgleichung führt. Im Fall langsam bewegter Körper ist die Eigenzeit τ genähert gleich der Koordinatenzeit $t = x^0/c$, und für die Vierergeschwindigkeit kann man setzen $u^\alpha \simeq (c, 0, 0, 0)$. In dieser Näherung wird

$$\frac{\mathrm{d}^2 x^m}{\mathrm{d}t^2} = -\Gamma^{m}_{00} c^2$$

und mit dem Resultat (7.30)

$$\frac{\mathrm{d}^2 x^m}{\mathrm{d}t^2} = -\frac{1}{2} c^2 \partial^m h_{00} \quad . \tag{7.35}$$

Der Vergleich mit der Newtonschen Bewegungsgleichung für ein Teilchen im Gravitationspotential ϕ

$$\frac{\mathrm{d}^2 \vec{r}}{\mathrm{d}t^2} = -\vec{\nabla} \phi \tag{7.36}$$

ergibt dann

$$h_{00} = \frac{2\phi}{c^2} \quad . \tag{7.37}$$

Damit haben wir den bei der Bestimmung von κ benutzten Zusammenhang zwischen dem Gravitationspotential ϕ und der Metrik $g_{00} = 1 + 2\phi/c^2$ nochmals auf anderem Wege hergeleitet.

7.4 Feldgleichungen mit kosmologischer Konstante

Eine zulässige einfache Verallgemeinerung der Einsteinschen Feldgleichungen erhält man dadurch, daß man einen zur Metrik proportionalen Term $\Lambda g_{\mu\nu}$ addiert

$$R^{\mu\nu} - \frac{1}{2} g^{\mu\nu} R + \Lambda g^{\mu\nu} = -\kappa T^{\mu\nu} \quad . \tag{7.38}$$

Wegen $g^{\mu\nu}_{;\nu} = 0$ bleibt die für die Konsistenz der Gleichungen wichtige Bianchi-Identität erhalten. Der konstante Faktor Λ ist eine skalare Größe und wird kosmologische Konstante genannt. Sie wurde ursprünglich von Einstein als phänomenologischer Term eingeführt, um die Existenz einer stationären Lösung der Feldgleichungen zu ermöglichen (vergl. S. 14). Seine Auffassung eines statischen Weltmodells endlicher Ausdehnung bei homogener Materieverteilung war aber nach der Entdeckung der Fluchtgeschwindigkeiten der Galaxien durch Edwin Hubble nicht mehr haltbar, und Einstein zog diese Vorstellung zurück.[5] Dennoch hat die kosmologische Konstante nach wechselvoller langer Geschichte überlebt. Aus der Sicht gegenwärtiger kosmologischer Modelle, insbesondere über das frühe Stadium des Universums, kann sie von Null verschieden sein. Für den äußerst kleinen heutigen Wert von Λ, oder für den Wert $\Lambda = 0$, hat man jedoch bislang keine überzeugende Erklärung finden können.

Für $\Lambda \neq 0$ gehen die Gleichungen (7.38) nicht in die der Newtonschen Mechanik über, sondern es treten zusätzliche Terme auf. Da der Krümmungsskalar R die Dimension einer reziproken Länge zum Quadrat besitzt, hat $\Lambda^{-1/2}$ die Dimension einer Länge. Ein Wert $\Lambda \neq 0$ widerspricht nur dann nicht der empirischen Gültigkeit der Newtonschen Theorie im Sonnensystem, wenn $\Lambda^{-1/2}$ groß gegenüber den Abmessungen des Sonnensystems ist. Das heißt, Λ muß einen genügend kleinen Wert annehmen und kann daher nur bei kosmologischen Abständen von Bedeutung sein.[6]

Wir betrachten nun den nichtrelativistischen Grenzfall der Feldgleichungen (7.38). Mit Hilfe der Relation

$$R = \kappa T + 4\Lambda \tag{7.39}$$

[5] Die Einführung von Λ nannte Einstein später „den größten Schnitzer meines Lebens".

[6] Ausführlicher wird das Problem der kosmologischen Konstanten behandelt in den zusammenfassenden Darstellungen von S. Weinberg, Rev. Mod. Phys. **61**, 1 (1989); S. M. Caroll et al., Ann. Rev. Astron. Astrophys. **30**, 499 (1992).

an Stelle von (7.4) eliminieren wir R und erhalten zunächst

$$R_{\mu\nu} = -\kappa\left(T_{\mu\nu} - \frac{1}{2}g_{\mu\nu}T\right) + \Lambda g_{\mu\nu} \quad . \tag{7.40}$$

Wir können nun die Überlegungen von vorhin (Abschnitt 7.3) wiederholen und finden mit den dortigen Ergebnissen im Newtonschen Grenzfall das von der Poisson-Gleichung abweichende Resultat ($\Lambda g_{\mu\nu} \approx \Lambda \eta_{\mu\nu}$)

$$\Delta\phi = 4\pi G\varrho - \Lambda c^2 \quad . \tag{7.41}$$

Der kosmologische Term entspricht somit einer effektiven Massendichte

$$\varrho = -\frac{\Lambda c^2}{4\pi G} \quad . \tag{7.42}$$

Bei fehlender Materie ($\varrho = 0$) und $\Lambda \neq 0$ hat (7.41), wenn wir $\phi = 0$ bei $r = 0$ setzen, die Lösung

$$\phi = -\frac{\Lambda c^2}{6}r^2 \quad . \tag{7.43}$$

Daraus folgt ($\vec{F} = -\vec{\nabla}\phi$), daß auf Testpartikel eine effektive Kraft wirkt

$$\vec{F} = \frac{\Lambda c^2}{3}\vec{r} \quad , \tag{7.44}$$

die für $\Lambda < 0$ anziehend, für $\Lambda > 0$ abstoßend ist. Positives Λ entspricht der Wirkung von Antigravitation und verstärkt die Expansion des Universums, $\Lambda < 0$ wirkt verzögernd. Große negative Werte für Λ kann man in der Kosmologie ausschließen, weil die damit verbundene Bremswirkung schon lange zum Kollaps des Universums geführt hätte. Bei großen positiven Werten Λ wäre andererseits die Expansion so rasch erfolgt, daß Galaxien und Sterne gar nicht erst hätten entstehen können.

Bringt man den Term $\Lambda g_{\mu\nu}$ in (7.38) auf die rechte Seite, so kann man

$$T_{\mu\nu}^{\text{vac}} = \frac{\Lambda^{\text{vac}}}{\kappa}g_{\mu\nu} \tag{7.45}$$

als Energie-Impuls-Tensor des Vakuums (Grundzustand bei $T_{\mu\nu} = 0$) interpretieren. Der Faktor $\Lambda^{\text{vac}}/\kappa$ stellt die Energiedichte des Vakuums dar und ist, wie alle Energieformen, Quelle des Gravitationsfeldes. Sie wird aufgrund der Quantenfeldtheorie als Ergebnis von Vakuumfluktuationen (Erzeugung und Vernichtung virtueller Teilchenpaare) etwa im Standardmodell der Elementarteilchen (einschließlich des Higgs-Feldes) gedeutet. Es ist beim heutigen Stand leider nicht möglich, diesen Beitrag der Vakuumfluktuationen aus ersten Prinzipien zu berechnen. Vielmehr führen die bisher versuchten Abschätzungen, wobei man zur Vermeidung der sonst auftretenden Divergenzen die Planck-Masse $\sqrt{\hbar c/G} = 10^{19}\text{GeV}/c^2$ als Abschneideparameter benutzt, auf einen Wert, der

den aufgrund von Beobachtungen zulässigen kleinen Wert um viele Größenordnungen übertrifft (Faktor $\sim 10^{120}$!).
Eine stringente obere Schranke für die Energiedichte und damit für Λ, auf die wir uns hier beziehen, findet man aus Beobachtungen an Galaxienhaufen. Da die Newtonsche Theorie noch mit ausreichendem Erfolg auf Galaxienhaufen anwendbar ist, muß deren mittlere geschätzte Massendichte $10^{-29}\mathrm{g/cm}^3$ größer als die im Fall $|\Lambda_{\mathrm{eff}}| \neq 0$ vorhandene Massendichte sein,

$$\frac{|\Lambda_{\mathrm{eff}}|c^2}{4\pi G} \lesssim 10^{-29}\mathrm{gcm}^{-3} \quad . \tag{7.46}$$

Die bekannten Zahlenwerte ergeben die obere Schranke für den effektiven Wert von Λ

$$|\Lambda_{\mathrm{eff}}| \lesssim 10^{-56}\mathrm{cm}^{-2} \quad . \tag{7.47}$$

Für die oben erwähnte gigantische Diskrepanz zwischen Theorie und Beobachtung um 120 Größenordnungen ist bisher keine Erklärung gefunden worden.
Ohne Begründung sollte man die von Einstein eingeführte kosmologische Konstante Λ nicht einfach streichen. Läßt man diese neben dem durch die Vakuumfluktuationen induzierten Λ^{vac} zu, dann ist die beobachtete Konstante Λ_{eff} die Summe zweier Beiträge

$$\Lambda_{\mathrm{eff}} = \Lambda + \Lambda^{\mathrm{vac}} \quad . \tag{7.48}$$

Zur Lösung des Problems könnte Λ so gewählt werden, daß der Betrag der Energiedichte des Vakuums Λ^{vac} gerade kompensiert wird. Das würde allerdings eine Feinabstimmung auf 120 Stellen erfordern. Diese Erklärung mit dem *ad hoc* gewählten Parameter Λ bleibt unbefriedigend.
Vielleicht gibt es aber eine noch nicht erkannte Symmetrie, die dafür sorgt, daß alle einzelnen Beiträge in (7.48) sich gegeneinander aufheben und in der Summe einen kleinen Wert (oder Null) für die kosmologische Konstante Λ_{eff} ergeben. Eine befriedigende Erklärung sollte jedenfalls auf ein Λ_{eff} in dem relativ schmalen Wertebereich führen, der für die Entstehung des Lebens, als Bedingung für unsere eigene Existenz, notwendig war.
In der Regel wird $\Lambda_{\mathrm{eff}} = 0$ angenommen. Man vermeidet dadurch einen weiteren Parameter in den kosmologischen Gleichungen. Aber ob diese Annahme korrekt ist, kann nur durch Beobachtungen im Rahmen kosmologischer Modelle entschieden werden. Neuere Beobachtungen an weit entfernten Supernovae[7] sprechen deutlich für eine beschleunigte Expansion des Universums, so daß in dem bevorzugten Modell eines flachen Universums $\Lambda_{\mathrm{eff}} > 0$ sein sollte.

7 L. M. Krauss, Astrophys. J. **501**, 461 (1998); A. G. Riess et al., Astron. J. **116**, 1009 (1998).

8 Die kugelsymmetrische Lösung

Die für die Anwendungen besonders wichtigen Gravitationsfelder von Himmelskörpern wie die Sonne, bzw. die Erde, werden von nahezu kugelförmigen Massenverteilungen erzeugt und sind daher in guter Näherung kugelsymmetrisch. Diese Symmetrie bleibt bestehen, wenn die Materie sich nur in radialer Richtung bewegen darf. Pulsierende Bewegungen seien deshalb im folgenden zugelassen, Rotationen dagegen nicht. Wir wollen die einfachste exakte Lösung der Einsteinschen Feldgleichungen bestimmen, die von Karl Schwarzschild (1916) gefunden wurde. Sie beschreibt die Metrik im Außenraum einer kugelsymmetrischen, elektrisch neutralen, Materieverteilung. Man braucht nicht zu fordern, daß die Lösung statisch sein soll. Wie wir sehen werden, hat die Voraussetzung der sphärischen Symmetrie allein bereits die statische Lösung zur Folge.

8.1 Formulierung der Feldgleichungen

Wir gehen aus von einer um den Ursprung des Koordinatensystems kugelsymmetrischen Massenverteilung (Stern, Planet). Das Minkowskische Linienelement, das wir in räumlichen Polarkoordinaten schreiben

$$\mathrm{d}s^2 = c^2\mathrm{d}t^2 - \mathrm{d}r^2 - r^2\mathrm{d}\Omega^2 \quad , \quad \mathrm{d}\Omega^2 := \mathrm{d}\theta^2 + \sin^2\theta\,\mathrm{d}\varphi^2 \tag{8.1}$$

ist dann so zu verallgemeinern, daß die sphärische Symmetrie gewahrt bleibt. Da alle radialen Richtungen gleichwertig sind, bedeutet dies, daß das Linienelement für alle Punkte mit der radialen Koordinate r gleich sein muß. Es kann also nur solche Funktionen und Produkte der Koordinatendifferentiale enthalten, die bei räumlichen Drehungen invariant bleiben. Der allgemeinste Ausdruck, der diese Forderung erfüllt, ist dann

$$\mathrm{d}s^2 = A(r,t)\mathrm{d}t^2 - B(r,t)\mathrm{d}r^2 + 2C(r,t)\mathrm{d}t\mathrm{d}r - D(r,t)\mathrm{d}\Omega^2 \quad . \tag{8.2}$$

Hier sind A, B, C, D zunächst beliebige Funktionen von r und t, die noch zu bestimmen sind. Die gemischten Terme $\mathrm{d}r\mathrm{d}\theta$, $\mathrm{d}r\mathrm{d}\varphi$ kommen nicht vor, weil sie die Symmetrie verletzen. Die Metrik können wir durch geeignete Wahl der Koordinaten weiterhin vereinfachen. Dies sei kurz angedeutet. Führt man $r' = \sqrt{D}$ als neue radiale Koordinate ein, dann wird der Koeffizient von $\mathrm{d}\Omega^2$ gleich $-r'^2$. Das heißt, in der neuen Form des Linienelements ist nun das übliche zweidimensionale Kugelflächenelement enthalten. Die Koeffizienten A, B und C gehen ebenfalls in andere Funktionen von r' über. Aber wir lassen die Striche bei r weg und ändern ihre Bezeichnungen nicht. Im nächsten Schritt definieren wir durch die Gleichung

$$\mathrm{d}t' = \omega(A\mathrm{d}t + C\mathrm{d}r) \tag{8.3}$$

eine neue Zeitkoordinate. Der integrierende Faktor $\omega(r,t)$ sorgt dafür, daß die rechte Seite ein totales Differential wird. Für den hier interessierenden Term in (8.2) erhält man

$$A\mathrm{d}t^2 + 2C\mathrm{d}t\mathrm{d}r = \frac{(\mathrm{d}t')^2}{A\omega^2} - \frac{C^2\mathrm{d}r^2}{A} \quad . \tag{8.4}$$

Der gemischte Term $2C\mathrm{d}t\mathrm{d}r$ wird dadurch eliminiert. Damit haben wir sowohl die Symmetrie des Problems als auch die Freiheit bei der Wahl der Koordinaten ausgenutzt.

Man schreibt zweckmäßig die verbleibenden Koeffizienten in exponentieller Form $A = e^{\nu}c^2$ und $B = e^{\lambda}$, wobei ν und λ Funktionen der neuen Variablen r, t (Striche fortgelassen) sind

$$\mathrm{d}s^2 = e^{\nu}c^2\mathrm{d}t^2 - e^{\lambda}\mathrm{d}r^2 - r^2\mathrm{d}\Omega^2 \quad . \tag{8.5}$$

Denken wir daran, daß unter $\{x^0, x^1, x^2, x^3\}$ die Polarkoordinaten $\{ct, r, \theta, \varphi\}$ zu verstehen sind, dann entnehmen wir dem Ausdruck (8.5) die folgenden von Null verschiedenen Komponenten des metrischen Tensors

$$g_{00} = e^{\nu}, \; g_{11} = -e^{-\lambda}, \; g_{22} = -r^2, \; g_{33} = -r^2\sin^2\theta \quad . \tag{8.6}$$

Die kontravarianten Komponenten unterscheiden sich davon wegen (5.9) nur durch ein negatives Vorzeichen im Exponenten ($g^{00} = e^{-\nu}$, usw.).

Die Gleichungen, denen die Funktionen ν und λ genügen müssen, ergeben sich aus den Einsteinschen Feldgleichungen. Zu deren Aufstellung benötigt man zunächst die Christoffel-Symbole. Die zur obigen Metrik gehörenden ${\Gamma^{\lambda}}_{\mu\nu}$ können wir bestimmen, indem wir die aus der Lagrange-Funktion (5.51), d. h. hier aus

$$L = \frac{1}{2}\left[e^{\nu}\left(\frac{\mathrm{d}x^0}{\mathrm{d}\tau}\right)^2 - e^{\lambda}\left(\frac{\mathrm{d}r}{\mathrm{d}\tau}\right)^2 - r^2\left(\frac{\mathrm{d}\theta}{\mathrm{d}\tau}\right)^2 - r^2\sin^2\theta\left(\frac{\mathrm{d}\varphi}{\mathrm{d}\tau}\right)^2\right] \quad , \tag{8.7}$$

folgenden Euler-Lagrange Gleichungen mit der Geodätengleichung vergleichen (s. S. 70). Man kann sie natürlich auch nach der Definitionsgleichung (5.14) berechnen.

Um ein Beispiel zu geben, wollen wir die Koeffizienten mit oberem Index Null bestimmen, wobei wir Einzelheiten der Rechnung übergehen. Bildet man mit L (8.7) die Gleichungen

$$\frac{\mathrm{d}}{\mathrm{d}\tau}\frac{\partial L}{\partial\left(\frac{\mathrm{d}x^0}{\mathrm{d}\tau}\right)} - \frac{\partial L}{\partial x^0} = 0 \tag{8.8}$$

dann folgt nach Multiplikation mit $e^{-\lambda}$ als Ergebnis

$$\frac{\mathrm{d}^2x^0}{\mathrm{d}\tau^2} + \frac{1}{2}\dot{\nu}\left(\frac{\mathrm{d}x^0}{\mathrm{d}\tau}\right)^2 + \nu'\frac{\mathrm{d}x^0}{\mathrm{d}\tau}\frac{\mathrm{d}r}{\mathrm{d}\tau} + \frac{1}{2}e^{\lambda-\nu}\dot{\lambda}\left(\frac{\mathrm{d}r}{\mathrm{d}\tau}\right)^2 = 0 \quad . \tag{8.9}$$

Hierbei beschreiben $\dot{\nu}$ die Ableitung nach $x^0 = ct$, ν' die Ableitung nach r. Der Vergleich mit der Geodätengleichung (6.11)

$$\frac{\mathrm{d}^2x^0}{\mathrm{d}\tau^2} + \Gamma^0_{00}\left(\frac{\mathrm{d}x^0}{\mathrm{d}\tau}\right)^2 + 2\Gamma^0_{01}\frac{\mathrm{d}x^0}{\mathrm{d}\tau}\frac{\mathrm{d}r}{\mathrm{d}\tau} + \Gamma^0_{11}\left(\frac{\mathrm{d}r}{\mathrm{d}\tau}\right)^2 = 0 \tag{8.10}$$

ergibt die von Null verschiedenen Koeffizienten

$$\Gamma^0_{00} = \frac{\dot{\nu}}{2},\ \Gamma^0_{01} = \frac{\nu'}{2},\ \Gamma^0_{11} = \frac{\dot{\lambda}}{2}e^{\lambda-\nu} \quad . \tag{8.11}$$

Analog bestimmt man die anderen Christoffel-Symbole (eine Aufgabe zur Übung)

$$\begin{array}{lll} \Gamma^1_{00} = \frac{\nu'}{2}e^{\nu-\lambda} & ,\Gamma^1_{01} = \frac{\dot{\lambda}}{2} & ,\Gamma^1_{11} = \frac{\lambda'}{2} \\ \Gamma^1_{22} = -re^{-\lambda} & ,\Gamma^1_{33} = -re^{-\lambda}\sin^2\theta & ,\Gamma^2_{12} = \frac{1}{r} \\ \Gamma^3_{13} = \frac{1}{r} & ,\Gamma^3_{23} = \cot\theta & ,\Gamma^2_{33} = -\sin\theta\cos\theta \end{array} \tag{8.12}$$

Zur Aufstellung der Feldgleichungen hat man die Komponenten des Ricci-Tensors, der durch Kontraktion des Riemannschen Krümmungstensors entsteht, $R_{\mu\nu} = R^{\lambda}{}_{\mu\nu\lambda}$, sowie den Krümmungsskalar $R = R^{\mu}{}_{\mu}$ zu berechnen. Die elementare aber längere Rechnung führt mit dem Einstein-Tensor (7.1) zu den Feldgleichungen

$$\begin{array}{ll} G_0{}^0 = e^{-\lambda}\left(\frac{1}{r^2} - \frac{\lambda'}{r}\right) - \frac{1}{r^2} & = -\kappa T_0{}^0 \\ G_0{}^1 = e^{-\lambda}\frac{\dot{\lambda}}{r} & = -\kappa T_0{}^1 \\ G_1{}^1 = e^{-\lambda}\left(\frac{\nu'}{r} + \frac{1}{r^2}\right) - \frac{1}{r^2} & = -\kappa T_1{}^1 \\ G_2{}^2 = \frac{1}{2}e^{-\lambda}\left(\nu'' + \frac{\nu'^2}{2} + \frac{\nu'-\lambda'}{r} - \frac{\nu'\lambda'}{2}\right) - \frac{1}{4}e^{-\nu}\left(2\ddot{\lambda} + \dot{\lambda}^2 - \dot{\lambda}\dot{\nu}\right) & = -\kappa T_2{}^2 \\ G_3{}^3 = G_2{}^2 & \end{array} \tag{8.13}$$

Alle anderen Komponenten des Einstein-Tensors verschwinden identisch.

8.2 Lösung der Feldgleichungen im Vakuum

Außerhalb der Massenverteilungen ist der Energie-Impuls-Tensor gleich Null. Die entsprechenden Feldgleichungen im Vakuum kann man vollständig integrieren. Der Einfluß der symmetrischen Massenverteilung besteht hier nur darin, daß ihre Symmetrie diejenige des Lösungsansatzes (8.2) bestimmt. Mit $T_\mu{}^\nu = 0$ lauten die ersten drei Gleichungen, auf die wir uns beschränken können,

$$e^{-\lambda}\left(\frac{\lambda'}{r} - \frac{1}{r^2}\right) + \frac{1}{r^2} = 0 \quad , \tag{8.14a}$$

$$e^{-\lambda}\left(\frac{\nu'}{r} + \frac{1}{r^2}\right) - \frac{1}{r^2} = 0 \quad , \tag{8.14b}$$

$$\dot{\lambda} = 0 \quad . \tag{8.14c}$$

Wegen $\dot{\lambda} = 0$ ist λ zeitunabhängig, $\lambda = \lambda(r)$. Nach Addition der beiden anderen Gleichungen folgt

$$\lambda' + \nu' = 0 \quad . \tag{8.15}$$

Diese Gleichung kann nur erfüllt werden, wenn neben λ und λ' auch ν' zeitunabhängig ist. Das bedeutet

$$\nu = \nu(r) + f(x^0) \quad . \tag{8.16}$$

Das Linienelement enthält ν in der Kombination

$$e^{\nu} \left(\mathrm{d}x^0\right)^2 = e^{\nu(r)} e^{f(x^0)} \left(\mathrm{d}x^0\right)^2 \quad . \tag{8.17}$$

Eine stets mögliche Transformation $x^0 \to x^{0\prime}$

$$\mathrm{d}x^{0\prime} = e^{f/2} \mathrm{d}x^0 \tag{8.18}$$

bewirkt dann, daß bei Verwendung der neuen Zeitkoordinate neben $\lambda = \lambda(r)$ auch $\nu = \nu(r)$ gilt, d. h. die Metrik nicht mehr von der Zeit abhängt. Damit ist der Satz von Birkhoff (1923) bewiesen: Jede kugelsymmetrische Lösung der Einsteinschen Feldgleichungen im Vakuum ist statisch.
In den neuen Koordinaten ist demnach

$$\lambda(r) + \nu(r) = 0 \quad . \tag{8.19}$$

Die Gleichung (8.14a) lautet in anderer Form

$$\frac{1}{r^2} \left[e^{-\lambda} \left(\lambda' r - 1\right) + 1 \right] = 0 \quad . \tag{8.20}$$

Durch die Substitution $\alpha = e^{-\lambda}$ geht die zu lösende Differentialgleichung

$$e^{-\lambda} \left(1 - \lambda' r\right) = 1 \tag{8.21}$$

über in

$$\alpha + \alpha' r = 1 \quad . \tag{8.22}$$

Die Lösung von (8.22) ist (beachte $\lambda = -\nu$)

$$\alpha = e^{-\lambda} = e^{\nu} = 1 + \frac{a}{r} \quad . \tag{8.23}$$

Sie enthält die Integrationskonstante a und geht im Unendlichen ($r \to \infty$) gegen 1. Das heißt, in großer Entfernung von den Gravitationsquellen geht die kugelsymmetrische Metrik in die Metrik des flachen Raumes über. Diese Eigenschaft brauchte bei der Herleitung nicht als Bedingung gefordert zu werden.

8.3 Die Schwarzschild-Metrik

Die Konstante a in der obigen Lösung bestimmt man durch Vergleich mit der Newtonschen Näherung (6.20)

$$e^{\nu} = g_{00} \cong 1 + \frac{2\phi}{c^2} \ , \ \phi = -\frac{GM}{r} \ , \tag{8.24}$$

die für schwache Gravitationsfelder gilt. Mit diesem Ausdruck muß die Lösung (8.23) in großen Entfernungen, wo das Gravitationsfeld schwach ist, übereinstimmen. Hiernach findet man $a = -2GM/c^2$, wobei M die gesamte Masse der Gravitationsquelle bedeutet. Diese Größe hat die Dimension einer Länge. Man schreibt zur Abkürzung

$$r_s = \frac{2GM}{c^2} \tag{8.25}$$

und bezeichnet r_s als Gravitationsradius (oder Schwarzschild-Radius) der Masse M.

Mit $e^{\nu} = 1 - r_s/r$ und $e^{\lambda} = (1 - r_s/r)^{-1}$ erhalten wir schließlich als kugelsymmetrische Lösung der Feldgleichungen im Vakuum die Schwarzschild-Metrik in der Standardform

$$\mathrm{d}s^2 = \left(1 - \frac{r_s}{r}\right) c^2 \mathrm{d}t^2 - \left(1 - \frac{r_s}{r}\right)^{-1} \mathrm{d}r^2 - r^2 \mathrm{d}\Omega^2 \ . \tag{8.26}$$

Hieraus wird deutlich, daß die Größe des Schwarzschild-Radius r_s maßgeblich die Abweichungen von der Minkowski-Metrik bestimmt. Sei R der Radius der Gravitationsquelle, dann gilt im Außenraum $r > R$ und das Verhältnis r_s/R ergibt eine erste Abschätzung der Größenordnung der zu erwartenden relativistischen Effekte. Dieses Verhältnis ist für Körper relativ geringer Massendichte, wie sie im Sonnensystem anzutreffen sind, sehr klein. Im Fall der Sonne ($M_\odot \simeq 2 \times 10^{30}$kg) erhält man z. B. $r_s = 3 \times 10^3$m und $r_s/R \simeq 10^{-6}$. Führt man die Sonnenmasse $M_\odot$ als Bezugsgröße ein, dann ist der Wert von r_s für ein Objekt der Masse M

$$r_s \simeq 3 \times \left(\frac{M}{M_\odot}\right) \mathrm{km} \ . \tag{8.27}$$

In der folgenden Tabelle sind die Schwarzschild-Radien und die Verhältnisse r_s/R für verschiedene Körper zur Veranschaulichung angegeben ($2G/c^2 = 1{,}5 \times 10^{-27}$m/kg).

Hiernach sind die in der Umgebung von Neutronensternen zu erwartenden relativistischen Effekte weitaus am größten.

Für $r = r_s$ wird die Schwarzschild-Metrik in der Standardform (8.26) singulär. Dieses Verhalten ist jedoch durch die Wahl der Koordinaten bedingt und entspricht keiner Eigenschaft des Raumes. Bei Verwendung anderer Koordinaten, in der „isotropen“ Form der Metrik (s. Abschnitt 8.5), tritt diese fiktive Singularität nicht mehr auf.

Bei den in der Tabelle 1 angeführten Objekten ist der Schwarzschild-Radius wesentlich kleiner als der Radius R der Körper. Die Singularität bei $r = r_s$ liegt

Tabelle 1: Der Schwarzschild-Radius bei verschiedenen Himmelskörpern im Verhältnis zu ihrem Radius R.

	r_s[m]	r_s/R
Erde	9×10^{-3}	10^{-9}
Sonne	3×10^3	10^{-6}
Weißer Zwerg	3×10^3	3×10^{-4}
Neutronenstern	3×10^3	$0,3$

daher in deren Innenraum, wo die Lösung (8.26) ohnehin nicht mehr gilt. Bei der Anwendung der Schwarzschild-Lösung in der Normalform im Gültigkeitsbereich $r \geq R$ ist also die Singularität bei r_s ohne Bedeutung. In diesem Zusammenhang stellt sich die Frage, was geschieht, wenn ein Körper so komprimiert wird, daß sein Radius kleiner oder gleich r_s ist. Dies führt auf die Diskussion des Gravitationskollaps und der schwarzen Löcher.[1]

Nach dem Satz von Birkhoff gilt die Schwarzschild-Lösung auch für bewegte Massen, wenn die Bewegung die sphärische Symmetrie nicht verletzt. Ein analoges Ergebnis gilt auch in der Elektrodynamik, denn eine kugelsymmetrische Lösung der Maxwell-Gleichungen ist notwendigerweise statisch. Das heißt, eine kugelsymmetrische Ladungs- und Stromverteilung strahlt nicht. Es gibt keine elektromagnetische Monopolstrahlung. Entsprechend folgt aus dem Birkhoffschen Satz, daß eine Materieverteilung, die sich bei Einhaltung der sphärischen Symmetrie bewegt, keine Gravitationswellen emittieren kann. Gravitationswellen entstehen folglich nur bei komplizierteren Bewegungsformen der Materie. Insbesondere können beim Ausbruch einer Supernova nur dann Gravitationswellen entstehen, wenn dieses Ereignis nicht kugelsymmetrisch erfolgt.

Wir können die Schlußweise zur Herleitung der Schwarzschild-Lösung auch im Fall einer Kugelschale mit konstanter Massendichte anwenden. Im leeren Innenraum gilt dann wieder die Lösung in der Form (8.5) mit dem Ergebnis (8.23). Sie sollte dort überall (auch bei $r = 0$) regulär sein. Daraus folgt für die Integrationskonstante $a = 0$, und man erhält die Minkowski-Metrik. Das heißt, das Gravitationsfeld verschwindet im Innern der Hohlkugel. Damit haben wir die bereits in der Newtonschen Mechanik gültige Aussage im allgemeineren Rahmen der relativistischen Gravitationstheorie bewiesen.

8.4 Länge und Zeit in der Schwarzschild-Metrik

In diesem Abschnitt wollen wir die Bedeutung der in der Schwarzschild-Metrik (8.26) vorkommenden Koordinaten erläutern. Während die Winkelkoordinaten θ und ϕ wie im euklidischen Raum aufzufassen sind, haben die Koordinaten t und r eine davon abweichende Bedeutung.

[1] Zu diesem umfangreichen Thema sei hier auf die ausführliche Darstellung bei Misner, Thorne und Wheeler: Gravitation, verwiesen. Über den neueren Stand der Forschung hierzu wird berichtet in F. W. Hehl, C. Kiefer, R. Metzler (Hrsg.): Black Holes, Proceed. WE-Heraeus-Seminar, Springer Verlag, Heidelberg 1998.

Für $r \to \infty$ geht die Schwarzschild-Metrik in die Minkowski-Metrik über. Daher stellt die Zeitkoordinate t die Eigenzeit einer im Unendlichen ruhenden Uhr dar. Davon zu unterscheiden ist die Eigenzeit eines Beobachters, der sich in der Nähe einer Gravitationsquelle, etwa bei $r \geq R$ befindet. In der Schwarzschild-Metrik besteht nach (6.2) folgende Relation zwischen der Koordinatenzeit t und der Eigenzeit bei r

$$\mathrm{d}\tau = \left(1 - \frac{r_s}{r}\right)^{\frac{1}{2}} \mathrm{d}t \quad . \tag{8.28}$$

Wegen $g_{00} \leq 1$ gilt $\mathrm{d}\tau \leq \mathrm{d}t$. Das heißt, in der Umgebung schwerer Massen vergeht die Zeit langsamer als im Unendlichen.

Wenn zwei Ereignisse zur gleichen Koordinatenzeit stattfinden ($\mathrm{d}t = 0$), dann werden sie auch für einen Beobachter, der die durch (8.28) bestimmte Eigenzeit mißt, gleichzeitig eintreten. Daher kann man im Raum-Zeit-Kontinuum dreidimensionale räumliche Schnitte definieren, die jeweils durch einen bestimmten Wert $t = \mathrm{const}$ gekennzeichnet sind. Alle Beobachter, die die Eigenzeit messen, stimmen mit dieser Festlegung der Raumschnitte überein. Aber die Eigenzeit, die zwischen zwei gegebenen Werten der Koordinatenzeit t vergeht, ist wegen (8.28) verschieden für die Beobachter, die sich an Orten mit unterschiedlichen radialen Koordinaten r befinden.

In einem Raumschnitt ($t = \mathrm{const}$) werden Entfernungen durch den räumlichen Teil des Linienelements (vergl. auch (6.7)) gemessen

$$\mathrm{d}l^2 = \left(1 - \frac{r_s}{r}\right)^{-1} \mathrm{d}r^2 + r^2 \mathrm{d}\Omega^2 \quad . \tag{8.29}$$

Die Oberfläche einer Kugel $r = \mathrm{const}$ hat somit den Wert $4\pi r^2$. Andererseits ist der Abstand in radialer Richtung ($\mathrm{d}\theta = \mathrm{d}\varphi = 0$) zwischen r_1 und r_2 gegeben durch

$$d = \int_{r_1}^{r_2} \left(1 - \frac{r_s}{r}\right)^{-\frac{1}{2}} \mathrm{d}r > r_2 - r_1 \quad . \tag{8.30}$$

Er ist stets größer als die Differenz der radialen Koordinaten. Darin kommt die Abweichung von der euklidischen Metrik zum Ausdruck. Demnach ist das Verhältnis der Umfänge zweier konzentrischer Kreise zu ihrem Abstand in radialer Richtung wegen (8.30) kleiner als 2π

$$\frac{2\pi(r_2 - r_1)}{d} < 2\pi \quad . \tag{8.31}$$

Bei $r_s \ll r$ erhält man für den radialen Abstand in guter Näherung

$$d \simeq \int_{r_1}^{r_2} \mathrm{d}r \left(1 + \frac{1}{2}\frac{r_s}{r}\right) = r_2 - r_1 + \frac{r_s}{2} \ln \frac{r_2}{r_1} \quad . \tag{8.32}$$

Berücksichtigt man ferner $r_2 - r_1 \gg r_s$, wie dies z. B. im Sonnensystem der Fall ist, dann folgt für das Verhältnis (8.31)

$$\frac{2\pi(r_2 - r_1)}{d} \simeq 2\pi\left[1 - \frac{1}{2}\left(\frac{r_s}{r_2 - r_1}\right)\ln\left(\frac{r_2}{r_1}\right)\right] \quad . \tag{8.33}$$

Betrachten wir als Beispiel den sonnennächsten Planeten Merkur, dessen große Halbachse ($5{,}8 \times 10^{10}$m) wir als r_2 annehmen. Mit dem Schwarzschild-Radius r_s der Sonne (3×10^3) und ihrem Radius r_1 (7×10^8m) beträgt dann die Korrektur zu 2π in obiger Gleichung 10^{-7}. Daher können die Bewegungen der Körper im Sonnensystem in guter Näherung im Rahmen der euklidischen Geometrie beschrieben werden.

8.5 Varianten der Schwarzschild-Metrik

Zunächst wollen wir zeigen, daß die Singularität der Schwarzschild-Metrik bei $r = r_s$ durch die Wahl der Koordinaten bedingt ist. Führt man durch die Transformation

$$r = \left(1 + \frac{r_s}{4\bar{r}}\right)^2 \bar{r} \tag{8.34}$$

die neue radiale Koordinate $\bar{r}$ ein, dann folgt die äquivalente Form des Linienelements

$$\mathrm{d}s^2 = \left(\frac{1 - \frac{r_s}{4\bar{r}}}{1 + \frac{r_s}{4\bar{r}}}\right)^2 c^2\mathrm{d}t^2 - \left(1 + \frac{r_s}{4\bar{r}}\right)^4 (\mathrm{d}\bar{r}^2 + \bar{r}^2\mathrm{d}\Omega^2) \quad . \tag{8.35}$$

Wie man am zweiten Summanden erkennt, gehen in diese Form die drei räumlichen Koordinaten $\bar{r}$, θ, φ (bzw. $\bar{x}$, $\bar{y}$, $\bar{z}$) gleichberechtigt ein. Man nennt sie daher isotrope Koordinaten. Für $\bar{r} = r_s/4$ (dies entspricht $r = r_s$) bleibt die Schwarzschild-Metrik in den isotropen Koordinaten endlich.
Im Fall schwacher Gravitationsfelder, also für $\bar{r} \gg r_s$, und bei Berücksichtigung der Terme erster Ordnung in $r_s/\bar{r}$, erhalten wir die Newtonsche Näherung

$$\mathrm{d}s^2 \simeq \left(1 - \frac{r_s}{\bar{r}}\right) c^2\mathrm{d}t^2 - \left(1 + \frac{r_s}{\bar{r}}\right)(\mathrm{d}\bar{r}^2 + \bar{r}^2\mathrm{d}\Omega^2) \quad , \tag{8.36}$$

in der nun auch die bei den räumlichen Komponenten des metrischen Tensors auftretenden Korrekturen enthalten sind. Es sei daran erinnert, daß wir bei der Betrachtung des Newtonschen Grenzfalles in den Abschnitten 6.3 bzw. 7.4 nur die Korrektur zur zeitlichen Komponente g_{00} bestimmt haben.
Bisher sind wir davon ausgegangen, daß die kosmologische Konstante Null ist. Läßt man diese Annahme fallen, dann hat man statt ${G_\mu}^\nu = 0$ die Gleichung

$${G_\mu}^\nu = -\Lambda {\delta_\mu}^\nu \tag{8.37}$$

zu lösen. Dies führt auf die modifizierte Schwarzschild-Metrik

$$\mathrm{d}s^2 = \left(1 - \frac{r_s}{r} - \frac{\Lambda r^2}{3}\right) c^2\mathrm{d}t^2 - \frac{\mathrm{d}r^2}{1 - \frac{r_s}{r} - \frac{\Lambda r^2}{3}} - r^2\mathrm{d}\Omega^2 \quad . \tag{8.38}$$

Man beachte, daß diese Metrik für $r \to \infty$ asymptotisch nicht in die Minkowski-Metrik übergeht. Da Λ jedoch nur klein sein kann, gibt es einen Bereich $1/\sqrt{\Lambda} \gg r \gg r_s$, in dem die Metrik genähert flach ist.
In der Newtonschen Näherung ist der Ausdruck $c^2(g_{00} - 1)/2$ nach (6.20) mit dem Newtonschen Potential ϕ zu identifizieren. Demnach erhält man aus (8.38)

$$\phi = -\frac{GM}{r} - \frac{c^2\Lambda}{6}r^2 \quad . \tag{8.39}$$

Der zweite Term stimmt mit dem bereits bekannten Ausdruck (7.43) überein und stellt die Korrektur bei $\Lambda \neq 0$ zum Newtonschen Potential dar. Da für die Bewegungen der Planeten im Sonnensystem diese Korrektur ohne Bedeutung ist, darf man hier $\Lambda = 0$ annehmen.

9 Überprüfung der Theorie im Sonnensystem

9.1 Bewegung eines Testteilchens im Gravitationsfeld

Die Bewegungen von Körpern der Masse $m \neq 0$ im Gravitationsfeld erfolgen längs zeitartiger Geodäten. Die Bahnen von Photonen ($m_\gamma = 0$) werden dagegen von Nullgeodäten beschrieben.

Newtonsches Gravitationsfeld

Zum späteren Vergleich erinnern wir zunächst kurz an die Berechnung der Bahn eines Testkörpers (Planeten) der Masse m bei seiner Bewegung um die Sonne (Masse M) im Rahmen der Newtonschen Theorie. Wegen der Kugelsymmetrie ist der Drehimpuls eine Erhaltungsgröße. Die Bewegung findet daher in der zum konstanten Drehimpuls senkrechten Ebene statt, die wir o.B.d.A. durch $\theta = \pi/2$ festlegen können. Die Lagrange-Funktion des Problems ist dann einfach

$$L = \frac{1}{2} m \left(\dot{r}^2 + r^2 \dot{\varphi}^2\right) + \frac{GmM}{r} \quad . \tag{9.1}$$

Die Euler-Lagrange-Gleichung für φ ergibt, da φ in L nicht vorkommt, d. h. zyklische Variable ist,

$$\frac{\mathrm{d}}{\mathrm{d}t} \frac{\partial L}{\partial \dot{\varphi}} = 0 \quad . \tag{9.2}$$

Hierin kommt der bereits verwendete Erhaltungssatz des Drehimpulses

$$l = m r^2 \dot{\varphi} = m h = \mathrm{const} \tag{9.3}$$

zum Ausdruck.
Die Lagrange-Funktion (9.1) ist invariant gegenüber zeitlichen Translationen. Daher gilt der Erhaltungssatz der Energie

$$\frac{1}{2} m \left(\dot{r}^2 + r^2 \dot{\varphi}^2\right) - \frac{GmM}{r} = E = \mathrm{const} \quad ,$$

den wir als weiteres Integral der Bewegung benutzen können, ohne die Bewegungsgleichung selbst umschreiben zu müssen. Mit $\dot{r} = \dot{\varphi} \mathrm{d}r/\mathrm{d}\varphi$ und $r^2 \varphi = h$ in (9.3) erhalten wir zunächst

$$\frac{1}{2} m \left[\left(\frac{\mathrm{d}r}{\mathrm{d}\varphi}\right)^2 \frac{h^2}{r^4} + \frac{h^2}{r^2}\right] - \frac{GmM}{r} = E \quad . \tag{9.4}$$

Setzt man nun $u = r^{-1}$, dann folgt mit $u' = \mathrm{d}u/\mathrm{d}\varphi = -r^{-2}(\mathrm{d}r/\mathrm{d}\varphi)$

$$\frac{1}{2}mh^2\left[(u')^2 + u^2\right] - GmMu = E \quad . \tag{9.5}$$

Um eine Gleichung für die zweite Ableitung u'' zu gewinnen, differenziert man (9.5) und erhält schließlich unter der Annahme $u' \neq 0$

$$u'' + u = A \quad , \quad A := \frac{GM}{h^2} \quad . \tag{9.6}$$

Als Lösung dieser Differentialgleichung erhält man die Kegelschnitte

$$u = A\left[1 + \varepsilon \cos(\varphi - \varphi_0)\right] \quad , \tag{9.7}$$

wobei ε und φ_0 Konstanten sind. Für $0 < \varepsilon < 1$ beschreibt (9.7) eine Ellipse mit der Exzentrizität ε und dem bei $\varphi = \varphi_0$ gelegenen Perihel. Ohne Beschränkung der Allgemeinheit können wir $\varphi_0 = 0$ setzen. Im Fall $\varepsilon = 0$ (bzw. $u' = 0$) erhält man den Kreis $u = 1/r = A$.

Schwarzschild-Feld

Man geht von der Schwarzschild-Metrik aus, die im Außenraum der Sonne gilt. Die Bewegung eines Probekörpers erfolgt längs der Geodäten. Mit Hilfe der bereits bekannten Christoffel-Symbole (8.12) können wir die Bewegungsgleichungen für das allgemein-relativistische Kepler-Problem direkt aufschreiben.
Andererseits folgt, wie wir in Abschnitt 5.4 gesehen haben, die Gleichung der Geodäten aus der Lagrange-Funktion (5.51)

$$L = \frac{1}{2}g_{\mu\nu}\dot{x}^\mu\dot{x}^\nu \quad , \tag{9.8}$$

die im Fall der Schwarzschild-Metrik lautet

$$L = \frac{1}{2}\left[\left(1 - \frac{r_s}{r}\right)c^2\dot{t}^2 - \left(1 - \frac{r_s}{r}\right)^{-1}\dot{r}^2 - r^2\left(\dot{\theta}^2 + \sin^2\theta\dot{\varphi}^2\right)\right] \quad . \tag{9.9}$$

Hier bedeutet der Punkt die Ableitung nach der Eigenzeit τ, die wir wegen $m \neq 0$ als affinen Parameter benutzen können. Diese zweite Methode, bei der man wie vorhin in der Newtonschen Theorie vorgeht, wollen wir hier anwenden.
Die Euler-Lagrange-Gleichungen

$$\frac{\mathrm{d}}{\mathrm{d}\tau}\left(\frac{\partial L}{\partial \dot{x}^\mu}\right) - \frac{\partial L}{\partial x^\mu} = 0 \tag{9.10}$$

führen zunächst im Fall der Koordinate $x^2 = \theta$ auf

$$\ddot{\theta} + \frac{2}{r}\dot{r}\dot{\theta} - \dot{\varphi}^2 \sin\theta\cos\theta = 0 \quad . \tag{9.11}$$

Wegen der Kugelsymmetrie können wir wie vorhin $\theta = \pi/2$ annehmen. Dann ist $\dot{\theta} = 0$ und nach (9.11) auch $\ddot{\theta} = 0$, d. h. die Bahn bleibt in der gewählten Ebene.

Zur Aufstellung der Bewegungsgleichungen für die anderen Koordinaten kann man in (9.9) $\theta = \pi/2$, $\dot{\theta} = 0$ setzen und dann von der vereinfachten Lagrange-Funktion ausgehen

$$L_1 = \frac{1}{2}\left[\left(1 - \frac{r_s}{r}\right) c^2 \dot{t}^2 - \left(1 - \frac{r_s}{r}\right)^{-1} \dot{r}^2 - r^2 \dot{\varphi}^2\right] \quad . \tag{9.12}$$

Im Fall $x^1 = r$ erhält man

$$\left(1 - \frac{r_s}{r}\right)^{-1} \ddot{r} + \frac{1}{2}\frac{r_s c^2}{r^2} \dot{t}^2 - \frac{1}{2}\left(1 - \frac{r_s}{r}\right)^{-2} \frac{r_s}{r^2} \dot{r}^2 - r\dot{\varphi}^2 = 0 \quad . \tag{9.13}$$

Weil $x^0 = ct$ und $x^3 = \varphi$ zyklische Koordinaten sind, erhalten wir unmittelbar die beiden ersten Integrale der anderen Bewegungsgleichungen

$$\frac{\partial L_1}{\partial \dot{x}^0} = \left(1 - \frac{r_s}{r}\right) \dot{x}^0 = k \quad , \quad \frac{\partial L_1}{\partial \dot{\varphi}} = r^2 \dot{\phi} = h \tag{9.14}$$

mit den Konstanten k und $h = l/m$ (vergl. (9.3)). Anstelle der komplizierten Bewegungsgleichung (9.13) benutzt man zweckmäßig als weiteres erstes Integral die Gleichung

$$g_{\mu\nu} \dot{x}^\mu \dot{x}^\nu = c^2 \quad , \tag{9.15}$$

die für die Vierergeschwindigkeit eines Teilchens der Masse $m \neq 0$ gilt (s. Abschnitt 6.3). Sie nimmt hier für $\theta = \pi/2$ die Form an

$$\left(1 - \frac{r_s}{r}\right) \dot{x}^{0\,2} - \left(1 - \frac{r_s}{r}\right)^{-1} \dot{r}^2 - r^2 \dot{\varphi}^2 = c^2 \quad . \tag{9.16}$$

Wir dividieren durch $\dot{\varphi}^2$ ($\dot{\varphi} \neq 0$ bei der Bewegung) und drücken $\dot{x}^0$ und $\dot{\varphi}$ durch die in (9.14) eingeführten Konstanten aus. Für $\dot{r}^2/\dot{\varphi}^2$ kann man $(\mathrm{d}r/\mathrm{d}\varphi)^2$ schreiben und erhält so

$$\frac{1}{r^4}\left(\frac{\mathrm{d}r}{\mathrm{d}\varphi}\right)^2 + \frac{1}{r^2}\left(1 - \frac{r_s}{r}\right)\left(1 + \frac{c^2 r^2}{h^2}\right) - \frac{k^2}{h^2} = 0 \quad . \tag{9.17}$$

Setzt man nun wie vorhin $u = r^{-1}$, dann folgt

$$(u')^2 + u^2 = \frac{k^2 - c^2}{h^2} + \frac{c^2 r_s}{h^2} u + r_s u^3 \quad . \tag{9.18}$$

Schließlich differenzieren wir diese Gleichung nach φ und erhalten bei $u' \neq 0$

$$u'' + u = A + \frac{3}{2} r_s u^2 \quad . \tag{9.19}$$

Hierbei wurde $r_s = 2GM/c^2$ und die Definition (9.6) von A benutzt. Der Fall $u' = 0$ ergibt $r = \mathrm{const}$, d. h. die Bewegung auf einem Kreis.
Die Gleichung (9.19) unterscheidet sich von der entsprechenden Bahngleichung in der Newtonschen Theorie (9.6) nur durch den zusätzlichen Term proportional zu $r_s u^2$. Da dieser nichtlinear ist, ermöglicht die zu erwartende Korrektur einen echten Test der Allgemeinen Relativitätstheorie. Diesem wollen wir uns nun zuwenden.

9.2 Periheldrehung

Eine erste Abschätzung der auf der Schwarzschild-Metrik beruhenden Korrektur zur Planetenbewegung erhält man durch den Vergleich des nichtlinearen Terms mit dem linearen Summanden in (9.19). Sie unterscheiden sich um den Faktor r_s/r, der selbst für den sonnennächsten Planeten Merkur (große Halbachse $\sim 6 \times 10^{10}$m) sehr klein ist

$$\frac{r_s}{r} \sim 5 \times 10^{-8} \quad . \tag{9.20}$$

Infolge dieser, wenn auch kleinen Störung, sind die Planetenbahnen nicht mehr geschlossene Ellipsen, sondern Rosettenbahnen. Mit anderen Worten, es tritt eine Drehung des Perihels auf (s. Figur 1). Von der Störung der Ellipsenbahn durch die Masse anderer Planeten sei hier zunächst abgesehen. Wir werden die Größe dieses Effektes, der ebenfalls eine Periheldrehung bewirkt, später angeben. Wegen der Kleinheit des zusätzlichen Terms kann man die entsprechende Änderung der Bahn durch sukzessive Approximation berechnen. Wir erhalten eine ausreichende Näherungsgleichung, wenn wir in den Störterm $\sim r_s u^2$ in (9.19) die Newtonsche Lösung (9.7) einsetzen ($\varphi_0 = 0$)

$$u'' + u = A + A^2 B \left[1 + 2\varepsilon \cos\varphi + \varepsilon^2 \cos^2\varphi\right] \quad . \tag{9.21}$$

Hier wurden die Abkürzungen

$$A = \frac{GM}{h^2} \quad , \quad B = \frac{3GM}{c^2} \tag{9.22}$$

eingeführt. Wegen der geringen Exzentrizität der Planetenbahnen, wie z. B. bei Merkur ($\varepsilon = 0.2$), kann man den Term proportional ε^2 vernachlässigen. Von dem konstanten Summanden A^2B kann man ebenfalls absehen, da er nur die Konstante A etwas ändert und somit keinen interessanten beobachtbaren Effekt hervorruft.
Es bleibt die zu lösende Differentialgleichung vom Typ der erzwungenen Schwingung

$$u'' + u - A = 2A^2 B\varepsilon \cos\varphi \quad . \tag{9.23}$$

Die Newtonsche Lösung (9.7), nun als u_0 bezeichnet, erfüllt die homogene Gleichung $u'' + u - A = 0$. In der angegebenen Näherung erhält man mit dem Ansatz

$$u \simeq u_0 + u_1 \tag{9.24}$$

die folgende Differentialgleichung für die partikuläre Lösung u_1

$$u_1'' + u_1 = 2A^2 B\varepsilon \cos\varphi \quad . \tag{9.25}$$

Die Lösung dazu ist, wie man durch Einsetzen leicht verifiziert,

$$u_1 = A^2 B\varepsilon\varphi \sin\phi \quad . \tag{9.26}$$

Damit wird

$$u = A\left[1 + \varepsilon\cos\varphi + AB\varepsilon\varphi\sin\varphi\right] \quad . \tag{9.27}$$

Der den Beitrag der partikulären Lösung bestimmende Faktor ist sehr viel kleiner als 1

$$\Delta\varphi_0 := AB\varphi = 3\left(\frac{GM}{ch}\right)^2 \varphi \ll 1 \quad . \tag{9.28}$$

Daher folgt mit $\cos(\Delta\varphi_0) \simeq 1$ und $\sin(\Delta\varphi_0) \simeq \Delta\varphi_0$, bei Verwendung der für die Winkelfunktionen geltenden Additionstheorems[1], für die Lösung (9.27)

$$u = A\left[1 + \varepsilon\cos(\varphi - \Delta\varphi_0)\right] \quad . \tag{9.29}$$

Dieser Ausdruck beschreibt eine präzessierende Ellipse (s. Fig. 1).

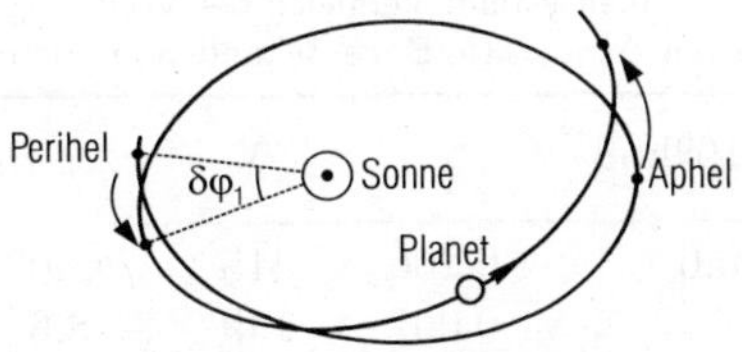

Figur 1: Als Folge der Periheldrehung durchläuft der Planet eine Rosettenbahn.

Nach einem Umlauf und damit beim Wiedereintreten des Perihels ändert sich das Argument des Kosinus um 2π, wenn φ sich um

$$\frac{2\pi}{1 - AB} \simeq 2\pi(1 + AB)$$

geändert hat. Dies zeigt, daß die Lage des Perihels nach einem Umlauf ($\varphi = 2\pi$ in (9.28)) um den Winkel

$$\Delta\varphi_1 = 2\pi AB \tag{9.30}$$

vorgerückt ist. Zweckmäßig drückt man die Konstante A durch die Parameter der Ellipsengleichung

$$r = \frac{p}{1 + \varepsilon\cos\varphi} \quad , \quad p = \frac{1}{A} \tag{9.31}$$

aus. Diese sind die numerische Exzentrizität ε und die Periheldistanz $r_{\min} = p/(1+\varepsilon) = a(1-\varepsilon)$, bzw. die große Halbachse a. Die Drehung des Perihels pro Umlauf ist dann

$$\Delta\varphi_1 = \frac{6\pi GM}{c^2 r_{\min}(1+\varepsilon)} = \frac{3\pi r_s}{a(1-\varepsilon^2)} \quad . \tag{9.32}$$

[1] Dieses lautet: $\cos(\alpha - \beta) = \cos\alpha\cos\beta + \sin\alpha\sin\beta$.

Ihre Größenordnung wird somit durch das Verhältnis Schwarzschild-Radius zu Bahnradius bestimmt. Dies bestätigt unsere frühere Abschätzung (s. das Beispiel Merkur (9.20)) und rechtfertigt auch die auf (9.28) beruhende Näherung bei den Winkelfunktionen.
Der Effekt ist so klein, daß er erst nach vielen Umläufen meßbar wird. Bei N Umläufen eines Planeten pro Erdjahrhundert beträgt die Paralleldrehung

$$\Delta\varphi = \frac{6\pi GM}{c^2 r_{\text{min}}(1+\varepsilon)} N \quad . \tag{9.33}$$

Nur bei den Planeten Merkur, Venus, Erde und dem Planetoiden Icarus ist der Perihelabstand r_{min} klein genug (Nähe zur Sonne) und N so groß, daß $\Delta\varphi$ gemessen werden kann. In der Tabelle 1 sind die Ergebnisse der Beobachtungen den Vorhersagen der Allgemeinen Relativitätstheorie gegenübergestellt.[2]

Tabelle 1: Periheldrehung im Sonnensystem: Vergleich der Vorhersagen $\Delta\varphi_{\text{AR}}$ mit den beobachteten Werten $\Delta\varphi_{\text{Beob}}$ (in Bogensekunden pro Jahrhundert).

Planet	$r_{\text{min}}[10^6\text{km}]$	ε	N	$\Delta\varphi_{\text{AR}}$	$\Delta\varphi_{\text{Beob}}$
Merkur	46,0	0,206	415	43,03	43,11 ± 0,45
Venus	107,47	0,007	149	8,6	8,4 ± 4,8
Erde	147,10	0,017	100	3,8	5,0 ± 1,2
Icarus	27,85	0,827	89	10,3	9,8 ± 0,8

Die gute Übereinstimmung der Beobachtungen mit den Vorhersagen stellt eine eindrucksvolle Bestätigung der Allgemeinen Relativitätstheorie dar.
Bemerkenswert ist die Genauigkeit der Meßergebnisse im Fall des Merkur, bei dem die beobachtete Drehung des Perihels insgesamt $(5600{,}73 \pm 0{,}41)''$ beträgt. Den größten Anteil hierzu, $\Delta\phi_{\text{N}}=(5557{,}62 \pm 0{,}20)''$, liefert die Newtonsche Theorie, denn etwa $5025''$ beruhen auf der Präzession des Frühlingspunktes gegenüber den Fixsternen und weitere $532''$ sind auf Störungen durch andere Planeten zurückzuführen. Nur der in der Tabelle angegebene kleine Wert bleibt als relativistischer Effekt zu erklären. Wie die Werte in der Tabelle zeigen, stimmen Theorie und Experiment mit einer Genauigkeit von etwa 1% überein.
Die gute Übereinstimmung bestätigt natürlich nur dann die Einsteinsche Theorie mit dieser Genauigkeit, wenn andere mögliche Ursachen für die Periheldrehung ausgeschlossen werden können. Zu Schwierigkeiten könnte ein hinreichend großes Quadrupolmoment der Sonne führen. Da die Sonne rotiert, ist sie an den Polen abgeplattet, d. h. die Gravitationsquelle ist nicht genau kugelsymmetrisch. Prinzipiell ergibt die Berücksichtigung des Quadrupolmomentes der Sonne einen zusätzlichen Beitrag zur Periheldrehung. Nach heutiger Kenntnis ist das Quadrupolmoment so klein, daß dieser Beitrag noch außerhalb der Meßgenauigkeit liegt.

[2] Diese Werte und Literaturangaben dazu findet man in S. Weinberg, Gravitation and Cosmology, J. Wiley, New York 1972.

Die Periheldrehung des Merkur war bereits seit etwa 1850 bekannt, und das Defizit von $\approx 43''$ war seitdem ein ungelöstes Problem der Newtonschen Himmelsmechanik. Die Erklärung durch die Allgemeine Relativitätstheorie stellte 1915 den ersten großen Erfolg der Einsteinschen Theorie dar.

9.3 Lichtablenkung

Die Ausbreitung von Lichtstrahlen erfolgt längs Nullgeodäten (5.48). Bei der Lösung der Geodätengleichung kann man analog zu Abschnitt 9.2 verfahren und die Ergebnisse von dort mit den entsprechenden Anpassungen übernehmen. Man hat anstelle der Eigenzeit den affinen Parameter λ zu verwenden, d. h. ein Punkt über der Koordinate bedeutet nun die Ableitung nach λ ($\dot{r} = \mathrm{d}r/\mathrm{d}\lambda$). Zum Beispiel lautet die Gleichung (5.48) nun (vergl. (9.16))

$$\left(1 - \frac{r_s}{r}\right) \dot{x}^{0^2} - \left(1 - \frac{r_s}{r}\right)^{-1} \dot{r}^2 - r^2 \dot{\varphi}^2 = 0 \tag{9.34}$$

Wie vorhin wählen wir die Koordinaten so, daß die Lichtstrahlen in der Äquatorebene $\theta = \pi/2$ verlaufen.
Im Teilchenbild besteht Licht aus Photonen, deren Ruhmasse Null ist ($m = 0$). Dies impliziert wegen (9.3) $h = l/m \to \infty$ und damit $A \to 0$ in Gl. (9.19). Es bleibt die nichtlineare Differentialgleichung ($u' = \mathrm{d}u/\mathrm{d}\varphi$)

$$u'' + u = \frac{3}{2} r_s u^2 \quad , \quad u = \frac{1}{r} \quad , \tag{9.35}$$

die bei der Ausbreitung von Lichtstrahlen in einem kugelsymmetrischen Gravitationsfeld zu erfüllen sind. Wie vorhin werden wir in nullter Näherung den nichtlinearen Term als kleine Störung vernachlässigen und später näherungsweise berücksichtigen.
Die Lösung der homogenen Differentialgleichung

$$u_0'' + u_0 = 0 \tag{9.36}$$

lautet

$$u_0 = \frac{1}{r} = \frac{1}{b} \sin\varphi \quad , \tag{9.37}$$

wobei b eine Integrationskonstante ist. Für die andere Integrationskonstante können wir zur Vereinfachung Null wählen, $\varphi_0 = 0$. Die obige Gleichung beschreibt eine gerade Linie. Dies ist zu erwarten, denn Lichtstrahlen sind im flachen Raum Geraden. Sie läuft im Abstand b (bei $\varphi = \pi/2$) am Ursprung ($r = 0$) vorbei und in den Richtungen $\varphi = 0$ bzw. $\varphi = \pi$ ins Unendliche. In kartesischen Koordinaten

$$x = r\cos\varphi \quad , \quad y = r\sin\varphi \quad , \quad r = \sqrt{x^2 + y^2} \tag{9.38}$$

lautet die Gleichung der Geraden

$$y = r\sin\varphi = b \quad . \tag{9.39}$$

Bei dieser Wahl der Koordinaten verläuft die Gerade parallel zur x-Achse. Die Konstante b ist der bei Streuprozessen verwendete Stoßparameter.
Wir setzen nun, wie im vorigen Abschnitt, die nullte Näherung (9.37) auf der rechten Seite in Gl. (9.35) ein und erhalten so die Differentialgleichung

$$u'' + u = 3\alpha \sin^2\varphi \quad , \quad \alpha = \frac{r_s}{2b^2} \tag{9.40}$$

mit der partikulären Lösung

$$u = \alpha(1 + \cos^2\varphi) \quad . \tag{9.41}$$

Diese hat man zur homogenen Lösung u_0 zu addieren und erhält

$$u = \frac{1}{r} = \frac{1}{b}\sin\varphi + \frac{1}{2}\frac{r_s}{b^2}r\left(1 + \cos^2\varphi\right) \quad . \tag{9.42}$$

In geeigneter Form lautet das Ergebnis

$$b = r\sin\varphi + \frac{r_s}{2b}r\left(2\cos^2\varphi + \sin^2\varphi\right) \quad . \tag{9.43}$$

In den kartesischen Koordinaten (9.38), in deren Ursprung das Zentrum der Gravitationsquelle (Sonne) liegen möge, folgt dann

$$y = b - \frac{r_s}{2b}\frac{2x^2 + y^2}{\sqrt{x^2 + y^2}} \quad . \tag{9.44}$$

Wie der Vergleich mit (9.39) zeigt, beschreibt der zweite Term eine kleine Abweichung von der Ausbreitung des Lichtstrahls längs einer Geraden. Für große Werte von x geht die Lösung (9.44) über in

$$y \simeq b - \frac{r_s}{b}x \quad . \tag{9.45}$$

Dies ist eine Gerade, die mit der x-Achse den Winkel α bildet, der sich aus der Steigung $\tan\alpha = -r_s/b$ ergibt. Wegen der Spiegelsymmetrie bezüglich der y-Achse existiert eine entsprechende Gerade auf der anderen Seite (s. Fig. 2). Dies entspricht der Erwartung, daß in weiter Entfernung von der Gravitationsquelle, wo der Raum flach ist, die Lichtstrahlen Geraden sind.

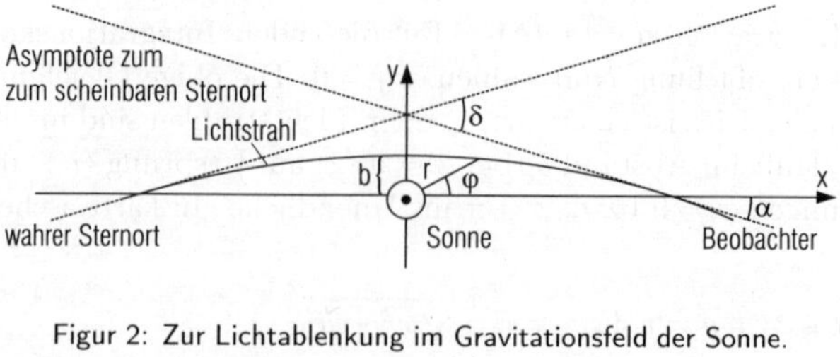

Figur 2: Zur Lichtablenkung im Gravitationsfeld der Sonne.

Wie man aus der Figur 2 erkennt, ist die Stärke der Ablenkung, den ein vom wahren Sternort zum Beobachter gelangender Lichtstrahl erfährt, durch den Winkel zwischen den Asymptoten $\delta = 2\alpha$ bestimmt. Da α sehr klein ist, kann man $\tan\alpha \simeq \alpha$ setzen und erhält für den Ablenkungswinkel, unabhängig von der Wellenlänge des Lichts,

$$\delta = \frac{2r_s}{b} = \frac{4GM}{c^2 b} \quad . \tag{9.46}$$

Setzt man die Daten für die Sonne ein und bezieht den Abstand b auf den Sonnenradius $R_\odot$, dann erfährt ein Lichtstrahl, der im Abstand b die Sonne passiert, eine Ablenkung um den Winkel

$$\delta = \frac{1,75''}{b/R_\odot} \quad . \tag{9.47}$$

Dieser Wert ist selbst im günstigsten Fall, wenn der Lichtstrahl streifend an der Sonne vorbeigeht, d. h. für $b = R_\odot$, sehr klein.

Zur Messung dieses Effektes im optischen Bereich stellt man während einer totalen Sonnenfinsternis fotografisch die Positionen sonnennaher Sterne fest. Diese Positionsbestimmung wird zu einer späteren Zeit wiederholt, wenn die Sonne nicht mehr in Richtung des Sternfeldes steht. Der Vergleich ergibt geringfügige relative Änderungen der Positionen, die ein Maß für die Stärke der Lichtablenkung durch die Sonne sind. Seit der bereits erwähnten historischen Messung von 1919 (vergl. Kapitel 2) wurde so die Lichtablenkung an etwa 400 Sternen bestimmt.[3] Die Ergebnisse sind mit Fehlern von mindestens 10% behaftet. Sie liegen in dem Bereich $1,57''$ - $2.37''$, wobei der Mittelwert $1,89''$ beträgt. Der Effekt ist damit nachgewiesen und angesichts einer Reihe möglicher Fehlerquellen bedeutet dies eine recht gute Übereinstimmung mit der Vorhersage. Insbesondere werden die Messungen im optischen Bereich durch Refraktionen an dem Gas in der Sonnenkorona erschwert. Die dadurch bedingten Ungenauigkeiten sind schwer abzuschätzen.

Dieser Effekt kann bei Messungen mit Radiowellen wesentlich genauer kontrolliert werden. Die seit 1969 eingesetzten Radiowelleninterferometer haben aufgrund ihrer langen Basis eine hohe Winkelmeßgenauigkeit. So kann die Ablenkung von Radiowellen durch die Sonne genauer bestimmt werden. Dies ist möglich, weil z. B. die kräftig strahlenden Quasare 3C273 und 3C279 jedes Jahr von der Sonne ganz oder teilweise überdeckt werden, also hinter der Sonne stehen. Die Messungen können daher jährlich wiederholt und somit die Meßgenauigkeit erhöht werden. Mit einem Interferometer der Basislänge 35 km wurden die Änderungen der Positionen von drei geeigneten Radioquellen bestimmt. Der Einfluß der Korona wurde dabei durch Messungen bei verschiedenen Abständen sowie verschiedenen Wellenlängen abgeschätzt. So war es möglich mit dem Ergebnis

$$\delta = (1,76 \pm 0,01)'' \tag{9.48}$$

eine Genauigkeit von etwa 1% zu erzielen.[4] Die Übereinstimmung dieser Messung mit der Vorhersage ist beeindruckend.

[3] Eine zusammenfassende Übersicht hierzu, in der auch die Schwierigkeiten bei der Messung erörtert werden, findet man bei H. von Klüber, Vistas in Astronomy **3**, 47 (1960).

[4] E. B. Fomalont und R. A. Sramek, Phys. Rev. Letters **36**, 1475 (1976); siehe auch E. B. Foma-

Es sei daran erinnert, daß in der Newtonschen Theorie keine Wirkungen der Gravitation auf elektromagnetische Wellen vorkommen. Die beobachtete Lichtablenkung bedeutet somit im Prinzip eine Widerlegung der Newtonschen Gravitationstheorie. Bereits 1911 hatte Einstein auf die Prüfung der Lichtablenkung durch Beobachtungen einer Sonnenfinsternis hingewiesen, aber nur den halben Wert $2GM/c^2b$ in seiner Rechnung erhalten.[5] In Erweiterung der Newtonschen Theorie ging Einstein von dem Leitgedanken aus, daß auch das Licht aufgrund seines Energieinhalts der Gravitationswirkung unterliegen sollte. Seine Abschätzung des Effekts entspricht aber der Newtonschen Näherung (6.20), in der $g_{00} = (1 + 2\varphi/c^2)$ ist und sonst die Metrik des flachen Raumes gilt. In der Schwarzschild-Metrik dagegen kommt durch den Faktor bei dr^2 die räumliche Krümmung hinzu, die ebenfalls zur Lichtablenkung beiträgt und so insgesamt der richtige Wert (9.46) resultiert. Diesen konnte Einstein erst nach vollständiger Aufstellung der Theorie (1915) angeben.

Man kann sich leicht davon überzeugen, daß in der Newtonschen Gravitationstheorie mit der Wechselwirkung $U = \alpha/r$ gerade der halbe Wert von (9.46) herauskommt. Dazu geht man vom Teilchenbild das Lichtes aus und benutzt die in der Mechanik abgeleitete Rutherfordsche Streuformel für den Ablenkungswinkel δ, die in den hier eingeführten Bezeichnungen lautet

$$b^2 = \left(\frac{\alpha}{mv_\infty}\right)^2 \cot^2\frac{\delta}{2} \quad . \tag{9.49}$$

Hierbei bedeutet v_∞ die Geschwindigkeit des Teilchens im Unendlichen. Setzt man $\alpha = -GmM$, wie es die Gravitationstheorie erfordert, und für v_∞ die Lichtgeschwindigkeit c, dann folgt daraus der „Newtonsche" Wert der Lichtablenkung δ_N. Da sich die zur Energie äquivalente Masse des Photons $m = E/c^2 (= h\nu/c^2)$ heraushebt und der Ablenkungswinkel sehr klein ist, findet man für δ_N den halben Wert von δ (9.46)

$$\delta = \frac{2GM}{c^2b} \quad . \tag{9.50}$$

9.4 Frequenzänderung

Wir wollen uns nun der Frequenzänderung elektromagnetischer Wellen, insbesondere des Lichts, unter dem Einfluß eines Gravitationsfeldes zuwenden. Dieser Effekt beruht auf dem im Abschnitt 6.2 bereits diskutierten Zusammenhang zwischen Eigenzeit und Zeitkoordinate und der daraus resultierenden Zeitdilatation im Gravitationsfeld.

lont, Comments on Astrophysics **7**, 19 (1977). Bei neueren Messungen konnte der vorhergesagte Wert der Lichtablenkung mit der verbesserten Genauigkeit von unter 0,1 % bestätigt werden. Siehe dazu S. S. Shapiro et al., Phys. Rev. Lett. **92**, 121101 (2004).

[5] A. Einstein: „Über den Einfluß der Schwerkraft auf die Ausbreitung des Lichtes", Ann. d. Physik **35**, 898 (1911). Die Lichtablenkung ist schon früher diskutiert worden. Der Astronom Johann Georg von Soldner (1776–1833) hatte 1801 eine Gravitationswirkung auf Licht angenommen und auf der Basis der Korpuskulartheorie des Lichts die Hälfte des richtigen Wertes erhalten. Einstein kannte 1911 diese Rechnung Soldners nicht. Sie war bis 1921 bei den Physikern nicht bekannt.

Wir gehen von einem kugelsymmetrischen Gravitationsfeld aus, von dem wir bereits wissen, daß es zeitunabhängig ist. In diesem in der Anwendung vorkommenden Fall läßt sich der Effekt der Gravitation von dem der Bewegungen von Quelle und Beobachter, dem Doppler-Effekt, trennen.
Ein Lichtsignal werde von einem am Raumpunkt $\{r_a, \theta_a, \varphi_a\}$ befindlichen Sender zu einem Empfänger am Raumpunkt $\{r_b, \theta_b, \varphi_b\}$ gesendet. Die angegebenen Koordinaten bleiben fest. Wegen $\mathrm{d}s^2 = 0$ ist dann die Koordinatenzeitdifferenz der beiden Ereignisse

$$x_b^0 - x_a^0 = \int\limits_{\lambda_a}^{\lambda_b} \left(\frac{-g_{mn}}{g_{00}} \frac{\mathrm{d}x^m}{\mathrm{d}\lambda} \frac{\mathrm{d}x^n}{\mathrm{d}\lambda} \right)^{\frac{1}{2}} \mathrm{d}\lambda \quad . \tag{9.51}$$

Hierbei bezeichnet λ den affinen Parameter entlang der Nullgeodäten. Wegen der Zeitunabhängigkeit des Feldes hängt das Integral nicht von x^0 sondern nur von dem Weg ab. Für ein zur späteren Zeit t'_a ausgesandtes Lichtsignal erhält man demnach bei gleichem Weg längs der Nullgeodäten die gleiche Zeitdifferenz ($x^0 = ct$)

$$t_b - t_a = t'_b - t'_a \quad . \tag{9.52}$$

Das heißt, das Koordinatenzeitintervall zwischen den aufeinander folgenden Signalen ist beim Sender und beim Empfänger gleich groß

$$t'_b - t_b = t'_a - t_a \quad . \tag{9.53}$$

Die Zahl der Schwingungen der Lichtwelle in Einheiten der Koordinatenzeit (nicht die Frequenz) ist demnach in beiden Punkten gleich

$$\frac{n}{\Delta t_a} = \frac{n}{\Delta t_b} \quad . \tag{9.54}$$

Die Uhr eines in a bzw. b ruhenden Beobachters mißt aber die Eigenzeit und nicht die Koordinatenzeit. Da die Metrik von den Koordinaten abhängt, ist nach (6.2) das Eigenzeitintervall am Ort des Senders ($\Delta\tau_a$) verschieden von dem am Ort des Empfängers ($\Delta\tau_b$). Wir schreiben die Relation (6.2) bezogen auf den Ort des Senders ausführlicher

$$\Delta\tau_a = \left(g_{00}\left(x_a\right)\right)^{\frac{1}{2}} \Delta t_a \quad . \tag{9.55}$$

Die entsprechende Gleichung mit dem Index b anstelle von a gilt am Ort des Empfängers. Wegen $\Delta t_a = \Delta t_b$ (9.53) folgt dann

$$\frac{\Delta\tau_a}{\Delta\tau_b} = \left(\frac{g_{00}\left(x_a\right)}{g_{00}\left(x_b\right)} \right)^{\frac{1}{2}} \quad . \tag{9.56}$$

Da die Frequenzen an den Orten a und b in den betreffenden Eigenzeitintervallen gemessen werden, $\nu_a = n/\Delta\tau_a$ und entsprechend für b, hat man die Zeitkoordinaten in (9.54) durch die Eigenzeiten auszudrücken und erhält

$$\frac{\nu_b}{\nu_a} = \left(\frac{g_{00}\left(x_a\right)}{g_{00}\left(x_b\right)} \right)^{\frac{1}{2}} \quad . \tag{9.57}$$

Im Fall der Schwarzschild-Metrik gilt $g_{00} = 1 - r_s/r$ und somit

$$\frac{\nu_b}{\nu_a} = \left(\frac{1 - r_s/r_a}{1 - r_s/r_b}\right)^{\frac{1}{2}} . \tag{9.58}$$

In vielen Fällen ist $r_s/r \ll 1$ (s. Tabelle 1, S. 108). Dann erhält man in guter Näherung, bei Vernachlässigung höherer Potenzen von r_s/r,

$$\frac{\nu_b}{\nu_a} \simeq 1 + \frac{1}{2} r_s \left(\frac{1}{r_b} - \frac{1}{r_a}\right) , \tag{9.59}$$

bzw. die relative Frequenzänderung

$$\frac{\Delta\nu}{\nu_a} := \frac{\nu_b - \nu_a}{\nu_a} \simeq \frac{1}{2} r_s \left(\frac{1}{r_b} - \frac{1}{r_a}\right) . \tag{9.60}$$

Wenn der Sender (a) sich näher an der Gravitationsquelle befindet als der Empfänger (b), dann ist $1/r_b < 1/r_a$ und es folgt $\nu_b < \nu_a$, d. h. man stellt eine Rotverschiebung fest. Befindet sich andererseits der Empfänger näher an der Quelle des Gravitationsfeldes, dann kommt es zu einer Blauverschiebung. Das von Atomen auf der Sonne ausgestrahlte Linienspektrum ist also, von der Erde aus betrachtet, nach Rot verschoben. Dies ist die auf der allgemein-relativistischen Zeitdilatation beruhende Rotverschiebung im Gravitationsfeld.

Die Rotverschiebung kann auch einfach bei Anwendung des Energiesatzes und des Äquivalenzprinzips hergeleitet werden. Man argumentiert im Teilchenbild des Lichts und berücksichtigt die Wirkung des Gravitationsfeldes auf die zur Energie des Photons äquivalente Masse $E/c^2 = h\nu/c^2$. Ohne Beschränkung der Allgemeinheit gehen wir davon aus, daß das Photon emittierende Atom (Sender) näher an der Gravitationsquelle ist als das absorbierende Atom (Empfänger). Das gegen das Gravitationsfeld aufsteigende Photon leistet Arbeit und erfährt dabei einen Energieverlust, der wegen der Energieerhaltung gleich dem Gewinn an potentieller Energie im Gravitationsfeld sein muß, d. h.

$$h(\nu_a - \nu_b) = \frac{h\nu_a}{c^2} GM \left(\frac{1}{r_a} - \frac{1}{r_b}\right) . \tag{9.61}$$

Hieraus geht die bereits abgeleitete relative Frequenzänderung (9.60) unmittelbar hervor.

Dieser einfachen Herleitung ist zu entnehmen, daß eine experimentelle Bestätigung der Gravitationsrotverschiebung nichts über die Struktur der Feldgleichungen aussagt, sondern ein Test des Äquivalenzprinzips ist. Der positive Ausgang der Experimente zeigt aber, daß die Eigenzeit, mithin der Gang der vom Beobachter mitgeführten Uhr, vom Gravitationsfeld abhängt.

Die Frequenzverschiebung im Gravitationsfeld der Erde konnte erstmals von Pound und Rebka (1960) und später in einem verbesserten Experiment von Pound und Snider[6] gemessen werden. Die dabei erforderliche Genauigkeit war

[6] R. V. Pound, J. L. Snider, Phys. Rev. **140B**, 788 (1965).

mit Hilfe des Mößbauer-Effekts, der rückstoßfreien Resonanzfluoreszenz bei Kernen, erreichbar. Es wurde die extreme Energieauflösung bei der 14,4 keV γ-Linie von ^{57}Fe benutzt. Als Strahlenquelle diente der Kern ^{57}Co. Quelle und Absorber befanden sich in einem Abstand von $\Delta r = 22,6$m vertikal übereinander in einem Turm. Dieser Abstand ergibt im Schwerefeld der Erde (Masse M, Radius $R = r_a$, Schwerebeschleunigung $g = GM/r^2$) die geringe relative Frequenzverschiebung

$$\frac{\Delta\nu}{\nu} \simeq -g\frac{\Delta r}{c^2} = -2.46 \times 10^{-15} \quad . \tag{9.62}$$

Die Vorhersage wurde im zweiten Experiment mit einer Genauigkeit von 1% bestätigt. Mit dieser Genauigkeit könnte man noch eine Doppler-Verschiebung feststellen, die durch eine Geschwindigkeit von etwa 2 cm pro Minute hervorgerufen wird. Diese Messung der Rotverschiebung im Labor gehört zu den bemerkenswerten Experimenten, die mit besonderer Präzision durchgeführt wurden.
Wesentlich größer ist die Rotverschiebung des von der Sonne emittierten Lichts (s. (9.61))

$$\frac{\Delta\nu}{\nu} = -\frac{GM_\odot}{r_\odot c^2} = -2.12 \times 10^{-6} \quad . \tag{9.63}$$

Die Messungen werden jedoch erschwert durch die in der Sonnenatmosphäre vorhandenen Konvektionsströme. Wegen der Bewegung des Gases erfahren die Linien zusätzlich eine Doppler-Verschiebung. Im Ergebnis wurde mit einer Genauigkeit von 6% die Übereinstimmung von Vorhersage und Beobachtung festgestellt[7]

$$\frac{\Delta\nu_{\text{Exp.}}}{\Delta\nu_{\text{Theor.}}} = 1.01 \pm 0.06 \quad . \tag{9.64}$$

Die Masse eines weißen Zwergsterns ist etwa gleich der Sonnenmasse. Da aber der Radius um den Faktor 100 kleiner als der Sonnenradius ist, erwartet man einen bis zu 100 mal stärkeren Effekt im Vergleich zur Sonne. Wegen der in diesem Fall vermehrt auftretenden Unsicherheiten bei den in die Auswertung eingehenden Daten ist die erzielte Genauigkeit geringer. Die Bestimmung der Rotverschiebung der vom Stern Sirius B emittierten H-Linien führte im Vergleich zur Vorhersage auf das Ergebnis[8]

$$\frac{\Delta\nu_{\text{Exp.}}}{\Delta\nu_{\text{Theor.}}} = 1.07 \pm 0.2 \quad . \tag{9.65}$$

9.5 Zeitdilatation

Die Zeitdilatation im Gravitationsfeld (9.56) führt, wie wir vorhin gesehen haben, zur Frequenzverschiebung (9.60) und ist somit durch deren Bestätigung ebenfalls nachgewiesen. Sie konnte aber auch direkt erstmals 1972 mit Hilfe von Cäsium-Atomuhren auf Linienflügen um die Erde gemessen werden.[9]

---

[7] J. L. Snider, Phys. Rev. Lett. **28**, 853 (1972).
[8] J. L. Greenstein et al., Astrophys. J. **169**, 563 (1971).
[9] J. C. Hafele, R. E. Keating, Science **177**, 168 (1972).

Nach (9.56) gilt in der Schwarzschild-Metrik mit $r_s/r \ll 1$

$$\frac{\Delta\tau_b}{\Delta\tau_a} - 1 \simeq \frac{1}{2} r_s \left(\frac{1}{r_a} - \frac{1}{r_b} \right) \quad . \tag{9.66}$$

Befindet sich demnach ein Beobachter in (a) näher an der Gravitationsquelle als der Beobachter in (b) $(r_a < r_b)$, dann ist das in (a) gemessene Eigenzeitintervall kleiner als dasjenige in (b), $\Delta\tau_a < \Delta\tau_b$. Mit anderen Worten, in der Nähe schwerer Körper gehen Uhren langsamer als in größerer Entfernung.
Für Uhren, die sich nahe der Erdoberfläche befinden, können wir (9.66) durch den Höhenunterschied $\Delta r = r_b - r_a$ und den Erdradius R_E ausdrücken

$$\frac{\Delta T}{T} = \frac{1}{2} r_s \left(\frac{1}{r_a} - \frac{1}{r_b} \right) \simeq \frac{r_s \Delta r}{2R_E^2} \quad . \tag{9.67}$$

Die hier verwendeten Abkürzungen sind $\Delta T = T_b - T_a, T = T_a$, wobei T_a und T_b die von den Uhren in (a) bzw. (b) angezeigten Zeiten bedeuten.
Bei einer Höhe von 10 Kilometern über der Erde folgt für den Effekt der Zeitdilatation in dieser Näherung mit dem Erdradius $R_E = 6.4 \times 10^3$km und $r_s/R_E = 1.4 \times 10^{-9}$

$$\frac{\Delta T}{T} \simeq 10^{-12} \quad . \tag{9.68}$$

Für einen Nonstop-Flug um die Erde ($\sim$ 40000 km) braucht man bei einer Geschwindigkeit von 800 km/h die Zeit T = 50h. Nach dieser Zeit beträgt die Zeitdilatation im Gravitationsfeld der Erde bei einer in 10 km Höhe mitgeführten Uhr $\Delta T = 10^{-12} T \simeq 1.8 \times 10^{-7}$s. Die genannten Autoren hatten festgestellt, daß dies durchaus im Bereich der Meßgenauigkeit der 1972 verfügbaren Atomuhren lag. Sie konnten in dem mit einfachen Mitteln durchgeführten Experiment eindeutig nachweisen, daß die in den Flugzeugen mitgeführten Uhren gegenüber den am Boden verbliebenen vorgingen.
Bei dem Vergleich mußte natürlich vorher die auf der Geschwindigkeit beruhende Zeitdilatation der Speziellen Relativitätstheorie als kinematische Korrektur berücksichtigt werden. Die Uhren wurden auf den Flügen einmal in westlicher Richtung und einmal in östlicher Richtung um die Erde mitgeführt. Dadurch war infolge des dabei unterschiedlichen Einflußes der Erdrotation eine Trennung von Gravitations- und Geschwindigkeitseffekten möglich. Der Vergleich der Vorhersagen mit dem experimentellen Ergebnis ergab eine bis auf etwa 10% genaue Übereinstimmung.
Genauere Ergebnisse lassen sich mit Hilfe von Atomuhren in Raketen oder Satelliten erzielen. In einem der Experimente diente als Uhr ein Wasserstoffmaser, der mit einer Rakete in eine Höhe von 10000 km gebracht wurde.[10] Die Signale des Masers wurden mit den Zeitangaben zweier Maser auf der Erde verglichen. Die Auswertung ergab eine Übereinstimmung zwischen Theorie und Experiment bei erreichter Genauigkeit von 7×10^{-5}.

[10] R. F. C. Vessot et al., Phys. Rev. Lett. **45**, 2081 (1980)

Ergänzend sei betont, daß der Gang der Uhren nicht auf andere Weise, etwa durch eine direkte Einwirkung des Gravitationsfeldes verändert wird. Der Einfluß der Gravitation auf die Frequenz eines atomaren Übergangs bei einer Atomuhr ist äußerst gering und für die erwähnten Messungen ohne Bedeutung. Bei der folgenden Abschätzung genügt es, die Bindung des Elektrons an den Atomkern pauschal durch eine harmonische Kraft mit der Federkonstanten k zu beschreiben. Der direkte Einfluß der Schwerkraft GMm_e/r^2 besteht dann in einer Änderung der Federkonstanten $k \to k \pm GMm_e/r^3$. Damit geht die Schwingungsfrequenz $\omega = \sqrt{k/m_e}$ über in

$$\sqrt{\frac{k \pm GMm_e/r^3}{m_e}} \simeq \omega\left(1 \pm \frac{GM}{2\omega^2 r^3}\right) . \tag{9.69}$$

Ein bei optischen Übergängen typischer Wert für ω ist $\omega \simeq 4 \times 10^{15}/\text{s}$. Zur Veranschaulichung führen wir als extremes Beispiel die Änderung von ω in unmittelbarer Nähe eines Neutronensterns ($M = M_\odot \simeq 2 \times 10^{33}\text{g}, r \simeq 10\text{km}$) an. Mit den angegebenen Werten findet man eine geringfügige Änderung in der Größenordnung von 10^{-24}, die weit außerhalb der Ganggenauigkeit der Atomuhren liegt und somit die Messungen der Zeitdilatation nicht beeinflußen kann.
Im Ergebnis sind diese Messungen also geometrisch zu deuten. Sie zeigen in welchem Maß die Metrik in der Umgebung schwerer Körper von der in der flachen Raum-Zeit abweicht ($g_{00} = 1 - r_s/r$). Uhren in der Nähe gravitierender Körper gehen langsamer als Uhren im Unendlichen. Dies steht im Widerspruch zu einer flachen Raum-Zeit-Geometrie.

9.6 Laufzeitverzögerung

Mit zunehmender Präzision bei der Radarmeßtechnik ist neben den bisher besprochenen klassischen Tests ein weiterer Effekt zur Prüfung der Theorie hinzugekommen. Dies ist die Laufzeitverzögerung eines elektromagnetischen Signals (Radar) durch das Schwerefeld der Sonne.
Ein Radarsignal werde von der Erde ausgesandt und von einem geeigneten Reflektor (Planeten, Satelliten) zurückgeworfen. Infolge des Gravitationsfeldes der Sonne ist die Laufzeit des Signals für den Hin- und Rückweg verschieden von der ohne Gravitationsfeld. Zeichnet man die Laufzeit durch kontinuierliche Messungen auf, dann stellt man eine Abhängigkeit der Laufzeit von der Stellung der Sonne zur Erde und zum Reflektor fest.
Im folgenden beschränken wir uns auf eine genäherte Berechnung des Effekts. Die wesentlichen Faktoren, von denen die Größe des Effekts abhängt, werden dabei deutlich. Wir gehen der Einfachheit halber von einer idealisierten Situation aus. Die Erde (Sender) und der Planet (Reflektor) werden als nicht rotierend und für die Dauer der Messung als im Gravitationsfeld der Sonne, beschrieben durch die Schwarzschild-Metrik, ruhend angenommen. Auch bleibt die Zeitdilatation der Uhr des Beobachters auf der Erde zunächst unberücksichtigt. Der Effekt der Lichtablenkung durch die Sonne ist so gering, daß er hier außer Betracht bleiben kann. So können wir den Weg des Signals in nullter Näherung durch

eine Gerade beschreiben, die wir parallel zur x-Achse in der xy-Ebene ($\theta = \pi/2$) wählen (s. Fig. 3). Die Gerade wird durch die Gleichung $y = r \sin\varphi = b$ beschrieben (vergl. (9.39)). Wie in Abschnitt 9.4 ist der Stoßparameter b der kürzeste Abstand des Strahls zur Sonne.

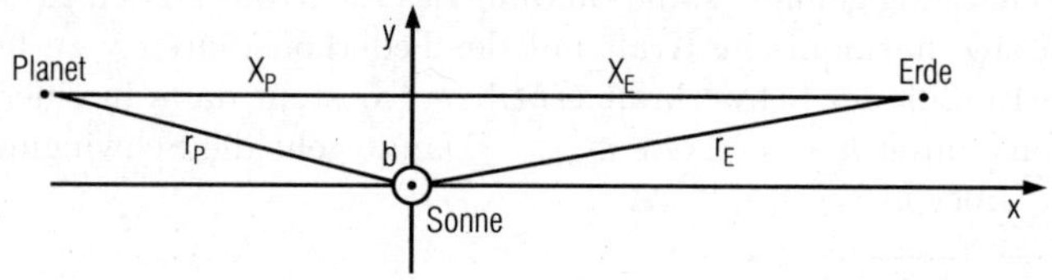

Figur 3: Zur Laufzeitverzögerung eines elektromagnetischen Signals durch das Gravitationsfeld der Sonne.

Für das Linienelement eines Lichtstrahls in der Schwarzschild-Metrik gilt

$$\mathrm{d}s^2 = \left(1 - \frac{r_s}{r}\right) c^2 \mathrm{d}t^2 - \left(1 - \frac{r_s}{r}\right)^{-1} \mathrm{d}r^2 - r^2 \mathrm{d}\varphi^2 \quad . \tag{9.70}$$

Man kann nun mit Hilfe der obigen Gleichung für die Gerade $r^2 \mathrm{d}\varphi^2$ durch r und $\mathrm{d}r$ ausdrücken und erhält aus (9.70) die folgende Beziehung zwischen t und der radialen Koordinate r

$$c^2 \mathrm{d}t^2 = \left(1 - \frac{r_s}{r}\right)^{-2} \mathrm{d}r^2 + \left(1 - \frac{r_s}{r}\right)^{-1} \frac{b^2 \mathrm{d}r^2}{(r^2 - b^2)} \quad . \tag{9.71}$$

Entwickelt man die daraus zu ziehende Wurzel nach Potenzen von r_s/r, dann folgt

$$c\mathrm{d}t = \frac{\mathrm{d}r}{\sqrt{1 - \frac{b^2}{r^2}}} \left(1 + \frac{r_s}{r} - \frac{1}{2} \frac{r_s b^2}{r^3}\right) \quad . \tag{9.72}$$

Dabei wurden die kleinen Terme $\sim (r_s/r)^2$ und die noch höherer Ordnung vernachlässigt. Für die Sonne kann dieses Verhältnis höchstens einen Wert in der Größenordnung $r_s/R_\odot \sim 10^{-6}$ annehmen.
Die Integration des Ausdrucks (9.72) führt auf einfache Integrale. Man integriert von $r = b$ nach r_P (Planet) und von $r = b$ nach r_E (Erde) und erhält

$$ct = x_P + x_E + r_s \ln \frac{(r_P + x_P)(r_E + x_E)}{b^2} - \frac{1}{2} r_s \left(\frac{x_P}{r_P} + \frac{x_E}{r_E}\right) \quad . \tag{9.73}$$

Hierbei ist die Summe der ersten beiden Terme $x_P = (r_P^2 - b^2)^{1/2}$ und $x_E = (r_E^2 - b^2)^{1/2}$ gleich dem Abstand Erde-Planet in der flachen Raum-Zeit (s. Fig. 3). Bei vorhandenem Gravitationsfeld ($r_s \neq 0$) treten die beiden anderen Terme hinzu und ergeben eine effektive Zunahme des Signalweges und damit bei dem Empfang des Signals eine Laufzeitverzögerung. Der Hauptbeitrag hierzu rührt von dem Teil des Weges her, der nahe der Sonne verläuft. Der Effekt wird also am größten sein, wenn Erde, Sonne und der reflektierende Planet ungefähr in einer Sichtlinie sind und der Planet in oberer Konjunktion, d. h. hinter der Sonne steht. In diesem Fall erhält man bei den Größenverhältnissen $r_E, r_P \gg b$ und folglich mit $x_E \simeq r_E, x_P \simeq r_P$ für die Korrekturen (d. h. die beiden letzten Terme) in (9.73) in guter Näherung den einfachen Ausdruck

$$c\Delta t \simeq r_s \left(\ln \frac{4x_P x_E}{b^2} - 1 \right) \quad . \tag{9.74}$$

Um das Ergebnis durch ein Zahlenbeispiel zu veranschaulichen, wählen wir für b den Sonnenradius $b = 6.96 \times 10^8$m, setzen $x_E \simeq 14.9 \times 10^{10}$m (Radius der Erdbahn), $x_P \simeq 5.8 \times 10^{10}$m (Radius der Bahn des Merkur) und für den Schwarzschild-Radius der Sonne $r_s \simeq 3 \times 10^3$m. Mit diesen Werten findet man die maximale Zeitverzögerung

$$\Delta t = 102 \times 10^{-6}\text{s} \quad . \tag{9.75}$$

Für das vom Planeten Merkur reflektierte Signal ist der doppelte Wert zu nehmen. Um korrekt zu sein, sollte die Koordinatenzeit t durch die während des Vorganges vergangene Eigenzeit ausgedrückt werden, die von einer Uhr auf der Erde gemessen wird. Für eine Uhr, die im Gravitationsfeld der Sonne ruht, gilt

$$\Delta\tau = \sqrt{g_{00}}\Delta t \simeq \left(1 - \frac{r_s}{2r}\right) \Delta t \quad . \tag{9.76}$$

Für r ist in diesem Fall der Radius der Erdbahn einzusetzen.

Außerdem sind bei der Auswertung der Messungen andere, nicht durch die Gravitation bedingte Störeinflüsse zu berücksichtigen, die z. B. vom Sonnenwind und der Korona, aber auch von der Oberfläche des Planeten verursacht werden. Im Experiment misst man die zeitliche Änderung der Laufzeitverzögerung in der Umgebung des maximalen Wertes, d. h. wenn der Planet in die obere Konjunktion eintritt und wieder heraustritt.

Die ersten Messungen der Laufzeitverzögerungen vom Radarechos wurden von Shapiro et al. 1967 an Venus und später auch an Merkur durchgeführt.[11] In beiden Experimenten stimmten die Messungen mit den Vorhersagen überein. Mit den bis 1972 erhaltenen Daten betrug die Ungenauigkeit etwa 4%. Eine wesentlich höhere Genauigkeit konnte mit der Viking-Sonde auf dem Mars erreicht werden.[12] Hierbei wurden mit einer Ungenauigkeit von nur 0.1% die Vorhersagen der Allgemeinen Relativitätstheorie bestätigt.

Diese Bestätigung konnte mit einem im Jahr 2002 durchgeführten Experiment um mehr als eine Größenordnung verbessert werden.[13] Die von der Erde ausgesandten Signale wurden hierbei vom Cassini-Satelliten reflektiert, der auf seinem Weg zum Saturn am 21. Juni 2002 bei einem minimalen Stoßparameter b von 1,6 Sonnenradien fast hinter der Sonne stand (obere Konjunktion). Die Auswertung

[11] I. I. Shapiro et al., Phys. Rev. Lett. **20**, 1265 (1968); ibid. **26**, 1132 (1971).

[12] R. D. Reasenberg, I. I. Shapiro et al., Astrophys. J. Lett. **234**, 219 (1979). Weitere Einzelheiten über die verschiedenen Tests der Einsteinschen Theorie findet man z. B. in der ausführlichen Darstellung von C.M. Will: Theory and Experiment in Gravitational Physics (Revised Edition), Cambridge University Press, Cambridge 1993.

[13] B. Bertotti, L. Iess und P. Tortora, Nature **425**, 374 (2003).

dieses Experiments bestätigt die Allgemeine Relativitätstheorie mit einer Genauigkeit von $\leq 2 \times 10^{-5}$. Mit diesem Ergebnis wird die experimentelle Schranke und damit der Spielraum für mögliche Abweichungen von der Einsteinschen Theorie, die z. B. im Rahmen von Vorschlägen zur Quantisierung der Gravitation und zur Vereinheitlichung aller Kräfte diskutiert werden, deutlich geringer.

9.7 Gravitationslinsen

Der im folgenden zu besprechende Effekt gehört nicht zu den klassischen Tests der Allgemeinen Relativitätstheorie. Er ist aber eine bemerkenswerte Folge der Gravitationsablenkung elektromagnetischer Wellen und führt zu einer qualitativen Bestätigung der Theorie weit außerhalb unseres galaktischen Systems im Bereich kosmischer Entfernungen.
Schon Einstein hatte (1936) erkannt, daß das Bild eines weit entfernten Sterns durch das Gravitationsfeld eines weniger weit vom Beobachter entfernten in Sichtlinie liegenden Sterns aufgrund der Lichtablenkung aufgespalten sein mußte. Die Beobachtbarkeit dieses Effekts hielt er jedoch für unwahrscheinlich. Der Astronom Fritz Zwicky (1898–1974) wies ein Jahr später darauf hin, daß die Situation bei der Ablenkung durch Galaxien wesentlich günstiger ist.
Wenn Radiowellen oder Licht von weitentfernten Quellen kommend an großen Massenanhäufungen (Galaxien) in geringem Abstand vorbeigehen, werden die Strahlen wegen der Gravitationsablenkung (9.46) fokussiert, es tritt wie in der Optik eine Linsenwirkung ein. Liegt das Zentrum der Gravitationslinse genau auf der Linie zwischen Beobachter und Quelle, dann entsteht ein ringförmiges Bild (Einstein-Ring). Liegt es daneben, so entstehen zwei oder mehrere Bilder der Quelle. Da der Ablenkungswinkel δ vom Abstand b des Lichtstrahls zur beugenden Masse abhängt, werden nur bestimmte Strahlen zum Beobachter auf der Erde abgelenkt (s. Fig. 4). Strahlen, die nicht im Abstand b_1 oder b_2 an der Masse vorbeigehen, werden zwar auch abgelenkt, gelangen aber nicht zum Beobachter.

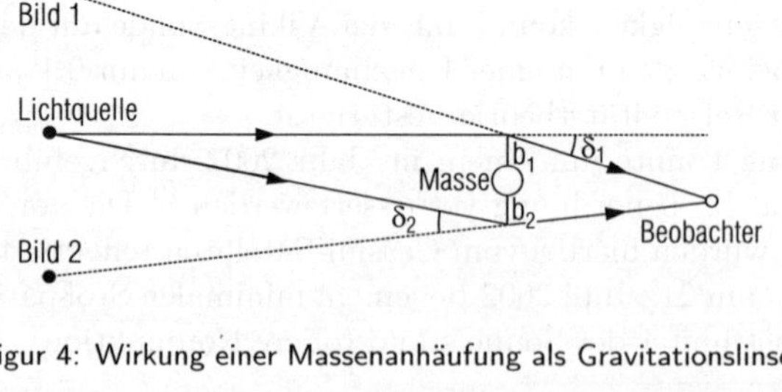

Figur 4: Wirkung einer Massenanhäufung als Gravitationslinse.

Erstmals wurde ein solcher Effekt 1979 bei dem Doppelquasar QSO 0957+561 im Sternbild „Großer Bär“ entdeckt. Solche Doppelquasare bestehen aus zwei Quasaren im Abstand von wenigen Bogensekunden mit identischen Spektren und Rotverschiebungen. Es ist höchst unwahrscheinlich, identische Quasare so nahe beieinander zu finden. So bleibt die Erklärung dieses Phänomens durch die Gravitationsablenkung. In diesem Fall konnte auch die Galaxie zwischen dem Paar der Quasarbilder identifiziert werden. Hier wird die Strahlung eines 10 Mrd. Lichtjahre ($\sim 10^{23}$km) entfernten Quasars durch das Gravitationsfeld einer 4 Mrd. Lichtjahre entfernten hellsten Galaxie eines Galaxienhaufens abgelenkt. Inzwischen sind über 20 gesicherte Gravitationslinsen bei Quasaren mit einer Vielfalt der Anordnung ihrer Mehrfachbilder bekannt, darunter das aus vier um ihren Kern symmetrisch angeordneten Bildern bestehende sogenannte „Einstein-Kreuz“. Auch das Phänomen des Einstein-Ringes, bzw. Fragmente solcher Ringe, konnte beobachtet werden.

Die Ablenkung durch Gravitationslinsen ist mit Laufzeitdifferenzen der beim Beobachter eintreffenden Signale verbunden. Daher erscheint eine merkliche Helligkeitsänderung der Quelle dem Beobachter zu verschiedenen Zeiten. Wenn man die beobachteten Helligkeitsschwankungen ein und demselben Ereignis in der Quelle zuordnen kann, dann ist es möglich aus der Zeitdifferenz und dem Winkelabstand der Bilder die Entfernung zum Quasar zu bestimmen. Da diese Methode unabhängig von der in der Kosmologie sonst verwendeten Hubble-Relation $c(\Delta\lambda/\lambda_0) = cz = H_0 d$ ist, kann sie zur Bestimmung des wichtigen Hubble-Parameters H_0 dienen. Eine solche Bestimmung konnte bisher an zwei Quasaren und deren verschiedenen Bildern vorgenommen werden. Beide Untersuchungen ergeben einen Wert für H_0 von $50 - 60$kms^{-1}Mpc^{-1}, bei einer Genauigkeit von etwa 25 bis 30%.[14]

Mit Hilfe des Gravitationslinsen-Effekts konnte damit der Nachweis erbracht werden, daß die betreffenden Quellen (Quasare, Radiogalaxien) sehr viel weiter von uns entfernt sind als die beugenden Galaxien. Die Allgemeine Relativitätstheorie führt so zu interessanten Aussagen über Objekte, die sich in kosmischen Entfernungen befinden.

[14] Weitere Einzelheiten über Gravitationslinsen findet man in den folgenden Darstellungen: P. Schneider, J. Ehlers und E. E. Falco, Gravitational Lenses, Springer Verlag, Berlin 1992; R. D. Blandford and R. Narayan, Ann. Rev. Astron. Astrophys. **30**, 311 (1992); S. Refsdal and J. Surdej, Rep. Progr. Phys. **57**, 117 (1994).

10 Gravitationswellen

Die Frage nach der Existenz von Gravitationswellen stellt ein besonders interessantes Problem dar. In Analogie zur Elektrodynamik sollten die Einsteinschen Feldgleichungen Lösungen zulassen, die sich als freie Gravitationsfelder mit Lichtgeschwindigkeit ausbreiten. Die mögliche Existenz von Gravitationswellen wurde bereits von Einstein (1918) mit Hilfe genäherter Lösungen der linearisierten Feldgleichungen untersucht. Demnach werden Gravitationswellen von einem System beschleunigter Massen erzeugt, ähnlich wie elektromagnetische Wellen durch beschleunigte Ladungen. Im Unterschied zur Elektrodynamik besitzen aber die Quellen der Gravitation, die Massenverteilungen, nur ein Vorzeichen. Daher kann es keine gravitativen Dipole geben, d. h. die Gravitationsstrahlung ist in niedrigster Ordnung eine Quadrupolstrahlung.[1]

Gravitationswellen merklicher Stärke können entstehen, wenn große Massen sich sehr schnell bewegen. Dies geschieht z. B. beim Gravitationskollaps oder beim Supernovaausbruch eines Sternes. Neben der relativen Seltenheit solcher Ereignisse in nicht zu weiter Entfernung ist die auf der Erde zu empfangende Intensität gering und deren Messung dementsprechend schwierig. Die bisher seit den sechziger Jahren durchgeführten Experimente haben zu keinem positiven Ergebnis geführt. Aber man geht davon aus, daß die notwendige Empfindlichkeit bei den im Aufbau bzw. in der Erprobung befindlichen verbesserten Experimenten in absehbarer Zeit erreicht werden kann.

Als indirekter Nachweis der Gravitationsstrahlung kann die Abnahme der Bahnperiode des Doppelsternsystems PSR 1913+16 angesehen werden, das aus einem Pulsar und einem nicht sichtbaren Begleiter besteht. Die genauen Messungen an diesem System über Jahre hinweg ergeben, daß die Gravitationsabstrahlung, wie sie nach der Quadrupolformel erfolgt, bei Erwägung anderer denkbarer Effekte, die einzige plausible Erklärung für den Energieverlust des Systems und die damit verbundene Abnahme der Bahnperiode ist.[2]

Gravitationswellen bilden die Verbindung zu dem in der Quantentheorie der Felder etablierten Teilchenbild und sind daher auch aus theoretischer Sicht von grundlegender Bedeutung. Hier kann die Elektrodynamik ebenfalls als Beispiel herangezogen werden, die in der quantentheoretischen Formulierung zwangsläufig zu der Teilcheninterpretation durch Photonen führt. Bei einem klassischen Feld, dem in der Quantentheorie Teilchen mit ganzzahligem Spin s entsprechen, dominiert die $2s$-polstrahlung. Geht man als Annahme von dieser für Photonen (Dipol, Spin 1) gültigen Regel aus, dann ist im Teilchenbild der Gravitationswellen (Quadrupol) für die Gravitonen der Spin 2 zu erwarten.

---

[1] Die Abwesenheit von Monopolstrahlung folgt aus dem Birkhoff-Theorem, wonach bei kugelsymmetrischen Quellen die Lösungen im Außenraum statisch sind.

[2] Die gemessene Abnahme der Bahnperiode entspricht bis auf drei Promille der theoretischen Vorhersage. Interessant ist außerdem folgendes Ergebnis. Der bei diesem System gemessene Wert der Periheldrehung bestätigt bis auf weniger als ein Promille genau die Vorhersage der Relativitätstheorie.

Da die Einsteinschen Feldgleichungen nichtlinear sind, gilt das in der Elektrodynamik verwendete Superpositionsprinzip hier nicht mehr. Die damit verbundenen Schwierigkeiten beim Auffinden strenger Wellenlösungen, die einer realen physikalischen Situation entsprechen, führen zwangsläufig dazu, daß man die Feldgleichungen durch mathematisch leichter zugängliche lineare Differentialgleichungen (Wellengleichungen) annähert. Dies ist unter der Voraussetzung relativ schwacher Felder möglich. Die Näherung schwacher Felder entspricht aber auch der realen Situation insofern bei den in der Fernzone, d. h. in großer Entfernung vom Entstehungsort, beobachtbaren Gravitationswellen nur geringe Intensitäten zu erwarten sind. Außerdem erhält der Begriff eines Elementarteilchens seine präzise Bedeutung erst im asymptotischen Bereich, d. h. fern von allen anderen Teilchen. Im Fall des Gravitons entspricht dies einer Lösung der Feldgleichungen in der Fernzone, wo die Felder schwach sind. Es ist daher sinnvoll, von schwachen Feldern und somit von den linearisierten Feldgleichungen auszugehen.

10.1 Die Feldgleichungen in linearer Näherung

Wir gehen aus von dem bereits früher in Gl. (7.25) eingeführten linearen Ansatz

$$g_{\mu\nu}(x) = \eta_{\mu\nu} + h_{\mu\nu}(x) + \mathcal{O}(h^2) \quad , \tag{10.1}$$

der wegen $|h_{\mu\nu}| \ll 1$ nur geringe Abweichungen von der Minkowskischen Metrik $\eta_{\mu\nu}$ beschreibt und als Näherung im Fall schwacher Gravitationsfelder gilt. Beim Rechnen in der linearen Näherung sind folgende Regeln zu beachten. Da wir $h_{\mu\nu}$ sowie deren ersten und höheren Ableitungen als klein annehmen, können alle ihre Produkte vernachlässigt werden. Das Heben und Senken der Indizes erfolgt in dieser Näherung dann mit $\eta^{\mu\nu}, \eta_{\mu\nu}$ statt mit $g^{\mu\nu}, g_{\mu\nu}$, und die Bedingung $g_{\mu\lambda}g^{\lambda\nu} = \delta_\mu^\nu$ wird mit

$$g^{\mu\nu} = \eta^{\mu\nu} - h^{\mu\nu} \tag{10.2}$$

erfüllt. Da $\eta_{\mu\nu}$ konstant ist, können wir den Ausdruck für die Christoffel-Symbole in der linearen Näherung aus (5.14) ablesen

$$\Gamma^\lambda{}_{\mu\nu} = \frac{1}{2}\eta^{\lambda\varrho}\left(h_{\varrho\nu,\mu} + h_{\varrho\mu,\nu} - h_{\mu\nu,\varrho}\right) \quad . \tag{10.3}$$

Entsprechend erhält man aus (5.28) bei Vernachlässigung der in Γ quadratischen Terme den Riemann-Tensor in linearer Näherung

$$R_{\alpha\mu\nu\beta} = \frac{1}{2}\left(h_{\mu\nu,\beta\alpha} - h_{\alpha\nu,\mu\beta} - h_{\mu\beta,\nu\alpha} + h_{\alpha\beta,\mu\nu}\right) \quad . \tag{10.4}$$

Daraus folgt unmittelbar der Ricci-Tensor

$$R^\alpha{}_{\mu\nu\alpha} = \frac{1}{2}\left(h_{\mu\nu,\alpha}{}^\alpha - h^\alpha{}_{\nu,\mu\alpha} - h_\mu{}^\alpha{}_{,\nu\alpha} + h^\alpha{}_{\alpha,\mu\nu}\right) \quad . \tag{10.5}$$

Führt man statt $h_{\mu\nu}$ die folgenden Feldfunktionen ein

$$\Phi_\mu{}^\alpha := h_\mu{}^\alpha - \frac{1}{2}\delta_\mu{}^\alpha h \quad , \quad h = h^\alpha{}_\alpha \quad , \tag{10.6}$$

dann kann der Ricci-Tensor in der für die folgenden Betrachtungen zweckmäßigen Form geschrieben werden

$$R_{\mu\nu} = \frac{1}{2} h_{\mu\nu,\alpha}{}^{\alpha} - \frac{1}{2} \left(\Phi_{\mu}{}^{\alpha}{}_{,\alpha\nu} + \Phi_{\nu}{}^{\beta}{}_{,\beta\mu} \right) \quad . \tag{10.7}$$

Die noch aufzustellenden linearen Feldgleichungen werden einfacher, wenn man die Invarianz der Feldgleichungen gegenüber Koordinatentransformationen ausnutzt. Im Rahmen der linearen Näherung sind aber nur kleine Abweichungen von den Minkowski-Koordinaten zugelassen, wie wir sie von den Ausführungen in Abschnitt 6.5 bereits kennen. Wir ändern also die Koordinaten durch die Transformation

$$x^{\mu'} = x^{\mu} + \xi^{\mu} \left(x^{a} \right) \quad , \tag{10.8}$$

wobei die Funktionen $\xi^{\mu}(x^{a})$ und deren Ableitungen von gleicher Ordnung klein wie die $|h_{\mu\nu}|$ sein sollen.
Nach dem Transformationsgesetz

$$g_{\mu'\nu'} = \frac{\partial x^{\alpha}}{\partial x^{\mu'}} \frac{\partial x^{\beta}}{\partial x^{\nu'}} g_{\alpha\beta} = \left(\delta^{\alpha}{}_{\mu} - \xi^{\alpha}{}_{,\mu} \right) \left(\delta^{\beta}{}_{\nu} - \xi^{\beta}{}_{,\nu} \right) g_{\alpha\beta} \tag{10.9}$$

folgt für den genäherten metrischen Tensor (10.1)

$$g_{\mu\prime\nu\prime} = \eta_{\mu\nu} + h_{\mu\nu} - \xi_{\mu,\nu} - \xi_{\nu,\mu} \quad . \tag{10.10}$$

Bei der Transformation (10.8) gehen demnach die Funktionen $h_{\mu\nu}$ über in

$$h_{\mu\nu} \rightarrow \bar{h}_{\mu\nu} = h_{\mu\nu} - \xi_{\mu,\nu} - \xi_{\nu,\mu} \quad . \tag{10.11}$$

Die transformierte Größe $\bar{h}_{\mu\nu}$ ist ebenfalls nur eine kleine Störung von $\eta_{\mu\nu}$. Wie man durch Einsetzen von (10.11) in (10.4) leicht nachrechnet, ändert sich der Krümmungstensor bei der Transformation nicht. Die physikalischen Aussagen bleiben beim Übergang $h_{\mu\nu} \rightarrow \bar{h}_{\mu\nu}$ ungeändert. Die „Potentiale" $h_{\mu\nu}$ und $\bar{h}_{\mu\nu}$ sind in ihrer Wirkung gleichwertig. Die linearisierte Gravitationstheorie besitzt demnach die durch (10.11) definierte Eichfreiheit, in enger Analogie zu der in der Elektrodynamik, wo der Feldstärketensor $F_{\mu\nu}$ bei der Umeichung der Potentiale $A_{\mu} \rightarrow A_{\mu} + \partial_{\mu}\varphi$ nicht geändert wird. Wie in der Elektrodynamik können wir daher auch hier durch die Wahl einer bestimmten Eichung die linearisierten Feldgleichungen vereinfachen.
Zunächst folgt aus (10.11)

$$h \rightarrow \bar{h} = h - 2\xi^{\mu}{}_{,\mu} \quad . \tag{10.12}$$

Damit und mit (10.11) gehen die in (10.6) eingeführten Feldfunktionen $\Phi_{\mu}{}^{\alpha}$ über in

$$\bar{\Phi}_{\mu}{}^{\alpha} = \Phi_{\mu}{}^{\alpha} - \xi_{\mu}{}^{,\alpha} - \xi^{\alpha}{}_{,\mu} + \delta_{\mu}{}^{\alpha} \xi^{\nu}{}_{,\nu} \quad . \tag{10.13}$$

Die Ableitungen hiervon, die im Ricci-Tensor vorkommen, ergeben

$$\bar{\Phi}_{\mu}{}^{\alpha}{}_{,\alpha} = \Phi_{\mu}{}^{\alpha}{}_{,\alpha} - \xi_{\mu}{}^{,\alpha}{}_{\alpha} \quad . \tag{10.14}$$

Wenn in den ursprünglichen Koordinaten ${\Phi_\mu}^\alpha{}_{,\alpha} \neq 0$ ist, kann man wegen der Eichfreiheit das Vektorfeld ξ^μ so wählen, daß die folgende Bedingung erfüllt ist

$$ {\Phi_\mu}^\alpha{}_{,\alpha} = {\xi_\mu}^{,\alpha}{}_\alpha \equiv \Box \xi_\mu \quad . \tag{10.15} $$

Hier bezeichnet $\Box := \eta^{\alpha\beta}\partial_\alpha\partial_\beta$ den d'Alembert-Operator. Bei der so festgelegten Eichtransformation gilt dann in den neuen Koordinaten

$$ {\bar{\Phi}_\mu}{}^\alpha{}_{,\alpha} = 0 \quad . \tag{10.16} $$

Mit dieser Bedingung sind die neuen Koordinaten und damit die Potentiale $\bar{\Phi}_{\mu\nu}$ nicht eindeutig bestimmt. Führt man etwa eine weitere Eichtransformation $x^\mu \to x^\mu + \xi^\mu$ aus, deren erzeugendes Vektorfeld ξ^μ die Bedingung $\Box\xi^\mu = 0$ erfüllt, dann wird dabei die Eichbedingung (10.16) nicht geändert. Es sei daran erinnert, daß bei den Eichtransformationen in der Elektrodynamik eine entsprechende Mehrdeutigkeit vorkommt.
Fordern wir also nach Ausführung einer Eichtransformation die Bedingung (10.16), dann erhalten wir für den Ricci-Tensor und den Krümmungsskalar $R = {R^\mu}_\mu$ die einfachen Ausdrücke (Striche fortgelassen)

$$ R_{\mu\nu} = \frac{1}{2}\Box h_{\mu\nu} \quad , \quad R = \frac{1}{2}\Box h \quad . \tag{10.17} $$

Der Einstein-Tensor (7.1) wird damit (s. Gl. (10.6))

$$ G_{\mu\nu} = \frac{1}{2}\Box\Phi_{\mu\nu} \quad , \tag{10.18} $$

und es folgen die so vereinfachten linearen Feldgleichungen

$$ \Box\Phi_{\mu\nu} = 2\kappa T_{\mu\nu} \quad . \tag{10.19} $$

Durch Spurbildung erhält man nach (7.3) und mit $R_{\mu\nu}$ aus (10.17) die andere Form der linearisierten Feldgleichungen

$$ \Box h_{\mu\nu} = -2\kappa\left(T_{\mu\nu} - \frac{1}{2}\eta_{\mu\nu}T\right) \quad . \tag{10.20} $$

Zusammenfassend stellen wir nochmals fest: Die Funktionen $\Phi_{\mu\nu}$ genügen den linearen Feldgleichungen (10.19), vorausgesetzt die Eichbedingung (10.16) ist erfüllt. Damit sind die Feldfunktionen $\Phi_{\mu\nu}$ nicht eindeutig festgelegt. Man kann immer noch umeichen, ohne die Bedingung (10.16) zu verletzen, wobei das erzeugende Vektorfeld ξ^μ der homogenen Wellengleichung $\Box\xi^\mu = 0$ genügen muß. Die Bedingung (10.16) wird Hilbert-Eichung oder auch harmonische Eichung genannt. Sie entspricht der Lorentz-Eichung in der Elektrodynamik.
Da die Lösungen der linearisierten Feldgleichungen die Eichbedingung

$$ \eta^{\alpha\nu}\Phi_{\mu\nu,\alpha} = 0 \tag{10.21} $$

erfüllen müssen, folgt eindeutig aus (10.19) auch

$$ \eta^{\alpha\nu}T_{\mu\nu,\alpha} = 0 \quad . \tag{10.22} $$

Dies ist der Ausdruck für die Erhaltung von Energie und Impuls der Materie ohne Einbeziehung der Gravitation. Im Vakuum ($T_{\mu\nu} = 0$) gelten die homogenen Feldgleichungen

$$\Box\Phi_{\mu\nu} = 0 \tag{10.23}$$

mit der Nebenbedingung (10.21). Hieraus ist zu entnehmen, daß schwache gravitative Störungen sich mit Lichtgeschwindigkeit durch den leeren Raum ausbreiten. Ein Massenterm kommt in (10.23) nicht vor.
Die tensorielle Wellengleichung (10.23) beschreibt ein masseloses Feld mit Spin 2.[3] In der linearen Näherung wird demnach die Allgemeine Relativitätstheorie auf die Theorie eines masselosen Feldes mit Spin 2 reduziert. Es liegt nahe, diese Deutung zu verallgemeinern indem man die allgemeine Theorie als die eines masselosen Spin-2-Feldes mit nichtlinearer Selbstwechselwirkung betrachtet. Hierbei sollte jedoch folgender Vorbehalt beachtet werden. Die hier benutzten Begriffe Masse und Spin eines Feldes erfordern, wie wir gesehen haben, eine flache Hintergrundmetrik $\eta_{\mu\nu}$, die nur in der linearen Näherung, nicht aber in der vollständigen Theorie vorkommt. Außerhalb der linearen Näherung verlieren diese Begriffe ihre präzise Bedeutung.
Spezielle Lösungen der linearisierten Feldgleichungen (10.19) kann man sofort angeben. Da jede ihrer Komponenten die gleiche Struktur wie die entkoppelten Wellengleichungen für die elektromagnetischen Potentiale A_μ hat, können wir die aus der Elektrodynamik bekannte quellenmäßige Darstellung in der Form von retardierten Potentialen auch hier anwenden. Für eine im Volumen V vorgegebene Materie-Energieverteilung erhalten wir so die Lösung der Wellengleichung (10.19) in der Form

$$\Phi_{\mu\nu}(\vec{x}, t) = -\frac{\kappa}{2\pi}\int_V \mathrm{d}^3x' \frac{T_{\mu\nu}(\vec{x}', t')}{|\vec{x} - \vec{x}'|} \quad , \tag{10.24}$$

wobei im Argument von $T_{\mu\nu}$ die retardierte Zeit $t' = t - |\vec{x} - \vec{x}'|/c$ steht.

10.2 Ebene Wellen

Wir betrachten nun die einfachsten Lösungen der linearisierten homogenen Feldgleichungen, die ebenen Gravitationswellen. In der linearen Näherung erhält man durch Superposition ebener Wellen allgemeine Lösungen. Auch kann man die Gravitationswellen in der Fernzone durch ebene Wellen approximieren.

Elektromagnetische Wellen

Zur Einführung ist es nützlich, an die Polarisationszustände ebener Wellen in der Elektrodynamik zu erinnern. Die Feldgleichungen für die Potentiale A^μ lauten in der Lorentz-Eichung

$$\Box A^\mu = \frac{4\pi}{c} j^\mu \quad , \quad A^\mu{}_{,\mu} = 0 \tag{10.25}$$

[3] Dies ist seit langer Zeit bekannt: M. Fierz u. W. Pauli, Proc. Roy. Soc. London **A173**, 211 (1939).

d. h. im quellenfreien Raum ($j^\mu = 0$)

$$\Box A^\mu = 0 \quad . \tag{10.26}$$

Wir schreiben die ebenen Wellen in komplexer Form ($k \cdot x \equiv k_\mu x^\mu$)

$$A^\mu = \mathrm{Re}\left[a^\mu \mathrm{e}^{\mathrm{i}k\cdot x}\right] \quad , \tag{10.27}$$

wobei der Polarisationsvektor a^μ konstant ist und $k^\mu = (\omega/c, \vec{k})$ den Wellenvektor bezeichnet. Nur die reellen Lösungen sind zu berücksichtigen. Das hierfür verwendete Zeichen Re werden wir künftig der Einfachheit halber unterdrücken. Die ebenen Wellen sind Lösungen der homogenen Differentialgleichungen (10.26) und genügen der Eichbedingung, wenn

$$k_\mu k^\mu = 0 \quad , \quad k_\mu a^\mu = 0 \tag{10.28}$$

erfüllt ist. Die Eichbedingung reduziert die 4 Komponenten von a^μ auf 3. Ohne Änderung der Feldstärken und ohne die Lorentz-Eichung zu verletzen, können wir A^μ durch eine Eichtransformation ändern

$$A^\mu \to \bar{A}^\mu = A^\mu + \partial^\mu \varphi \quad . \tag{10.29}$$

Dabei muß $\Box\varphi = 0$ erfüllt sein. Mit

$$\varphi = \mathrm{i}\varepsilon \mathrm{e}^{\mathrm{i}k\cdot x}$$

erhält man die transformierten Potentiale

$$\bar{A}^\mu = \bar{a}^\mu \mathrm{e}^{\mathrm{i}k\cdot x} \quad , \bar{a}^\mu = a^\mu - \varepsilon k^\mu \quad . \tag{10.30}$$

Da der Parameter ε noch frei wählbar ist, können von den drei unabhängigen Komponenten von a^μ nur zwei physikalische Bedeutung haben. Um diese beiden wesentlichen Komponenten zu identifizieren, betrachten wir eine ebene Welle, die sich in der x^3-Richtung ausbreitet. In diesem Fall sind die Komponenten des Wellenvektors $k^1 = k^2 = 0$, $k^3 = k^0 > 0$. Aus der Bedingung $k_\mu a^\mu$ folgt zunächst mit $k_\mu = (k, 0, 0, -k)$

$$a^0 = a^3 \quad . \tag{10.31}$$

Die Eichtransformation (10.30) läßt a^1 und a^2 ungeändert, überführt aber a^3 in

$$\bar{a}^3 = a^3 - \varepsilon k \quad . \tag{10.32}$$

Daher kann man durch die Wahl $\varepsilon = a^3/k$ die Komponente $\bar{a}^3$ (und damit auch $\bar{a}^0$) zum Verschwinden bringen, so daß nur die Komponenten a^1 und a^2 übrig bleiben. Der Polarisationsvektor hat also nur zwei bedeutsame Komponenten, die voneinander unabhängig sind. Diese entsprechen den beiden zueinander orthogonalen transversalen Schwingungsmoden, a^1 in x^1-Richtung und a^2 in x^2-Richtung. Führt man die beiden Einheitsvektoren der Polarisation $e_1^\mu = \delta_1^\mu$ und $e_2^\mu = \delta_2^\mu$ ein, so erhält man durch deren Überlagerung die Polarisationsvektoren

$$a_\pm^\mu = \alpha \left(e_1^\mu \pm \mathrm{i} e_2^\mu\right) \quad , \tag{10.33}$$

die zirkular polarisierte Wellen beschreiben. Diese entsprechen den beiden möglichen Helizitätszuständen ± 1.

Der Begriff der Helizität wird zur Beschreibung des Drehsinns einer Welle (eines Teilchens) benutzt. Die Helizität ist in der Quantentheorie als Eigenwert der Projektion des Spinoperators auf die Richtung des Impulses definiert $\Lambda \equiv \vec{s}\cdot\vec{p}/|\vec{p}|$. Der Spinoperator ist der erzeugende Operator bei räumlichen Drehungen und daher Λ erzeugender Operator der Drehungen um die Richtung des Impulses, d. h. hier des Wellenvektors. Stellt man also fest, daß eine zirkular polarisierte ebene Welle ψ bei einer Drehung um die Ausbreitungsrichtung in

$$\psi' = \mathrm{e}^{\mathrm{i}\lambda\theta}\psi \tag{10.34}$$

transformiert wird, dann ist offenbar ψ Eigenzustand des Operators der endlichen Drehung $\mathrm{e}^{\mathrm{i}\Lambda\theta}$ mit der Helizität λ als Eigenwert. Der höchste Eigenwert λ ergibt den Spin mit den möglichen Spinstellungen $\lambda, \lambda - 1, \ldots, -\lambda$. Wenden wir nun eine Drehung um die x^3-Achse auf die Polarisationsvektoren (10.33) an

$$a'^{\mu}_{\pm} = R^{\mu}{}_{\nu} a^{\nu}_{\pm} \quad , \quad R^{\mu}{}_{\nu} = \begin{pmatrix} 1 & 0 & 0 & 0 \\ 0 & \cos\theta & \sin\theta & 0 \\ 0 & -\sin\theta & \cos\theta & 0 \\ 0 & 0 & 0 & 1 \end{pmatrix} \quad , \tag{10.35}$$

dann folgt

$$a'^{\mu}_{\pm} = \mathrm{e}^{\pm\mathrm{i}\theta} a^{\mu}_{\pm} \quad . \tag{10.36}$$

Die zirkular polarisierten ebenen elektromagnetischen Wellen besitzen also die Helizitäten ± 1. In der quantisierten Theorie bedeutet dies, daß Photonen den Spin 1 haben (genauer $\hbar$) mit den beiden Spinstellungen $\pm\hbar$ in der Ausbreitungsrichtung.

Gravitationswellen

Wir kehren nun zu den Gravitationswellen zurück und behandeln sie analog zu den ebenen Wellen in der Elektrodynamik. Im quellenfreien Raum ($T_{\mu\nu} = 0$) folgen nach (10.20) für $h_{\mu\nu}$ die freien (homogenen) Gleichungen

$$\Box h^{\mu\nu} = 0 \quad , \tag{10.37}$$

deren Lösungen in der Hilbert-Eichung (10.21) die Bedingung

$$h^{\mu\alpha}{}_{,\alpha} = \frac{1}{2}\eta^{\mu\alpha} h_{,\alpha} \tag{10.38}$$

erfüllen müssen. Wir schreiben die ebene Welle wieder in komplexer Form

$$h^{\mu\nu} = \mathrm{Re}\left[A^{\mu\nu}\mathrm{e}^{\mathrm{i}k\cdot x}\right] \tag{10.39}$$

und werden die Bezeichnung für den Realteil (Re) künftig fortlassen. Sie erfüllt die Wellengleichung und die Eichbedingung (10.38), wenn k^{μ} ein Nullvektor ist

$$k^{\mu} k_{\mu} = 0 \tag{10.40}$$

und

$$A^{\mu\alpha}k_\alpha = \frac{1}{2}Ak^\mu \quad , \; A = A^\nu{}_\nu \tag{10.41}$$

gilt. Der Polarisationstensor $A^{\mu\nu}$ ist symmetrisch, hat also 10 unabhängige Komponenten. Mit den 4 Bedingungen (10.41) verringert sich diese Zahl auf 6. In den verbleibenden Lösungen sind aber noch solche enthalten, für die der Krümmungstensor identisch verschwindet. Diese reinen Koordinatenwellen können aber durch eine geeignete Eichtransformation $x^{\mu'} = x' + \xi^\mu(x)$, $\Box\xi^\mu = 0$ eliminiert und die Zahl der unabhängigen Komponenten auf 2 reduziert werden. Die verbleibenden Komponenten stellen die beiden möglichen Polarisationen der ebenen Gravitationswelle dar.
Die ebene Welle möge sich z. B. in der x^3-Richtung fortpflanzen, so daß für den Wellenvektor gilt $k^\mu = (k, 0, 0, k)$, mit $k = \omega/c > 0$. Die Bedingung (10.41) ergibt dann im einzelnen (beachte $k_3 = -k$)

$$A^{00} - A^{03} = \frac{1}{2}A \tag{10.42a}$$
$$A^{10} - A^{13} = 0 \tag{10.42b}$$
$$A^{20} - A^{23} = 0 \tag{10.42c}$$
$$A^{30} - A^{33} = \frac{1}{2}A \tag{10.42d}$$

Addiert man die letzte Gleichung zur ersten und berücksichtigt die Symmetrie von $A^{\mu\nu}$, dann folgt zunächst $A^{11} = -A^{22}$ und damit $A = A^{00} - A^{33}$. Mit Hilfe der obigen Relationen können die 10 Komponenten von $A^{\mu\nu}$ durch 6 ausgedrückt werden. Wir gehen von den folgenden Komponenten aus: A^{00}, A^{11}, A^{33}, A^{12}, A^{13} und A^{23}. Nach (10.42) erhalten wir für die übrigen 4 Komponenten

$$A^{10} = A^{13},\; A^{20} = A^{23},\; A^{30} = \frac{1}{2}\left(A^{00} + A^{33}\right),\; A^{22} = -A^{11} \quad . \tag{10.43}$$

Bei einer zusätzlichen Eichtransformation werden sich diejenigen Komponenten, die eine absolute physikalische Bedeutung haben, nicht ändern. Wir führen daher zur weiteren Reduzierung der Freiheitsgrade die Eichtransformation durch

$$\xi^\mu = -\mathrm{i}\varepsilon^\mu \mathrm{e}^{\mathrm{i}k\cdot x} \quad , \; \Box\xi^\mu = 0 \quad . \tag{10.44}$$

Wegen $\Box\xi^\mu = 0$ wird die frühere Eichbedingung nicht verletzt. Bei dieser Transformation gehen die Gravitationspotentiale $h^{\mu\nu}$ gemäß (10.11) in $\bar{h}^{\mu\nu}$ über und es folgt hiernach mit (10.39)

$$\bar{A}^{\mu\nu} = A^{\mu\nu} - \varepsilon^\mu k^\nu - \varepsilon^\nu k^\mu \quad . \tag{10.45}$$

Mit $k^\mu = (k, 0, 0, k)$ erhält man daher für die 6 unabhängigen Komponenten

$$\begin{aligned} \bar{A}^{11} &= A^{11} & \bar{A}^{12} &= A^{12} \\ \bar{A}^{13} &= A^{13} - \varepsilon^1 k & \bar{A}^{23} &= A^{23} - \varepsilon^2 k \\ \bar{A}^{00} &= A^{00} - 2\varepsilon^0 k & \bar{A}^{33} &= A^{33} - 2\varepsilon^3 k \end{aligned} \tag{10.46}$$

Wir können nun die Parameter ε^μ der Eichtransformation so wählen, daß alle dabei geänderten Komponenten in (10.46) verschwinden. Nach der Transformation sind dann nur noch folgende Elemente des Polarisationstensors von Null verschieden

$$A^{11} = -A^{22},\ A^{12} = A^{21} \quad . \tag{10.47}$$

Demnach kommt nur den beiden Komponenten A^{11} und A^{12} eine absolute (eichinvariante) physikalische Bedeutung zu. In dieser speziellen Eichung, die TT-Eichung (transverse traceless gauge) genannt wird, ist die Spur des Polarisationstensors gleich Null, und damit ist auch $h = h^\mu{}_\mu = 0$. Die beiden möglichen linearen Polarisationen der ebenen Welle sind durch $A^{12} = 0$, bzw. durch $A^{11} = 0$ bestimmt.
Wir führen analog zur Elektrodynamik zwei Polarisationstensoren $e_I^{\mu\nu}$ und $e_{II}^{\mu\nu}$ ein

$$e_I^{\mu\nu} = \begin{pmatrix} 0 & 0 & 0 & 0 \\ 0 & 1 & 0 & 0 \\ 0 & 0 & -1 & 0 \\ 0 & 0 & 0 & 0 \end{pmatrix},\ e_{II}^{\mu\nu} = \begin{pmatrix} 0 & 0 & 0 & 0 \\ 0 & 0 & 1 & 0 \\ 0 & 1 & 0 & 0 \\ 0 & 0 & 0 & 0 \end{pmatrix} \quad . \tag{10.48}$$

Daraus entstehen, wie im Fall der elektromagnetischen Wellen, durch Superposition die beiden zirkular polarisierten Tensoren

$$A_\pm^{\mu\nu} - \alpha\left(e_I^{\mu\nu} \pm \mathrm{i} e_{II}^{\mu\nu}\right) \quad . \tag{10.49}$$

Wie bei den elektromagnetischen Wellen können wir sie durch ihre Helizität unterscheiden. Die Helizität (und damit der Spin) ermitteln wir aus der Änderung von $A^{\mu\nu}$ bei Drehung um die Ausbreitungsrichtung, hier die x^3-Achse, mit $R^\mu{}_\alpha$ aus (10.35)

$$A_\pm'^{\mu\nu} = R^\mu{}_\alpha R^\nu{}_\beta A_\pm^{\alpha\beta} \quad . \tag{10.50}$$

Die Rechnung ergibt, daß die physikalisch bedeutsamen Komponenten $A_\pm^{\mu\nu}$ die Helizitäten $\lambda = \pm 2$ haben. Die maximale Helizität ergibt den Wert des Spins. Beim Übergang von der klassischen zur Quantentheorie bedeutet dies, daß die entsprechenden Teilchen, die Gravitonen, den Spin 2 besitzen, mit den beiden Spinstellungen $\pm 2\hbar$ in der Ausbreitungsrichtung.
Sowohl beim Photon als auch beim Graviton stellt man nur zwei Spinrichtungen fest. Das folgt, wie wir gesehen haben, aus der Eichinvarianz, die bei diesen Feldern mit ganzzahligem Spin ohne Massenterm in den Feldgleichungen gilt. Die Begrenzung auf zwei Spinstellungen ist somit letztlich auf die Tatsache zurückzuführen, daß die Teilchen keine Ruhmassen besitzen. Dies ist auch der Grund dafür, daß beide Wechselwirkungen eine große Reichweite haben, wie das in dem $1/r^2$-Gesetz zum Ausdruck kommt.

10.3 Teilchen im Feld der Gravitationswelle

Ebene Gravitationswellen sind zeitabhängige Störungen der Metrik mit zwei transversalen Moden, die sich mit Lichtgeschwindigkeit ausbreiten. Wir überzeugen uns zunächst davon, daß der Krümmungstensor die entsprechenden nichtverschwindenden Komponenten besitzt und fragen dann nach dem Verhalten von Probeteilchen im Feld der ebenen Welle.
Der Ausdruck für den Krümmungstensor in linearer Näherung (10.4) enthält die zweiten Ableitungen von $h_{\mu\nu}$, für die man im Fall der ebenen Wellen erhält

$$h_{\mu\nu,\alpha\beta} = -k_\alpha k_\beta h_{\mu\nu} \quad . \tag{10.51}$$

Benutzt man diese Beziehung in (10.4), dann ist leicht einzusehen, daß der Krümmungstensor nichtverschwindende Komponenten hat, die sich alle durch die zeitlichen Ableitungen der beiden transversalen Wellen h_{11} und h_{12} ausdrücken lassen

$$R_{m0n0} = \frac{1}{2}\frac{\mathrm{d}^2 h_{mn}}{c^2 \mathrm{d}t^2} \quad , \quad m, n = 1, 2 \quad . \tag{10.52}$$

Die von Null verschiedenen Komponenten sind ein absolutes (von den Koordinaten unabhängiges) Kriterium für die Existenz eines zeitabhängigen Gravitationsfeldes. Außerdem gilt mit (10.37) auch für den Krümmungstensor in der Form (10.4) die Wellengleichung

$$\Box R_{\alpha\mu\nu\beta} = 0 \quad . \tag{10.53}$$

Wir betrachten nun die Wirkung der ebenen Gravitationswelle auf ein Probeteilchen, das keinen weiteren Kräften ausgesetzt ist. Ein freies Teilchen im Gravitationsfeld genügt der Geodätengleichung

$$\frac{\mathrm{d}u^\mu}{\mathrm{d}\tau} + \Gamma^\mu_{\nu\varrho} u^\nu u^\varrho = 0 \quad , \quad u^\nu = \frac{\mathrm{d}x^\nu}{\mathrm{d}\tau} \quad . \tag{10.54}$$

Für ein anfangs ruhendes Teilchen ist $u^0 = c$, $u^n = 0$. In der TT-Eichung sind nur die in (10.47) angegebenen Komponenten von Null verschieden. Für die Christoffel-Symbole folgt damit aus (10.3) und (10.39)

$$\Gamma^\mu_{00} = 0 \quad . \tag{10.55}$$

Berücksichtigt man dies in der Geodätengleichung (10.54), dann stellt man fest, daß sie mit den konstanten räumlichen Koordinaten

$$x^m = \text{const} \quad , \quad x^0 = ct \tag{10.56}$$

erfüllt ist. Obwohl das bedeutet, daß die Koordinaten eines anfangs ruhenden Teilchens ($u^0 = c$, $u^n = 0$) sich nicht ändern, darf man nicht auf einen fehlenden physikalischen Effekt schließen. Wegen der Zeitabhängigkeit des metrischen Tensors $\eta_{\mu\nu} + h_{\mu\nu}$ ändern sich die relativen Abstände der Teilchen. Oder anders ausgedrückt, da bestimmte Komponenten des Krümmungstensors von Null

verschieden sind (10.52), führt dies zu einer relativen Beschleunigung der Testteilchen.
Wir wollen auf die Änderung des Relativabstandes näher eingehen und betrachten zwei Teilchen auf der x-Achse, eines bei $x = a$, das andere bei $x = -a$. Infolge der Geodätengleichung bleibt das Koordinatenintervall zwischen den Teilchen konstant beim Wert $\Delta x = 2a$. Aber der zu messende physikalische Abstand wird durch das räumliche Linienelement (6.7) bestimmt, das in der TT-Eichung lautet ($g_{0n} = 0$)

$$\mathrm{d}l^2 = -\left(\eta_{mn} + h_{mn}\right)\mathrm{d}x^m \mathrm{d}x^n \quad . \tag{10.57}$$

Berücksichtigt man (10.47), dann folgt daraus mit $(x^1, x^2, x^3) \equiv (x, y, z)$

$$\mathrm{d}l^2 = (1 - h_{11})\mathrm{d}x^2 + (1 + h_{11})\mathrm{d}y^2 + \mathrm{d}z^2 - 2h_{12}\mathrm{d}x\mathrm{d}y \quad . \tag{10.58}$$

Die Abstände auf Parallelen zur Ausbreitungsrichtung (z-Achse) bleiben natürlich ungeändert weil die ebenen Wellen transversal sind. Da sie demnach von t und z, nicht aber von x und y abhängen, können wir die obige Relation direkt für endliche Bereiche anwenden und erhalten für den physikalischen Abstand der beiden Teilchen in x-Richtung

$$\Delta l_x^2 = (1 - h_{11})(2a)^2 \tag{10.59}$$

oder

$$\Delta l_x \simeq (1 - \frac{1}{2}h_{11})(2a) \quad . \tag{10.60}$$

Sei nun

$$h^{\mu\nu} = e_I^{\mu\nu}\alpha \cos\left(\omega t - kz\right) \tag{10.61}$$

die mit der Amplitude α in z-Richtung einfallende Gravitationswelle. Da nur Abstände in der x, y-Ebene geändert werden, können wir zur Vereinfachung $z = 0$ setzen und erhalten mit (10.48)

$$h^{11} = \alpha \cos \omega t \quad . \tag{10.62}$$

In (10.60) kommt jedoch die kovariante Komponente h_{11} vor. Daher ist wegen (10.2) ein Minuszeichen zu berücksichtigen, so daß der Abstand bestimmt ist durch

$$\Delta l_x = (1 + \frac{\alpha}{2}\cos \omega t)(2a) \quad . \tag{10.63}$$

Die Gravitationswelle bewirkt demnach eine Oszillation des Abstandes zwischen den Teilchen.
Für zwei auf der y-Achse bei $y = a$ bzw. $y = -a$ vorhandene Teilchen, die der Gravitationswelle (10.61) ausgesetzt sind, variiert der Abstand gemäß

$$\Delta l_y = (1 - \frac{\alpha}{2}\cos \omega t)(2a) \quad . \tag{10.64}$$

Wegen der in (10.58) bereits berücksichtigten Relation $h_{11} = -h_{22}$ unterscheiden sich die Abstandsänderungen in den beiden Richtungen durch ein Vorzeichen. Wenn also der Abstand Δl in x-Richtung ein Maximum hat, ist in der y-Richtung ein Minimum vorhanden, und umgekehrt.

Zur Veranschaulichung des Effekts betrachten wir einen Ring von freien Probeteilchen in der xy-Ebene (mit Koordinatenabstand a vom Ursprung), der durch die Gravitationswelle (10.61) deformiert wird. In Figur 1 ist da Ergebnis schematisch dargestellt (Polarisation (+)). Daneben ist das entsprechende Ergebnis für die Welle vom Polarisationstyp II (Polarisation (×)) gezeigt.

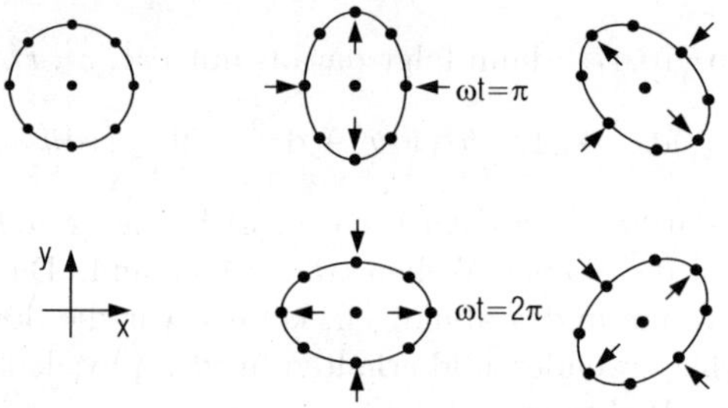

Figur 1: Deformation eines Ringes von Probeteilchen durch eine ebene Gravitationswelle vom Polarisationstyp I (+), bzw. II (×).

Offensichtlich ist der einzige Unterschied zwischen den Abbildungen eine Rotation um 45°. Dies folgt unmittelbar aus der Tatsache, daß der Polarisationstensor $e^{\mu\nu}_{II}$ aus $e^{\mu\nu}_{I}$ durch eine solche Transformation hervorgeht (s. Aufgabe 31). Die beiden unabhängigen Polarisationsrichtungen I und II stehen also im Unterschied zu den elektromagnetischen Wellen nicht senkrecht aufeinander, sondern bilden im Fall der Quadrupolstrahlung einen Winkel von 45°. Wir können hier offenbar folgende allgemeine Regel feststellen. Ein Strahlungsfeld ($m = 0$) mit Spin s hat zwei unabhängige Zustände linearer Polarisation. Ihre Richtungen bilden einen Winkel von 90°/s. Dies trifft auch für Neutrinos mit dem Spin 1/2 zu, deren zwei Spinstellungen entgegengesetzt (180°) gerichtet sind.

In Figur 2 sind schließlich die durch zirkular polarisierte Gravitationswellen (vergl. (10.49)) hervorgerufenen Deformationen dargestellt, die wir durch ihre Helizitäten unterscheiden können. Zu bemerken ist, daß in beiden Fällen natürlich nur die Deformationen (d. h. der Wulst) in der angegebenen Richtung rotiert. Der Ring der Teilchen rotiert nicht, die Teilchen schwingen nur um ihre Anfangslagen.

Wir können das Ergebnis der Gleichungen (10.63) und (10.64) so deuten: Un-

Figur 2: Deformation durch eine Gravitationswelle positiver Helizität (links), bzw. negativer Helizität (rechts). Im Fall positiver Helizität rotiert die Deformation entgegen dem Uhrzeigersinn, wobei die Welle auf den Beobachter zuläuft.

ter Einfluß der ebenen Gravitationswelle oszillieren die Abstände zwischen den Teilchen. Die dabei auftretende Beschleunigung relativ zum Nullpunkt ist

$$\frac{\mathrm{d}^2(\Delta l)}{\mathrm{d}t^2} = -\frac{\alpha}{2} a\omega^2 \cos\omega t \quad . \tag{10.65}$$

Diese Beschleunigung erhält man mit $h_{11} = -\alpha \cos\omega t$ auch aus der entsprechenden Komponente des Krümmungstensors (10.52)

$$c^2 a R_{1010} = -\frac{\alpha}{2} a\omega^2 \cos\omega t \quad . \tag{10.66}$$

Mit anderen Worten, die Gravitationswelle bewirkt Oszillationen des Krümmungstensors, die wegen der daraus folgenden Beschleunigung (10.66) zu entsprechenden periodischen Änderungen der relativen Abstände zwischen den Teilchen führen. Bei den Versuchen zum direkten Nachweis der Gravitationswellen geht man von der Messung dieser periodischen Abstandsänderungen aus.

10.4 Nachweis von Gravitationswellen

Die Versuche zum direkten Nachweis der durch Gravitationsstrahlung hervorgerufenen variablen Raummetrik beruhen auf den folgenden zwei Prinzipien. Bei den zuerst von Joseph Weber[4] (1901–2000) konstruierten Detektoren registriert man die Verformungen eines Festkörpers, der unter dem Einfluß einer Gravitationswelle zu Quadrupolschwingungen angeregt wird. Der größte Effekt ist dabei natürlich im Resonanzfall zu erwarten. Daher ist der Detektor nur in einem engen Frequenzbereich besonders empfindlich.

Bei der zweiten Methode werden die relativen Abstandsänderungen in einem mit Lasern betriebenen Michelson-Interferometer aufgezeichnet. Die beobachteten Raumpunkte sind hier durch die Positionen des Strahlteilers und der beiden Endspiegel definiert. Diese Methode bietet den Vorteil, daß man neben einem abstimmbaren schmalbandigen Signal auch breitbandige Signale registrieren kann. Die relative Abstandsänderung entspricht bei geeigneter Ausrichtung des Detektors der Amplitude α der am Detektor eintreffenden Gravitationswelle, sie ist maximal $\Delta l/l \simeq \alpha$. Um eine Vorstellung davon zu gewinnen, wie gering der zu erwartende Effekt ist, soll hier eine Abschätzung der Größenordnung der am Empfänger zu erwartenden Amplitude genügen. Als wesentliche Quellen der Gravitationsstrahlung kommen rasch bewegte große Massen in Sternen bzw. Sternsystemen, insbesondere unter Beteiligung von Neutronensternen oder Schwarzen Löchern, in Frage.

Ein einfaches Beispiel ist ein Doppelsternsystem, das aus zwei einander im Abstand d umkreisenden Massen M_1 und M_2 bestehen möge. Die dimensionslose Amplitude α ist durch charakteristische Längen bestimmt, die bei der folgenden Dimensionsbetrachtung zu berücksichtigen sind. Sie ist zunächst proportional zu den für die gravitative Wirkung maßgeblichen Schwarzschild-Radien r_{S1} und

[4] J. Weber: The Search for Gravitational Waves, in A. Held (Ed.), General Relativity and Gravitation, Vol. 2, Plenum Press, London 1980.

r_{S2} der Sterne. Zweitens ist die Ausdehnung des Systems d (Abstand der Sterne) im Nenner zu berücksichtigen, denn je geringer dieser ist, desto schneller erfolgt die Bewegung der Massen. Da die Amplitude mit zunehmender Entfernung $D(\gg d)$ von der Strahlungsquelle abnimmt, wird schließlich α mit D im Nenner dimensionslos. Beim Beobachter in der Entfernung D trifft demnach eine Gravitationswelle (der doppelten Umlauffrequenz) mit einer Amplitude in der Größenordnung ein

$$\alpha = \frac{r_{s1} r_{s2}}{dD} \quad . \tag{10.67}$$

Um ein Zahlenbeispiel zu geben, betrachten wir ein System, das aus zwei Neutronensternen (Massen je 1.4 $M_\odot$) besteht, die im Abstand von etwa 20 km einander umkreisen. Befindet sich dieses im nächstgelegenen Galaxienhaufen, dem etwa 50×10^6 Lichtjahre entfernten Virgo-Haufen, dann erwartet man nach obiger Abschätzung auf der Erde eine Amplitude in der Größenordnung $\alpha \simeq 10^{-21}$. Diese extrem kleine Amplitude entspricht einer Längenänderung von 10^{-3} fm je Kilometer. Zum Vergleich sei daran erinnert, daß die Radien kleiner Kerne einige fm (10^{-13} cm) betragen. Man hofft, diese minimale Amplitude mit den in nächster Zeit in Betrieb gehenden Laser-Interferometern auflösen zu können.

Verschmelzen schließlich die umlaufenden Sterne beim Verlassen der letzten stabilen Bahn, dann kommt es zu einer für sehr kurze Zeit besonders heftigen Emission von Gravitationsstrahlung. Im Endzustand bleibt nur ein Partner (etwa ein Schwarzes Loch) bestimmter Masse übrig. Eine entsprechende Obergrenze beobachtbarer Amplituden, die von solchen Zusammenbrüchen herrühren, kann man abschätzen, indem man die obige Formel (10.67) auf

$$\alpha < \frac{r_s}{D} \simeq 10^{-17} \left[\frac{10\mathrm{kpc}}{D}\right] \frac{M}{M_\odot} \quad . \tag{10.68}$$

reduziert. Die Entfernung D wird hierbei in Kiloparsec gemessen.

Der von J. Weber benutzte Detektor besteht aus einem 153 cm langen Aluminiumzylinder von etwa 10^6 g, der mechanisch und akustisch so gut isoliert wird, daß in seiner Grundschwingung von ca. 1.6 kHz nur noch das thermische Rauschen als dominierende Störung vorhanden ist. Zur Verminderung des Rauschens wird der Detektor bei tiefen Temperaturen betrieben. Die Schwingungen werden mit Hilfe der am Zylinder angebrachten piezoelektrischen Quarze in elektrische Signale verwandelt und dann registriert. Die so nachweisbaren Amplituden der Zylinderflächen lagen bei ca. 10^{-16} m. Zur Unterscheidung der Signale vom Rauschen und um andere nicht gravitative Effekte zu vermeiden, stellte Weber zwei Zylinder in großer Entfernung (in Maryland und in Chicago) auf und registrierte das gleichzeitige Ansprechen der Detektoren. Er konnte jedoch nicht überzeugend nachweisen, daß die von ihm beobachteten Koinzidenzen auf Gravitationswellen zurückzuführen waren. Seine Versuche wurden in mehreren anderen Laboratorien mit verbesserten Detektoren wiederholt, doch gelang es nicht, seine Ergebnisse zu reproduzieren. Es bleibt sein Verdienst diesem neuen Forschungszweig den entscheidenden Impuls gegeben zu haben. Immerhin hatte der

negative Ausgang der Experimente obere Grenzen für Raten und Stärke von Gravitationswellen im kHz-Bereich ergeben und offenbar waren Amplituden größer als 10^{-17} nicht oder äußerst selten zu erwarten.
Bei einer Erhöhung der Empfindlichkeit des Weber-Detektors zur Messung von Auslenkungen der Größenordnung 10^{-17} cm gelangt man in den Bereich der Quantentheorie. Die Empfindlichkeit ist letztlich durch das Unschärfeprinzip begrenzt.[5] Je genauer der Empfänger die Position an den Enden des Zylinders mißt, desto stärker und unvorhersehbarer ist die Rückwirkung der Messung auf den Detektor. Wesentlich ist dann die Methode der „unzerstörbaren Quantenmessung". Der Empfänger ist hiernach im Prinzip so zu konstruieren, daß der Rückstoß den Effekt der Gravitationswellen auf den Zylinder nicht beeinflußt.[6]
Nach diesen ersten Erfahrungen kam man vermehrt zu der Auffassung, daß die interferometrische Methode weitaus erfolgversprechender ist. Wir wollen das Wirkungsprinzip des Interferometers kurz erläutern. Die beiden Arme des Michelson-Interferometers mit den frei beweglich und von anderen Einwirkungen isoliert aufgehängten Spiegeln mögen entlang der x- und y-Achse orientiert sein. Eine in z-Richtung einfallende Gravitationswelle vom Polarisationstyp I wird entgegengesetzte Längenänderungen in den Armen (Längen L) hervorrufen

$$L_x = \left(1 + \frac{1}{2}\alpha \cos \omega t\right) L \tag{10.69}$$

$$L_y = \left(1 - \frac{1}{2}\alpha \cos \omega t\right) L \quad . \tag{10.70}$$

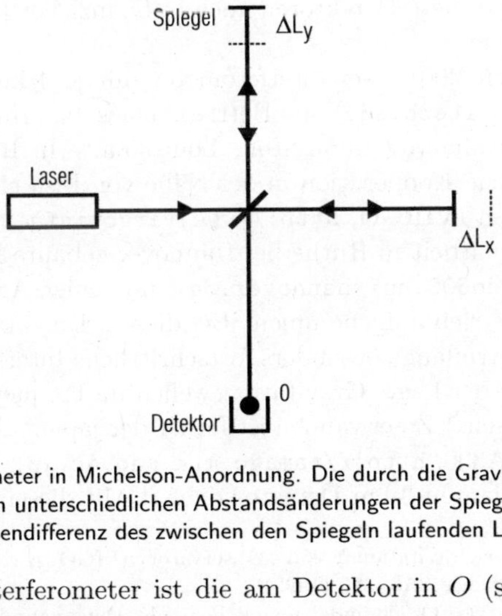

Figur 3: Laserinterferometer in Michelson-Anordnung. Die durch die Gravitationswellen hervorgerufenen unterschiedlichen Abstandsänderungen der Spiegel führen zu einer meßbaren Phasendifferenz des zwischen den Spiegeln laufenden Laserlichts.

Beim Michelson-Interferometer ist die am Detektor in O (s. Fig. 3) gemessene

[5] Diese Ursache der beschränkten Meßgenauigkeit wird diskutiert von K. S. Thorne et al., Phys. Rev. Lett. **40**, 667 (1978).
[6] Hinsichtlich weiterer Einzelheiten zu diesen Untersuchungen siehe C. M. Caves et al., Rev. Mod. Phys. **52**, 341 (1980).

Intensität des Lichts

$$I = \frac{1}{2} I_0 (1 + \cos\delta) \quad . \tag{10.71}$$

Hier bedeutet I_0 die einfallende Intensität und δ die Phasenverschiebung der interferierenden Teilstrahlen. Letztere hängt von der Differenz der Weglängen ΔL und der Wellenlänge λ des Lichts ab

$$\delta = 2\pi \frac{\Delta L}{\lambda} \quad . \tag{10.72}$$

Die durch eine Gravitationswelle hervorgerufenen Längenänderungen führen, so die Laufzeit des Lichts im Interferometer $2L/c$ klein gegen die Periode der Gravitationswelle ist, auf die zeitabhängige Phasenverschiebung

$$\delta = \frac{4\pi}{\lambda} (L_x - L_y) = \frac{4\pi L\alpha}{\lambda} \cos\omega t \quad . \tag{10.73}$$

Dies ist in die Gleichung für die Intensität (10.71) einzusetzen. Gelingt es also die Änderung der so entstehenden Interferenzstreifen zu messen, kann man nach diesem Prinzip eine vorhandene Gravitationswelle nachweisen. Für den Empfang einer Gravitationswelle bestimmter Frequenz gibt es eine optimale Länge der Interferometerarme. Läßt man das Licht mehrfach zwischen den Spiegeln hin und her laufen, kann die Armlänge vergrößert werden. Die Durchführung eines solchen Experiments erfordert allerdings einen erheblichen meßtechnischen Aufwand. Daher sind diese Detektoren auch in finanzieller Hinsicht aufwendiger als der Weber-Zylinder.

In den USA sind seit 2001 zwei Interferometer mit je 4 km Armlänge (LIGO, `http://www.ligo.caltech.edu`) im Betrieb, eines bei Hanford, Washington, das andere in der Nähe von Livingston, Louisiana.[7] In Italien ist durch eine italienisch-französische Kooperation in der Nähe von Pisa eine Anlage mit 3 km Armlänge entstanden (VIRGO, `http://www.virgo.infn.it`). Das in deutsch-britischer Zusammenarbeit in Ruthe bei Hannover gebaute Interferometer GEO 600 (`http://www.geo600.uni-hannover.de`), mit einer Armlänge von 600 m, hat 2002 den Meßbetrieb aufgenommen. Bei diesem Detektor werden zum Ausgleich der geringen Armlänge besonders fortschrittliche Interferometer-Techniken verwendet. Er ist in der Lage, Gravitationswellen im Frequenzbereich von 50 Hz bis 2kHz nachzuweisen.[8] Zu erwähnen ist ferner der japanische Detektor mit 300 m Armlänge (TAMA300, `http://tamago.mtk.nao.ac.jp`), der als Technologiestudie für einen geplanten 3-km-Detektor dient.[9] Mit diesen Bemühungen rückt

---

[7] Das Laser Interferometer Gravitational-Wave Observatory (LIGO) wird näher beschrieben von A. Abromovici et al., Science **256**, 325 (1992).

[8] Nähere Einzelheiten über GEO 600 findet man z. B. bei K. Danzmann in C. Lämmerzahl et al. (Eds.): Gyros, Clocks, and Interferometers: Testing Relativistic Gravity in Space, Springer-Verlag, Berlin 2000.

[9] Siehe hierzu den Bericht der TAMA Collaboration: M. Ando et al., Phys. Rev. Lett. **86**, 3950 (2001).

der direkte Nachweis von Gravitationswellen in greifbare Nähe.[10] Für die weitere Zukunft planen ESA und NASA den Start eines satellitengestützten Interferometers LISA (Laser Interferometer Space Antenna) mit über 5×10^6 km Armlänge, der zur Messung niederfrequenter Gravitationswellen (bis 1 kHz) dienen soll. Zukünftig sollen diese und weitere noch zu bauende Interferometer ein weltweites Netzwerk ergeben und so die weitestgehende Entschlüsselung der in den Gravitationswellen enthaltenen Informationen ermöglichen. Damit öffnet sich ein neues Fenster zur Beobachtung von Ereignissen in kosmischen Systemen, die auf schnellen Bewegungen großer Massen beruhen. Diese Gebiete sehr starker Gravitationsquellen sind gewöhnlich von einer relativ dichten Materieschicht (Dunkelwolken) umgeben, die elektromagnetische Wellen absorbiert. Von den Ereignissen dahinter können wir nur über die das ganze Universum durchdringenden Gravitationswellen erfahren. Man darf von der Gravitationswellen-Astronomie erwarten, daß sie wesentlich zur Beantwortung vieler noch ungeklärter astrophysikalischer Fragen beitragen und so unsere Erkenntnisse über das Weltall erweitern wird.

[10] Ausführliche Darstellungen zum Thema der Gravitationswellendetektoren findet man z. B. in D. Blair (Ed.): The Detection of Gravitational Waves, Cambridge University Press, Cambridge 1991; P. R. Saulson, Fundamentals of Interferometric Gravitational Wave Detection, World Scientific, Singapore 1994.

Aufgaben

Die an einigen Stellen angegebenen Seitenzahlen weisen auf den Zusammenhang der jeweiligen Aufgabe mit dem Text hin.

1. Aus dem dritten Newtonschen Gesetz folgt, daß aktive und passive Gravitationsmassen zueinander proportional sind und daher o.B.d.A. gleichgesetzt werden können. Man überzeuge sich davon. (S. 17)

2. Zwei Kugeln aus unterschiedlichem Material (Aluminium und Platin) werden in einem Gedankenexperiment aus 10 km Höhe über der Erde (bei gleicher Anfangslage) fallen gelassen. Die Materialunabhängigkeit der Schwerebeschleunigung wurde experimentell (Braginsky u. Panov) mit einer Genauigkeit von 10^{-12} festgestellt. Mit welcher Genauigkeit würden die Schwerpunkte der Kugeln nach dem Fall gemäß dem Braginsky-Experiment auf gleicher Höhe bleiben? (S. 20)

3. Zeige, daß die Winkelsumme in einem Dreieck auf der Kugeloberfläche größer als 180 Grad und kleiner als 900 Grad ist. (S. 28)

4. Man überzeuge sich davon, daß der Krümmungsradius R die Beziehung (3.21) erfüllt, d. h. nicht von den Parametern der Wurfbahn abhängt. (S. 30)

5. Bei einem fiktiven Wasserstoffatom sei das Elektron nur durch das Gravitationspotential an das Proton gebunden. Man führe analog zur Feinstruktur konstanten $e^2/\hbar c$ eine gravitative Feinstrukturkonstante ein und vergleiche den Bohrschen Radius $a_B = \hbar^2/m_e e^2$ mit dem entsprechenden gravitativen Bohrschen Radius. In welcher Entfernung (gemessen in Lichtjahren) würde das gravitativ gebundene Elektron den Kern umkreisen? (S. 30)

6. Führe die Zwischenrechnung bei der Herleitung des Transformationsgesetzes (4.50) für die Übertragungskoeffizienten aus. (S. 49)

7. Man überlege, daß die Symmetrie der Γ^i_{kl} in den unteren Indizes bei einer Transformation der Koordinaten erhalten bleibt, also invariante Bedeutung hat. (S. 50)

8. Man beweise das Quotiententheorem in der folgenden Form. Sei A_{ik} eine Größe mit n^2 Komponenten, so daß $A_{ik}B^k$ mit dem beliebigen Vektor B^k einen Vektor darstellt. Dann ist A_{ik} ein (kovarianter) Tensor 2. Stufe. (S. 52)

9. Verifiziere die Gleichungen (4.63) und (4.64) für die kovarianten Ableitungen der Tensoren vom Typ (0,2) und (1,1). (S. 53)

10. Leite aus (4.69) die Gleichung der Autoparallelen in der allgemeinen Parameterdarstellung mit $\mu = f(\lambda)$ her. (S. 55)

11. Zeigen Sie, daß die kovarianten Ableitungen eines Vektors nicht vertauschen, sondern ihre Differenz nach Vertauschung durch den Krümmungstensor bestimmt ist (Ricci-Identität (4.75)). (S. 57)

12. Auf einer affinen Mannigfaltigkeit seien zwei Metriken definiert. Zeige, daß die Differenz der entsprechenden Übertragungen $\Gamma^i_{kl} - \bar{\Gamma}^i_{kl}$ wie ein Tensor transformiert wird. (S. 62)

13. Beweise die Relation (5.18). (S. 63)

14. Man zeige, daß die Divergenz eines antisymmetrischen Tensors zweiter Stufe in der kompakten Form (5.21) geschrieben werden kann. Überlege auch, daß für diesen Tensor $A^{ik}{}_{;i;k} = 0$ gilt. (S. 64)

15. Zeige, daß die kovarianten Ableitungen eines skalaren Feldes vertauschbar sind. (S. 64)

16. Der Ausdruck (5.22) ist dazu geeignet, den Laplace-Operator in räumlichen Polarkoordinaten im dreidimensionalen euklidischen Raum zu berechnen. Man führe diese Rechnung aus. Überlege die Verallgemeinerung in n Dimensionen. (S. 64)

17. Man zeige, daß die Anzahl der unabhängigen Komponenten des Krümmungstensors im Fall $n = 3$ sechs, im Fall $n = 2$ eins ist. (S. 66)

18. Die Oberfläche einer Kugel mit Radius a stellt einen zweidimensionalen Raum konstanter Krümmung dar. In den bekannten Polarkoordinaten $x^1 = \theta$ (Breite), $x^2 = \varphi$ (Länge) lautet das Linienelement

$$\mathrm{d}s^2 = a^2 \left(\mathrm{d}\theta^2 + \sin^2\theta \mathrm{d}\varphi^2\right) \quad .$$

Man überzeuge sich davon und bestimme g^{ik}, die sechs verschiedenen Γ^i_{kl} (von denen nur zwei von Null verschieden sind), ferner die Komponenten des Krümmungstensors $R^1{}_{212}$ und $R^2{}_{121}$, die des Ricci-Tensors R_{11} und R_{22}, sowie den Krümmungsskalar R. (s. Abschnitt 5.3)

19. Überlege warum in den Fällen $n < 4$ der Krümmungstensor durch den Ricci-Tensor ausgedrückt werden kann, für $n \geq 4$ aber nicht. (S. 67)

20. Ausgehend von Gl. (4.70) und $y = \pm 1$ soll gezeigt werden, daß $h(s) = 0$ gilt, d. h. die Bogenlänge s ein affiner Parameter ist. (S. 69)

21. Wird ein Vektor entlang einer Geodäten parallel verschoben, dann ändert sich der Winkel nicht, den er mit dem Tangentenvektor der Geodäten bildet. Zeige dies unter der Annahme einer positiv definiten Metrik. (S. 71)

22. Man beweise die Relation (6.8). (S. 77)

23. Man zeige, daß bei statischen Gravitationsfeldern der zeitartige Killing-Vektor orthogonal zur Hyperfläche $x^0 =$ const. ist. (S. 88)

24. Der kosmologischen Konstanten $\Lambda \neq 0$ entspricht eine homogene und isotrope Massendichte ϱ (7.42). Im Sonnensystem wird die Bewegung des äußersten Planeten Pluto durch das Newtonsche Gravitationsgesetz mit ausreichender Genauigkeit beschrieben. Leite daraus eine obere Schranke für die konstante Dichte $\varrho = \Lambda c^2/4\pi G$ und damit für Λ her. Benutze für die Sonnenmasse $M_\odot = 2 \times 10^{33}$g und für den Abstand Sonne-Pluto $r = 6 \times 10^{14}$cm. Die konstante Massendichte außerhalb der Kugel mit dem Abstand Sonne-Pluto als Radius übt keine Kraft auf den Planeten aus. (S. 100)

25. Man berechne nach der in Abschnitt 8.1 geschilderten Methode die dort nicht bestimmten Christoffel-Symbole (8.12). (S. 105)

26. Berechne die kugelsymmetrische Lösung der Feldgleichungen im materiefreien Raum mit kosmologischer Konstante $\Lambda \neq 0$. (S. 110)

27. Von einem Satelliten, der sich in einer Höhe H über der Erdoberfläche befindet, wird Licht bestimmter Frequenz zur Erde geschickt. Berechne nach Gl. (9.59) die auf der Erde festzustellende Zunahme der Frequenz. Drücke die relative Frequenzänderung durch den Schwarzschild-Radius ($r_s = 9 \times 10^{-3}$m), den Radius der Erde ($R = 6.4 \times 10^6$m) und die Höhe aus. Bei einer Höhe von H Metern folgt als Ergebnis $\sim 10^{-16}H$. Mit welcher Geschwindigkeit muß man den Empfänger gegen die Quelle bewegen, damit das blauverschobene Licht in Resonanz absorbiert wird? (S. 124)

28. Aus den linearen Feldgleichungen (10.19) leite die andere Form der Feldgleichungen (10.20) her. (S. 136)

29. Im nichtrelativistischen Grenzfall ist nur $T_{00} = \varrho c^2$ von Bedeutung und die anderen Komponenten von $T_{\mu\nu}$ sind zu vernachlässigen, d. h. können gleich Null gesetzt werden. Zeige, daß die linearisierten Feldgleichungen (10.20) in dieser Näherung auf das Linienelement $\mathrm{d}s^2 = c^2\mathrm{d}t^2\left(1 + 2\phi/c^2\right) - \mathrm{d}\vec{x}^2\left(1 - 2\phi/c^2\right)$ führen, wobei ϕ das Newtonsche Gravitationspotential bedeutet. Wegen der angenommenen langsamen Bewegung der Massen kann man die im d'Alembert-Operator vorkommenden zeitlichen Ableitungen vernachlässigen. (S. 136)

30. Führe die Rechnung durch aus der hervorgeht, daß die nach (10.49) definierten zirkular polarisierten ebenen Gravitationswellen die Helizität $\lambda = \pm 2$ haben. (S. 141)

31. Zeige, daß der Polarisationstensor $e^{\mu\nu}_{II}$ aus $e^{\mu\nu}_{I}$ durch eine Rotation R^{μ}_{ν} (10.35) um 45 Grad hervorgeht. (S. 144)

Literaturhinweise

Auswahl ergänzender und weiterführender Bücher

ANDERSON, J. L.: Principles of Relativity Physics, Academic Press, New York 1967.

CHEN, Y. T. UND A. COOK: Gravitational Experiments in the Laboratory, Cambridge University Press, Cambridge 1993.

CIUFOLINI, I. UND J. A. WHEELER: Gravitation and Inertia, Princeton University Press, Princeton 1995.

D'INVERNO, R.: Einführung in die Relativitätstheorie, Wiley-VCH Verlag, Weinheim 1994.

DO CARMO, M. P.: Riemannian Geometry, Birkhäuser, Boston 1993.

EINSTEIN, A.: Grundzüge der Relativitätstheorie, 6. Aufl., Vieweg, Braunschweig 1990.

FISCHBACH, E. UND C. L. TALMADGE: The Search for Non-Newtonian Gravity, Springer-Verlag, Berlin 1999.

FRANKEL, T.: The Geometry of Physics, Cambridge University Press, Cambridge 1997.

FRIEDMAN, M.: Foundations of Space-Time Theories, Princeton University Press, Princeton 1983.

GOENNER, H.: Einführung in die spezielle und allgemeine Relativitätstheorie, Spektrum Akademischer Verlag, Heidelberg 1996.

LANDAU, L. D. UND E. M. LIFSCHITZ: Lehrbuch der Theoretischen Physik, Bd. II, Klassische Feldtheorie, 12. Aufl., Verlag Harri Deutsch, Frankfurt 1992.

LIGHTMAN, A. P., W. H. PRESS, R. H. PRICE, UND S. A. TEUKOLSKY: Problem Book in Relativity and Gravitation, Princeton University Press, Princeton 1975.

LOVELOCK, D. UND H. RUND: Tensors, Differential Forms, and Variational Principles, J. Wiley, New York 1975, Nachdruck bei Dover Publ., New York 1989.

MISNER, C. W., K. S. THORNE, UND J. A. WHEELER: Gravitation, W.H. Freeman, San Francisco 1973.

SCHMUTZER, E.: Relativistische Physik, B. G. Teubner Verlag, Leipzig 1968.

SCHMUTZER, E.: Relativitätstheorie aktuell: Ein Beitrag zur Einheit der Physik, 5. Aufl., B. G. Teubner Verlag, Wiesbaden 1996.

SCHRÖDINGER, E.: Space-Time Structure, Cambridge University Press, Cambridge 1950; in deutscher Übersetzung: Die Struktur der Raum-Zeit, Wissenschaftliche Buchgesellschaft, Darmstadt 1987.

SCHRÖDER, U. E.: Spezielle Relativitätstheorie 4. Aufl., Verlag Harri Deutsch, Frankfurt 2005

SCHUTZ, B. F.: A First Course in General Relativity, Cambridge University Press, Cambridge 1985.

SEXL, R. U. UND H. K. URBANTKE: Gravitation und Kosmologie, 5. Aufl., Spektrum Akademischer Verlag, Heidelberg 2002.

STEPHANI, H.: Allgemeine Relativitätstheorie, 3. Aufl., Deutscher Verlag der Wissenschaften, Berlin 1988.

WALD, R. M.: General Relativity, University of Chicago Press, Chicago 1984.

WEYL, H. : Raum-Zeit-Materie, 6. Aufl., Springer-Verlag, Berlin 1970.

WEINBERG, S. : Gravitation and Cosmology, J. Wiley, New York 1972.

WILL, C. M. : Theory and Experiment in Gravitational Physics (Revised Edition), Cambridge University Press, Cambridge 1993.

Auswahl nützlicher Internetadressen

MAX-PLANCK-INSTITUT FÜR GRAVITATIONSPHYSIK:
`http://www.aei.mpg.de/`

DPG FACHVERBAND GRAVITATION UND RELATIVITÄTSTHEORIE:
`http://www.dpg-physik.de/gliederung/fv/gr/index.html`

GRAVITY PROBE B: (siehe Seite 26)
`http://einstein.stanford.edu/`

LIGO-PROJEKT: (siehe Seite 148)
`http://www.ligo.caltech.edu`

VIRGO-PROJEKT: (siehe Seite 148)
`http://wwwcascina.virgo.infn.it`

GEO 600-PROJEKT: (siehe Seite 148)
`http://www.geo600.uni-hannover.de`

TAMA300-PROJEKT: (siehe Seite 148)
`http://tamago.mtk.nao.ac.jp`

Sachverzeichnis

U

V

W

Z

Notizen

A. Friedmann
Die Welt als Raum und Zeit
Ostwalds Klassiker der exakten Wissenschaften, Band 287
Übersetzung, Einleitung und Anmerkungen: G. Singer
3. bearbeitete Auflage 2006, 233 Seiten, kartoniert,
ISBN 978-3-8171-3416-8

Friedmanns Entdeckungen entsprangen einer eigenständigen tiefgründigen Durchdringung der Allgemeinen Relativitätstheorie. Seine hier erstmals in deutscher Sprache edierte Abhandlung *Die Welt als Raum und Zeit* (1923) sollte ursprünglich die Leser einer philosophischen Zeitschrift, wissenschaftlich korrekt, mit den wesentlichen Voraussetzungen, Inhalten und Konsequenzen des „großen Relativitätsprinzips“ bekannt machen. Das Werk ist keine gemeinverständliche Einführung im üblichen Sinn, vielmehr will Friedmann aufzeigen, wie die Allgemeine Relativitätstheorie den Anstoß zu einem Neuentwurf des physikalischen Weltbildes gibt, aber auch die Chance eröffnet, tiefere Einsicht in das Wesen und die Leistungsfähigkeit theoretischer Physik zu gewinnen.

Für die Geschichte der relativistischen Kosmologie ist diese Abhandlung von herausragender Bedeutung, weil sie einen authentischen Eindruck von der Denk- und Arbeitsweise des Autors vermittelt und die wissenschaftliche Basis erkennen läßt, aus der Friedmanns Entdeckungen zum kosmologischen Problem hervorgegangen sind. Der wissenschaftlichen Welt unserer Zeit ist Friedmann bekannt durch seine epochale Leistung auf dem Gebiet der relativistischen Kosmologie, den Nachweis der Existenz nichtstatischer Lösungen der vollständigen Einsteinschen Feldgleichungen für die Welt als Ganzes. Damit schuf er die wesentliche theoretische Grundlage zu den gegenwärtigen Vorstellungen über Aufbau und Entwicklung des Universums: Er legte das Fundament zur modernen Kosmologie des expandierenden Weltalls.

K. Simonyi
Kulturgeschichte der Physik
Von den Anfängen bis heute
Unveränderter Nachdruck der 3., überarbeiteten und erweiterten Auflage 2001, 2007, 635 Seiten, zahlreiche Abbildungen und Tafeln, 32 Seiten Farbtafeln, gebunden,
ISBN 978-3-8171-1651-5

Die dritte deutsche Auflage ist keine bloße Übersetzung der letzten revidierten ungarischen Ausgabe. Károly Simonyi hat an seinem Lebensabend die deutsche Ausgabe eigens bearbeitet, ergänzt und autorisiert. So wurden Fehlerkorrekturen vorgenommen, Ergänzungen im Text eingebracht und das Bildmaterial verbessert. Ein abschließendes Kapitel ist den Top-Themen an der Jahrtausendwende gewidmet.

Das Buch behandelt die Physikgeschichte in wechselseitiger Verbindung mit der Entwicklung des mathematischen und philosophischen Gedankenguts von den frühen Anfängen bis zu den heutigen Tagen.

Wenn man das Buch in die Hand nimmt, fällt sofort dessen außergewöhnliche Struktur auf. Neben dem Haupttext, in dem Teile, die tiefere Fachkenntnisse voraussetzen, durch Kleindruck abgesetzt sind, finden sich in einer breiten Randspalte mehr als 400 Zitate aus den Werken bedeutender Physiker und Zeitgenossen. Hier ist auch ein Großteil der über 700 Abbildungen angeordnet: Zeichnungen, Tabellen, Fotos, Faksimiles. Ausführliche Bildlegenden geben eine Fülle zusätzlicher Informationen. Der Tafelteil am Ende des Buches ermöglicht in seiner abgestimmten Gesamtheit eine farbige Übersicht über die wichtigsten Schritte in der Entwicklung der Physik. Über 1200 Namen samt Lebensdaten sind im Personenregister verzeichnet.

Dieser Aufbau bietet vielfältige Nutzungsmöglichkeiten: als Lektüre für den Kreis naturwissenschaftlich und kulturgeschichtlich interessierter Leser, als physikhistorisches Studienmaterial für Studenten und Lehrer, in Anbetracht zahlreicher Zitate als Chrestomathie zur Physikgeschichte, wegen seiner Informationsfülle und dank ausführlicher Register als Nachschlagewerk.

... *Wenn man kein anderes Werk über die Geschichte der Naturwissenschaften hat, dieses müßte her. Für den interessierten Leser, ob Laie oder Fachmann, ist es ein reichhaltiger Fundus, den zu erschließen unerwartetes Vergnügen bereitet* ...
(FAZ)

... *Kulturgeschichte der Physik, Wissenschaftsgeschichte: das ist noch viel zu bescheiden. Das Buch ist eine Bibliothek, ein Bildarchiv, ein Kulturdepot* ...
(Norddeutscher Rundfunk)

... *Der Ungar Károly Simonyi hat ein Buch geschrieben, das seinesgleichen sucht* ...
(Rheinischer Merkur)

Ernst Schmutzer

Projektive Einheitliche Feldtheorie mit Anwendungen in Kosmologie und Astrophysik

Neues Weltbild ohne Urknall?

2004, 467 Seiten, ca. 50 Abbildungen, kartoniert,

ISBN 978-3-8171-1726-0

Die experimentelle Kosmologie hat in den letzten Jahren durch den Einsatz moderner Teleskope und Satelliten enorme Fortschritte erzielt. Die so gewonnenen Messungen zeichnen ein schlüssiges Bild, das auf den dichten, heißen Ursprung des Universums und dessen fortwährende Ausdehnung hindeutet. Eine Überraschung dabei ist, daß die Expansion des Weltalls sich zu beschleunigen scheint. Im Rahmen der relativistischen Modelle des Universums wird versucht, dies durch spezielle skalare Felder zu erklären, die ähnlich wie in der vermuteten inflationären Frühphase des Kosmos zu einer Abstoßung führen, die der universellen Anziehungskraft der Gravitation entgegenwirken.

In den theoretischen Ansätzen für eine vereinheitlichte Beschreibung des Universums spielen inzwischen zusätzliche Raumdimensionen immer häufiger eine Rolle, sowohl in den String-Theorien als auch in phänomenologischen Modellen, die mit Hilfe von Extra-Dimensionen die enormen Unterschiede zwischen der Gravitation und den übrigen Kräften erklären möchten.

Ernst Schmutzer, ein Doyen der Gravitationsforschung in Deutschland, entwickelt in seinem jüngsten Werk von Grund auf das Gedankengebäude der auf Ideen von Kaluza, Klein, Pauli und Jordan zurückgehenden Projektiven Einheitlichen Feldtheorie und beschreibt, was sie zu diesem Problemkreis beitragen kann. Seine Forschungen zeigen, wie sich aus dieser 5-dimensionalen Erweiterung der Einsteinschen Allgemeinen Relativitätstheorie zwangsläufig skalare Felder und, mit ihnen verknüpft, eine universelle antigravitative Kraft ergeben. Gleichzeitig kann die Anfangssingularität des herkömmlichen Urknall-Modells vermieden werden, sie wird durch den Urstart ersetzt.

Mit diesem alternativen Erklärungsansatz ist Schmutzers Werk nicht nur für Theoretische Physiker, Astrophysiker und Kosmologen interessant, es liefert auch Hinweise zur Überprüfung der Theorie in künftigen Experimenten und wendet sich an alle, die sich für die philosophische Frage der Grundlage unseres Weltbildes interessieren.

U. E. Schröder
Spezielle Relativitätstheorie
4., überarbeitete und erweiterte Auflage 2005, 170 Seiten, kartoniert,
ISBN 978-3-8171-1724-6

Die sicherste Art, einen komplizierten Stoff zu begreifen, ist ein Buch, das man wiederholt durchlesen kann und das einer gut strukturierten Universitätsvorlesung ähnelt. Auf genau diese Art nähert sich der Autor hier der speziellen Relativitätstheorie. Da ausführlicher als ein Vorlesungsskript, eignet sich das Buch auch hervorragend zum Selbststudium.

Im Anhang findet der Leser Aufgaben sowie Zusammenstellungen von Testtheorien und neuen Experimenten zur Prüfung der speziellen Relativitätstheorie.

Themen:
- Einleitung
- Zur historischen Entwicklung der Relativitätstheorie
- Physikalische und begriffliche Grundlagen der speziellen Relativitätstheorie
- Tensoren
- Formulierung der Relativitätstheorie im Minkowski-Raum
- Relativistische Mechanik
- Elektrodynamik als relativistische Feldtheorie
- Relativistische Hydrodynamik
- Grenzen der speziellen Relativitätstheorie
- Aufgaben
- Experimente zur Prüfung der speziellen Relativitätstheorie
- Testtheorien und neue Experimente zur Prüfung der speziellen Relativitätstheorie

Wichtige Definitionen und Formeln

Kovariante Ableitungen:

$$A^{\lambda}{}_{\mu;\nu} = \frac{\partial A^{\lambda}{}_{\mu}}{\partial x^{\nu}} + \Gamma^{\lambda}_{\varrho\nu} A^{\varrho}{}_{\mu} - \Gamma^{\varrho}_{\mu\nu} A^{\lambda}{}_{\varrho}$$

Übertragungskoeffizienten (Christoffelsymbole):

$$\Gamma^{\mu}_{\nu\varrho} = \frac{1}{2} g^{\mu\alpha} \left(\partial_{\varrho} g_{\alpha\nu} + \partial_{\nu} g_{\alpha\varrho} - \partial_{\alpha} g_{\nu\varrho} \right)$$

Geodätengleichung:

$$\frac{\mathrm{d}^2 x^{\mu}}{\mathrm{d}\lambda^2} + \Gamma^{\mu}_{\nu\varrho} \frac{\mathrm{d}x^{\nu}}{\mathrm{d}\lambda} \frac{\mathrm{d}x^{\varrho}}{\mathrm{d}\lambda} = 0$$

Riemannscher Krümmungstensor:

$$R^{\alpha}_{\beta\mu\nu} = \partial_{\mu} \Gamma^{\alpha}_{\beta\nu} - \partial_{\nu} \Gamma^{\alpha}_{\beta\mu} + \Gamma^{\alpha}_{\sigma\mu} \Gamma^{\sigma}_{\beta\nu} - \Gamma^{\alpha}_{\sigma\nu} \Gamma^{\sigma}_{\beta\mu}$$

$$R_{\alpha\beta\mu\nu} = g_{\alpha\sigma} R^{\sigma}_{\beta\mu\nu}$$

$$R_{\alpha\beta\mu\nu} = \frac{1}{2} \left(\frac{\partial^2 g_{\alpha\nu}}{\partial x^{\beta} \partial x^{\mu}} + \frac{\partial^2 g_{\beta\mu}}{\partial x^{\alpha} \partial x^{\nu}} - \frac{\partial^2 g_{\alpha\mu}}{\partial x^{\beta} \partial x^{\nu}} - \frac{\partial^2 g_{\beta\nu}}{\partial x^{\alpha} \partial x^{\mu}} \right) + g_{\varrho\sigma} \left(\Gamma^{\varrho}_{\alpha\nu} \Gamma^{\sigma}_{\beta\mu} - \Gamma^{\varrho}_{\alpha\mu} \Gamma^{\sigma}_{\beta\nu} \right)$$

Ricci-Tensor:

$$R_{\mu\nu} = R^{\varrho}_{\mu\nu\varrho} = -R^{\varrho}_{\mu\varrho\nu}$$

Krümmungsskalar:

$$R = g^{\mu\nu} R_{\mu\nu}$$

Einsteinsche Feldgleichungen:

$$R^{\mu\nu} - \frac{1}{2} R g^{\mu\nu} = -\frac{8\pi G}{c^4} T^{\mu\nu}$$

Schwarzschild-Metrik:

$$\mathrm{d}s^2 = \left(1 - \frac{r_s}{r}\right) c^2 \mathrm{d}t^2 - \left(1 - \frac{r_s}{r}\right)^{-1} \mathrm{d}r^2 - r^2 \left(\mathrm{d}\theta^2 + \sin^2\theta \mathrm{d}\varphi^2\right)$$

Schwarzschild-Radius:

$$r_s = \frac{2GM}{c^2}$$